监理人员学习丛书

# 建筑施工安全生产管理监理工作

中国建设监理协会　组织编写

中国建筑工业出版社

**图书在版编目（CIP）数据**

建筑施工安全生产管理. 监理工作 / 中国建设监理协会组织编写. — 北京 ：中国建筑工业出版社，2022.10

（监理人员学习丛书）

ISBN 978-7-112-27890-9

Ⅰ. ①建… Ⅱ. ①中… Ⅲ. ①建筑施工－安全管理－生产管理②建筑施工－施工监理 Ⅳ. ①TU714 ②TU712.2

中国版本图书馆 CIP 数据核字（2022）第 166585 号

本书主要针对安全生产管理中监理的工作内容进行编写，包括：安全生产管理的监理工作；基坑工程；模板工程及支撑体系；脚手架工程；建筑起重机械及施工机具；起重吊装工程；暗挖工程；高处作业；施工现场临时用电；施工现场消防安全；安全事故隐患及安全事故处理等。本书内容翔实，具有较强的针对性，是监理人员不可多得的参考用书。

责任编辑：杨　杰　边　琨　范业庶　张　磊
责任校对：张辰双

监理人员学习丛书
**建筑施工安全生产管理 监理工作**
中国建设监理协会　组织编写
*
中国建筑工业出版社出版、发行（北京海淀三里河路 9 号）
各地新华书店、建筑书店经销
北 京 红 光 制 版 公 司 制 版
北京云浩印刷有限责任公司印刷
*
开本：787 毫米×1092 毫米　1/16　印张：16½　字数：410 千字
2022 年 12 月第一版　　2022 年 12 月第一次印刷
定价：**52.00** 元
ISBN 978-7-112-27890-9
（39508）

工程衛士
建設管家

王早生

二〇二二年八月十六日

## 监理人员学习丛书

# 序

为更好地开展建设工程监理工作，提高建设工程监理服务水平，推动建设工程监理行业高质量发展，中国建设监理协会组织业内专家，结合监理工程师工作实际，编写了《建筑施工安全生产管理 监理工作》《施工阶段项目管理实务》《装配式建筑工程监理实务》《全过程工程咨询服务》《建设监理警示录》等监理人员学习系列丛书。

本套丛书以现有的法律法规及标准为主要依据，遵循定位准确、理念新颖、内容全面、操作性强的要求进行编著。以工程监理实际操作为核心，系统介绍了建设工程监理相关服务的内容及方法，贴近监理实际，体现了监理工作的专业性、实用性和规范性。

本套丛书可供各级住房和城乡建设主管部门及工程建设相关单位参考，也可作为相关从业人员做好工程监理工作的参考用书。

中国建设监理协会

2022 年 3 月 31 日

# 前　言

发展是第一要务，安全是第一保障。安全生产事关人民福祉，事关经济社会发展大局。“发展决不能以牺牲人的生命为代价”，这是习近平总书记明确的一条不可逾越的红线。我们应提高认识，筑牢防线，坚持以人为本，千方百计地提高建设工程安全生产管理的水平。

工程监理单位和监理人员承担着建设工程安全生产管理的法定责任。从当前工程监理行业的现状来看，项目监理机构在施工现场履行安全生产管理法定职责方面不尽如人意。究其原因，一方面是部分工程监理单位及监理人员责任意识淡漠，对于应履行的安全生产管理的法定职责认识不清。另一方面是部分监理人员本身水平和能力不足，不能有效完成建设项目安全生产管理的审查审核、监督检查、安全事故隐患的督促整改等监理工作。

针对当前建设工程监理工作中存在的问题和薄弱环节，受中国建设监理协会委托，贵州省建设监理协会组织部分专家，结合多年来从事监理人员安全生产教育培训的实践，编写了《建筑施工安全生产管理　监理工作》。中国建设监理协会将本书选入工程监理人员学习丛书，目的是要提升监理人员履行安全生产管理法定职责的能力，提高建筑施工安全生产管理的监理工作水平。

本书紧密联系项目监理机构安全生产管理的法定职责，特别是项目监理机构针对危险性较大的分部分项工程的审查审核、专项巡视、隐患处置等职责，重点进行分析和阐述，力图提升施工现场项目监理机构履行建设工程安全生产管理法定职责的能力和水平。

本书共分十一章，主要内容包括：安全生产管理的监理工作、基坑工程、模板工程及支撑体系、脚手架工程、建筑起重机械及施工机具、起重吊装工程、暗挖工程、高处作业、施工现场临时用电、施工现场消防安全、安全事故隐患及安全事故处理等。

本书由贵州省建设监理协会杨国华、汤斌、王伟星、钟晖、李富江共同编写，杨国华负责统稿。

限于编者的学识和能力，错误和不足在所难免。欢迎各位读者批评指正。

编者<br>二〇二二年七月

# 目　　录

# 第一章　安全生产管理的监理工作

《建设工程安全生产管理条例》第四条规定："建设单位、勘察单位、设计单位、施工单位、工程监理单位及其他与建设工程安全生产有关的单位，必须遵守安全生产法律、法规的规定，保证建设工程安全生产，依法承担建设工程安全生产责任。"工程监理单位和监理人员应按照法律、法规有关规定，深刻认识自身的安全生产责任，切实履行建设工程安全生产管理的监理职责，做好安全生产管理的监理工作。

## 第一节　安全生产管理的监理责任

工程监理单位是建设工程施工项目参建五方责任主体之一，在《中华人民共和国建筑法》（以下简称《建筑法》）中未对监理单位的安全责任作出规定，《中华人民共和国安全生产法》（以下简称《安全生产法》）中也没有涉及监理单位应承担安全责任的条款。在《建设工程安全生产管理条例》（国务院令第 393 号）中第十四条明确规定了工程监理单位的安全生产管理的法定责任，这是当前监理单位应履行安全生产责任的最高法规依据。

### 一、安全生产的监理法律责任的界定

#### （一）工程监理单位的安全生产监理责任

《建设工程安全生产管理条例》（国务院令第 393 号）第十四条明确监理单位需要承担的安全生产责任是：

"工程监理单位应当审查施工组织设计中的安全技术措施或者专项施工方案是否符合工程建设强制性标准。

工程监理单位在实施监理过程中，发现存在安全事故隐患的，应当要求施工单位整改；情况严重的，应当要求施工单位暂时停止施工，并及时报告建设单位。施工单位拒不整改或者不停止施工的，工程监理单位应当及时向有关主管部门报告。

工程监理单位和监理工程师应当按照法律、法规和工程建设强制性标准实施监理，并对建设工程安全生产承担监理责任。"

此外，建设部 2006 年发布了《关于落实建设工程安全生产监理责任的若干意见》（建市［2006］248 号），该文件对《建设工程安全生产管理条例》第十四条的具体实施作出了明确规定，要求监理单位应当按照法律、法规和工程建设强制性标准及监理委托合同实施监理，对所监理工程的施工安全生产进行监督检查。《若干意见》详细规定了监理单位在建设工程施工准备阶段和施工阶段安全生产管理的监理工作的主要工作内容以及工作程序，明确了监理单位应当承担的建设工程安全生产的监理责任以及落实安全生产监理责任的主要工作。

2018 年，为加强对房屋建筑和市政基础设施工程中危险性较大的分部分项工程安全管理，有效防范生产安全事故，住房城乡建设部发布《危险性较大的分部分项工程安全管理规定》（住房和城乡建设部令第 37 号），文件明确了工程监理单位对危大工程安全管理应当承

担的监理责任，明确要求监理单位应当对危大工程专项施工方案进行审查并对危大工程施工实施专项巡视检查，对于按照规定需要进行验收的危大工程，应当组织相关人员进行验收。

（二）监理单位与监理工程师共同承担安全生产监理责任

《建设工程安全生产管理条例》规定“工程监理单位和监理工程师应当按照法律、法规和工程建设强制性标准实施监理，并对建设工程安全生产承担监理责任。”该条款将工程监理单位和监理工程师并列，说明现场安全生产的监理责任不仅由现场项目监理机构和监理工程师承担，工程监理单位也要承担安全生产监理责任。

监理单位要对建设工程安全生产承担监理责任，必须要建立健全安全生产监理责任体系。监理单位法定代表人应对本企业所监理的工程项目安全生产管理的监理工作全面负责，总监理工程师要对工程项目的安全生产管理的监理工作负责，并根据项目特点，明确监理人员的安全生产管理的监理工作职责。

监理单位应对项目监理机构安全生产管理的监理工作进行监督检查及管理，建立并完善监理单位自身以及项目监理机构的安全生产管理的监理工作制度，形成完善的安全生产管理的监理工作体系。

（三）安全生产监理法律责任的界定

《建设工程安全生产管理条例》第五十七条对工程监理单位违反相关规定的法律责任做了明确规定。工程监理单位应按照《关于落实建设工程安全生产监理责任的若干意见》要求，对所监理工程项目要认真履行安全生产监理责任。在监理过程中，该监理单位审查的一定要按规定进行审查，该检查的一定要按规定进行检查；发现安全隐患一定要签发《监理通知单》要求施工单位整改；问题严重该停工的一定要签发《工程暂停令》要求施工单位停工整改；施工单位拒不整改或不停工整改，该报告的一定要向建设单位和建设主管部门报告。

监理单位未依照法律、法规和强制性标准履行安全生产监理的法定职责，应承担《建设工程安全生产管理条例》第五十七条规定的法律责任。同时，住房城乡建设部《关于落实建设工程安全生产监理责任的若干意见》也明确了“监理单位履行了上述规定的职责，施工单位未执行监理指令继续施工或发生安全事故的，应依法追究监理单位以外的其他相关单位人员的法律责任。”

依据《建设工程安全生产管理条例》关于监理单位安全生产责任的规定，可以界定监理单位是否承担安全生产法律责任的行为。

1. 对施工组织设计中的安全技术措施或专项施工方案的审查责任。

监理单位应审查施工组织设计中的安全技术措施或专项施工方案是否符合强制性标准要求。未进行审查的，监理单位应承担《建设工程安全生产管理条例》第五十七条规定的法律责任。

2. 对施工组织设计或专项施工方案未经审查，施工单位擅自开工，监理单位不予制止的责任。

施工组织设计中的安全技术措施或专项施工方案未经监理单位审查签字认可，施工单位擅自施工的，监理单位应及时下达工程暂停令并书面报告建设单位。监理单位未及时下达工程暂停令并报告建设单位的，应承担《建设工程安全生产管理条例》第五十七条规定的法律责任。

3. 发现安全事故隐患未及时要求施工单位整改或者暂时停工的监理责任。

监理单位在巡视检查过程中，发现存在安全事故隐患的，应按照有关规定及时下达书面指令要求施工单位整改或暂时停止施工。监理单位发现安全事故隐患未及时下达书面指令要求施工单位整改或暂时停止施工的，应承担《建设工程安全生产管理条例》第五十七条规定的法律责任。

4. 施工单位拒不整改或不停止施工时及时报告的监理责任。

施工单位拒绝按照监理单位的要求进行整改或者停止施工的，监理单位应及时将情况向当地有关主管部门报告。监理单位未及时向有关建设主管部门报告的，应承担《建设工程安全生产管理条例》第五十七条规定的法律责任。

5. 未依照法律、法规和工程建设强制性标准实施监理的监理责任。

监理单位未依照法律、法规和工程建设强制性标准实施监理的，应当承担《建设工程安全生产管理条例》第五十七条规定的法律责任。

6. 因工程质量不符合要求造成重大安全事故的监理责任。

《中华人民共和国刑法》规定："建设单位、设计单位、施工单位、工程监理单位违反国家规定，降低工程质量标准，造成重大安全事故的，对直接责任人员，处五年以下有期徒刑或者拘役，并处罚金；后果特别严重的，处五年以上十年以下有期徒刑，并处罚金。"

这里的监理责任，是指因监理单位有违反国家法律法规规定的行为，造成降低工程质量，并因工程质量缺陷而造成重大安全事故，监理单位要承担相应的刑事责任。如江西丰城电厂冷却塔坍塌事故，就是因建筑结构因混凝土强度不足及未按规定拆除模架而发生主体结构坍塌，并造成了特别重大安全事故。在结构混凝土强度不足的质量缺陷形成过程中，若监理单位未履行法律法规规定的监理责任，则相关责任人员要承担相应刑事责任。

## 二、监理单位的安全生产监理责任无法规避也不能规避

《建设工程安全生产管理条例》明确了工程监理单位的安全生产监理责任，同时也明确了工程监理单位及监理人员未按照规定履行职责应承担的法律责任，特别规定了除承担行政责任外，对于造成重大安全事故，构成犯罪的直接责任人员，须依照刑法有关规定追究刑事责任。

若工程监理单位和监理人员在监理过程中只想如何规避责任，往往事与愿违。正如本书第十一章典型案例中，扬州"3・21"附着式升降脚手架坠落事故中的项目总监发现问题不去采取处置措施，不签发监理指令要求施工单位停工整改，而是向建设单位发出要求区分责任的"备忘录"，向安监部门报告"存在隐患"，最后事故发生了。这样的"备忘录"和"报告"不仅不能为监理单位和监理人员规避责任，反而成了监理履职不到位的书面证据。

监理单位和监理人员的安全生产管理的法定责任是无法规避也不能规避，只有按照有关相关规定认真履行安全生产监理职责，最大限度地避免安全生产事故的发生，这才是体现工程监理人员自身价值同时避免处罚的正确途径。

## 三、保障工程质量维护施工安全是工程监理行业存在的价值

国家实行工程监理制度，设立工程监理企业资质和监理工程师执业资格制度，赋予了工程监理企业和监理人员在工程质量和施工安全方面的社会责任。

自 2004 年《建设工程安全生产管理条例》实施以来，虽然工程建设的规模增长了很多，但无论是安全生产事故的发生起数还是安全事故导致的死亡人数，较之 2004 年以前都有很大幅度的下降。这里面凝聚着工程监理行业和工程监理人员的极大努力。工程监理行业为确保建设工程质量和安全做出了重大贡献。

工程监理行业和工程监理人员应充分认识到，工程质量和安全涉及社会公众利益，保障工程质量维护施工安全既是工程监理行业的社会责任，也是工程监理行业存在的价值。工程监理行业作为咨询服务业在工程建设领域的作用，主要体现在保障工程质量维护施工安全方面，工程监理人员的职业价值也在于此。

## 四、工程监理人员的责任心和能力是履行职责的基础和保障

1. 工程监理单位和工程监理人员要勇于承担责任

工程监理单位不能以工程监理实施“总监理工程师责任制”为由，推卸所监理项目的安全生产的监理责任。相关法律、法规明确规定建设工程监理的责任主体是工程监理单位，总监理工程师是代表工程监理单位履行建设工程监理合同的负责人。按照住房和城乡建设部《关于落实建设工程安全生产监理责任若干意见》，工程监理单位落实安全生产监理责任的主要工作为：

（1）工程监理单位要建立健全安全生产管理的监理责任制。

（2）要完善监理单位安全生产管理制度。

（3）要建立监理人员安全生产教育培训制度。总监理工程师和人员需经安全生产教育培训后方可上岗。

（4）监理单位要建立危险性较大分部分项工程安全管理档案。工程竣工后，工程监理单位应将有关安全生产的技术文件等按规定立卷归档。

2. 工程监理人员要不忘初心，牢记使命。

工程监理人员要把工程监理作为一份安身立命的职业，对监理工作要常怀敬畏之心，兢兢业业、一丝不苟，做好监理工作的每一个环节。同时也要把工程监理当作一项崇高的事业，不忘初心，为实现国家建设民族复兴的宏伟目标，以在工程建设领域保护人民群众的生命财产安全为己任，为建设工程的质量和安全负责，在工程监理工作中实现自己的人生价值。监理人员只有坚定理想信念才能保持事业心责任心，只有坚持事业心、责任心孕育的敬业精神才能勇于承担安全生产管理的监理责任，做好工程监理工作。

3. 工程监理人员必须具备履行安全生产管理的法定职责的能力

随着科学技术的发展进步，工程建设领域新材料、新技术、新工艺、新设备层出不穷。为适应工程建设的技术进步，满足监理业务的需要，工程监理人员必须勤于学习、善于学习，不断提升自己的能力，在实施监理的过程中不仅要能够发现问题，还要能够处置和解决问题。工程监理人员必须具备相关专业的技术知识，熟悉工程建设标准特别是其中的强制性条文，还应具备丰富的工程管理经验。

## 第二节　安全生产管理的监理人员

施工现场安全生产管理的监理人员属于项目监理机构人员组成的一部分，不应独立于项目监理机构之外。总监理工程师应根据监理工作的具体情况，选择合适的安全生产管理的监理人员，应考虑监理人员的个人素质、所学专业、工作经验及项目监理机构人员总体结构的合理性。

### 一、监理人员从事安全生产管理的监理工作要求

安全生产管理的监理人员应具有一定的工程安全技术专业知识、安全生产管理能力和工程建设实践经验，能对施工现场安全生产起到有效的监督管理作用，并能提出指导性意见和建议。同时，监理人员应熟悉国家和地方有关安全生产、劳动保护、环保、消防等法律法规，还应具备一定的组织协调能力，能组织、协调参建各方共同完成项目的安全目标。

（一）总监理工程师和专业监理工程师安全生产管理的监理工作要求

施工现场安全生产管理的监理工作的实施成效，取决于总监理工程师和专业监理工程师的管理能力、专业技术水平、实践经验以及协调能力等。总监理工程师和专业监理工程师除了应具备基本素质要求外，还应具备以下安全技术知识和安全生产管理能力。

1. 熟悉国家和本地区有关安全生产的方针政策、法律法规、部门规章等有关文件相关规定。熟悉国家、地方及行业有关安全生产技术标准、规范和规程。

2. 熟悉施工单位的安全生产责任制、安全生产规章制度和操作规程内容。熟悉重、特大事故防范、应急救援措施，报告制度及调查处理方法。

3. 掌握施工现场安全生产监督检查的内容和方法，能有效开展施工现场的安全巡视检查工作，如实报告生产安全事故。

4. 能有效审查施工组织设计的安全技术措施和专项安全施工方案，检查施工单位生产安全事故应急救援预案的落实情况。

5. 具备一定的施工现场安全生产管理经验以及对安全事故隐患的辨认、分析和协调处理能力。

（二）监理员从事安全生产管理的监理工作要求

监理员从事现场安全生产管理的监理工作，除要熟悉监理业务外，还应具备一定的安全技术知识和安全生产管理能力。

1. 熟悉国家有关安全生产的方针政策、法律法规、部门规章等相关文件。熟悉国家、地方及行业有关安全生产技术标准、规范和规程。

2. 了解事故防范、应急救援措施，报告制度，调查处理方法。

3. 能有效监督检查施工企业安全生产责任制和安全生产规章制度的实施。

4. 对施工现场安全生产进行巡视检查，发现生产安全事故隐患及时向施工单位提出，若系违章操作应及时制止现场违章操作行为，同时向专业监理工程师或总监理工程师报告。

按照原建设部《关于落实建设工程安全生产监理责任的若干意见》（建市［2006］248

号）规定，项目总监理工程师和安全生产管理的监理人员须经过安全生产教育培训方可上岗。

## 二、施工现场安全生产管理的监理人员构成

总监理工程师是项目安全生产管理的监理工作的第一责任人，施工现场具体实施安全生产管理的监理人员可由专业监理工程师或监理员担任。

（一）安全生产管理的监理人员的配备

施工现场安全生产管理的监理工作是一门专业性较强的工作，项目监理机构应具备与所承担的监理业务相适应的专业人员且专业配套。项目总监理工程师应根据工程特点、规模、技术复杂程度以及工程监理合同约定，按照监理人员所学专业与工作能力合理配置施工现场安全生产管理的监理人员。

安全生产管理的监理人员应具备相应资格。总监理工程师在配备项目监理机构安全生产的监理人员时，应选择经过安全生产教育培训的专业监理工程师和监理员，并明确其相关安全生产管理的监理工作职责。

（二）安全生产管理的监理人员数量的确定

在组建项目监理机构时，总监理工程师应考虑工程建设规模、复杂程度、监理人员的业务水平、项目安全生产管理的监理工作的技术风险程度、风险存在的概率以及工作量等因素，合理配置满足施工现场安全生产管理的监理工作需要的监理人员。

对于相对复杂、危险性较大分部分项工程较多的项目，宜将安全生产管理的监理工作作为项目监理机构单独的执行部门，并按监理人员的所学专业和能力进行分工，还应考虑项目监理机构总体的合理性与协调性。

（三）安全生产管理的监理人员的选择

1. 总监理工程师是项目安全生产管理的监理工作主要负责人，总监理工程师的工作能力和业务水平决定了项目监理机构的工作成效。监理单位对总监理工程师的选择，首先应考虑其是否具有一定类似工程的工作经验，还应注意其是否具有较扎实的专业基础知识以及管理能力。具体体现在以下方面：

组织决策能力。组织决策能力是总监理工程师的必备能力，是指总监理工程师能运用现代组织理论，建立分工合理、高效精干的项目监理机构，制定有效的监理工作程序和工作制度措施，并有较强的组织管理能力和决策能力，能在授权范围内迅速做出决策。

协调控制能力。较强的协调和控制能力体现在既要善于进行组织协调与沟通，协调处理好参建各方的关系，也要协调好项目监理机构内部关系。要控制资源配置，对工程项目实施有效控制，才能使项目目标顺利实现。

业务技术能力。总监理工程师应掌握项目监理过程中所涉及的专业技术相关知识，要善于学习，及时更新自己的知识结构，能处理在工程实施过程中发生的各种质量、安全问题。

2. 总监理工程师对施工现场安全生产管理的监理人员的选择，可从基本素质和专业技术能力两个方面选择。

基本素质包括业务素质、身体素质、职业道德等。现场监理人员要诚信守法、爱岗敬业，要有高尚的职业道德、团队协作精神等品德。

专业技术能力包括监理人员的专业知识结构和能力结构。专业知识结构主要表现在掌握与项目相关的专业技术知识，熟悉相关专业的安全技术、安全管理、法律法规等知识，并能在工程实践中不断学习、补充和完善自己的知识结构。同时，还应具备一定的施工现场安全生产管理的实践经验，具备现场综合处理各种安全问题、协调人际关系的能力。

由于项目安全生产管理的监理工作涉及土建、机械、消防、电气等多种专业，总监理工程师在配备安全生产管理的监理工作人员时，应注意专业配套，分工明确。如：房屋建筑工程项目的土建专业监理工程师可负责基坑、模板、脚手架、高处作业等安全生产管理的监理工作；电气专业监理工程师可负责施工现场临时用电的安全生产管理的监理工作；机械专业监理工程师可负责起重吊装和机械设备装拆等安全生产管理的监理工作等。

## 三、监理人员安全生产管理的监理工作职责

针对施工现场安全生产管理的监理工作，项目总监理工程师、总监理工程师代表（如有）、专业监理工程师和监理员的工作职责应符合《建设工程监理规范》GB/T 50319 的有关规定。

（一）总监理工程师应履行下列职责

1. 确定项目监理机构中负责安全生产管理的监理工作的人员及其岗位职责。

2. 组织编制包括安全生产管理的监理工作内容的监理规划，审批监理实施细则。

3. 根据工程进展及安全生产管理的监理工作情况调配监理人员，检查监理人员工作。

4. 组织召开包括安全生产管理的监理工作的监理例会。

5. 组织专业监理工程师审核分包单位资格。

6. 组织审查施工组织设计中的安全技术措施、（专项）施工方案。

7. 审查工程开复工报审表，签发工程开工令、暂停令和复工令。

8. 组织检查施工单位现场安全生产管理体系的建立、运行及专职安全生产管理人员配置情况。

9. 组织审核施工单位包括安全施工有关费用的付款申请，签发工程款支付证书，组织审核竣工结算。

10. 组织审查和处理包括与施工安全有关问题的工程变更。

11. 调解建设单位与施工单位的合同争议，处理工程索赔。

12. 组织验收分部工程，组织审查单位工程质量检验资料；组织或参与对按规定需要验收的危大工程进行的验收。

13. 审查施工单位的竣工申请，组织工程竣工预验收，组织编写工程质量评估报告，参与工程竣工验收。

14. 参与或配合工程质量安全事故的调查和处理。

15. 组织编写并签发包括安全生产管理的监理工作月报、专题报告和监理工作总结，组织整理监理文件资料。

在安全生产管理的监理工作中，总监理工程师不得将下列工作委托给总监理工程师代表：

（1）组织编制包括安全生产管理的监理工作内容的监理规划，审批监理实施细则。

（2）根据工程进展及安全生产管理的监理工作情况调配监理人员。

(3) 组织审查施工组织设计中的安全技术措施、(专项) 施工方案。

(4) 签发工程开工令、暂停令和复工令。

(5) 签发工程款 (包括有关安全施工的费用) 支付证书，组织审核竣工结算。

(6) 调解建设单位与施工单位的合同争议，处理工程索赔。

(7) 审查施工单位的竣工申请，组织工程竣工预验收，组织编写工程质量评估报告，参与工程竣工验收。

(8) 参与或配合工程质量安全事故的调查和处理。

(二) 专业监理工程师应履行下列职责

1. 参与编制包括安全生产管理的监理工作的监理规划，负责编制监理实施细则。

2. 审查施工单位提交的涉及本专业安全生产管理的报审文件，提出审查意见，并向总监理工程师报告。

3. 参与审查分包单位资格。

4. 指导、检查监理员工作，定期向总监理工程师报告本专业包括安全生产管理的监理工作实施情况。

5. 检查进场的工程材料、构配件、设备的质量，包括检查现场安全物资 (材料、构配件、设备、安全防护用具等) 的质量证明文件。

6. 验收检验批、隐蔽工程、分项工程，参与验收分部工程。对于需要验收的危险性较大的分部分项工程，与施工单位共同组织相关人员验收。

7. 处置发现的质量问题和安全事故隐患。

8. 进行工程计量。

9. 参与审查和处理包括与施工安全有关问题的工程变更。

10. 组织编写监理日志，参与编写月报、专题报告和监理工作总结。

11. 收集、汇总、参与整理监理文件资料，包括有关安全生产管理的监理工作的文件资料。

12. 参与工程竣工预验收和竣工验收。

(三) 监理员应履行下列职责

1. 检查施工单位投入工程的人力、主要设备的使用及运行状况，包括检查施工单位项目经理和专职安全生产管理人员到岗情况，施工机械、安全设施等设备的使用及运行安全状况，做好检查记录。

2. 进行见证取样。对施工单位涉及结构安全的试块、试件及工程材料现场取样、封样、送检工作进行监督。

3. 复核工程计量有关数据，包括有关安全生产的工程计量数据。

4. 检查工序施工结果，包括有关安全防护及安全设施的施工结果。

5. 发现施工作业中的问题，包括现场人员违章指挥、违章操作及其他各类安全隐患，及时向施工单位指出并向专业监理工程师报告。

项目监理机构应依据相关规定做好工程项目安全生产管理的监理工作，认真履行安全生产管理的监理职责。

## 第三节　安全生产管理的监理工作内容及方法

项目监理机构要落实项目安全生产的监理责任，监理工作的重点是要对施工单位提交的专项施工方案及有关安全生产的技术文件及资料进行审查审核；要对施工现场的安全生产状况进行巡视检查，发现安全事故隐患时，要下达书面指令要求施工单位整改或者停工整改，必要时要向有关建设主管部门报告。

### 一、建设工程安全生产管理的监理主要工作内容

原建设部《关于落实建设工程安全生产监理责任的若干意见》对建设工程安全生产管理的监理主要工作内容做了明确规定，监理单位应当按照法律、法规和工程建设强制性标准及建设工程监理合同实施监理，对所监理工程的施工安全生产进行监督检查。具体内容包括：

（一）施工准备阶段安全生产管理的监理主要工作内容

1. 监理单位应根据《建设工程安全生产管理条例》的规定，按照工程建设强制性标准、《建设工程监理规范》GB/T 50319 和相关行业监理规范的要求，编制包括安全生产管理的监理工作内容的项目监理规划，明确安全生产管理的监理工作范围、内容、工作程序和制度措施，以及人员配备计划和职责等。

2. 对中型及以上项目和危险性较大的分部分项工程，项目监理机构应当编制监理实施细则。实施细则应当明确安全生产管理的监理工作方法、措施和控制要点，以及对施工单位安全技术措施的检查方案。

3. 审查施工单位编制的施工组织设计中的安全技术措施和危险性较大的分部分项工程安全专项施工方案是否符合工程建设强制性标准。审查的主要内容应当包括：

（1）施工单位编制的地下管线保护措施方案是否符合强制性标准要求；

（2）基坑支护与降水、土方开挖与边坡防护、模板、起重吊装、脚手架、拆除、爆破等分部分项工程的专项施工方案是否符合强制性标准要求；

（3）施工现场临时用电施工组织设计或者安全用电技术措施和电气防火措施是否符合强制性标准要求；

（4）冬季、雨季等季节性施工方案的制定是否符合强制性标准要求；

（5）施工总平面布置图是否符合安全生产的要求，办公、宿舍、食堂、道路等临时设施设置以及排水、防火措施是否符合强制性标准要求。

4. 检查施工单位在工程项目上的安全生产规章制度和安全管理机构的建立、健全及专职安全生产管理人员配备情况。督促施工单位检查各分包单位的安全生产规章制度的建立情况。

5. 审查施工单位资质和安全生产许可证是否合法有效。

6. 审查项目经理和专职安全生产管理人员是否具备合法资格，是否与投标文件相一致。

7. 审核特种作业人员的特种作业操作资格证书是否合法有效。

8. 审核施工单位应急救援预案和安全防护措施费用使用计划。

（二）施工阶段安全生产管理的监理主要工作内容

1. 监督施工单位按照施工组织设计中的安全技术措施和专项施工方案组织施工，及时制止违规施工作业。

2. 定期巡视检查施工过程中的危险性较大分部分项工程作业情况。

3. 核查施工现场施工起重机械、整体提升脚手架、模板等自升式架设设施和安全设施的验收手续。建筑施工起重机械设备装拆前，项目监理机构应检查装拆单位的企业资质、设备的出厂合格证及特种作业人员上岗证。

4. 检查施工现场各种安全标志和安全防护措施是否符合强制性标准要求，并检查安全生产费用的使用情况。

5. 督促施工单位进行安全自查工作，并对施工单位的自查情况进行抽查，参加建设单位组织的安全生产专项检查。

项目监理机构应当按照《建设工程监理规范》和相关行业监理规范要求，编制包括安全生产管理的监理工作内容的监理规划和监理实施细则；审查核验施工单位提交的有关技术文件及资料，并由总监理工程师在有关技术文件报审表上签署意见；审查未通过的，安全技术措施及（专项）施工方案不得实施。

在施工过程中，项目监理机构应对施工现场安全生产情况进行巡视检查，对危大工程实施专项巡视检查。在巡视检查中发现的各类安全事故隐患，应书面通知施工单位并督促其立即整改。情况严重的，应及时下达工程暂停令，要求施工单位停工整改，并同时报告建设单位。安全事故隐患消除后，应检查整改结果，签署复查或复工意见。施工单位拒不整改或不停工整改的，应当及时向工程所在地建设主管部门报告。检查、复查、报告等情况应记载在监理日志、监理月报中。

工程竣工后，项目监理机构应将有关安全生产的技术文件、验收记录、监理规划、监理实施细则、监理月报、会议纪要及相关书面通知等按规定立卷归档。

## 二、安全生产管理的监理工作方法

（一）审查审核

审查审核是指项目监理机构在实施监理过程中，应依据相关法律法规、标准规范、设计文件、合同文件等，对施工单位报送的有关安全生产的技术文件和报审报验资料等进行审查，并在有关技术文件报审表上签署意见。

项目监理机构可从程序性审查和实质性审查着手进行审查。

程序性审查是对施工单位报送的有关安全生产的技术文件和报审报验资料的内部编制、审核程序、编审人员签字手续、资料的完整性等是否符合相关要求进行查验。

实质性审查是对施工单位报送的有关安全生产的技术文件和报审报验资料的真实性、针对性、可操作性和符合性等进行核查。主要应从内容、方法、措施等方面是否符合相关法律法规、标准规范、设计文件、相关合同等进行查验。

（二）巡视检查

巡视是指项目监理机构对施工现场进行定期或不定期的检查活动。项目监理机构应对施工现场安全生产管理的情况进行定期或不定期的巡视检查，并做好巡视检查记录。应在项目监理规划中明确巡视检查频率，落实巡视检查的监理人员，每天将巡视检查的情况在监理日志中进行记录。

项目监理机构施工现场巡视检查的主要工作内容详见各章节中相关内容。

（三）监理指令

监理指令是指项目监理机构发现存在安全事故隐患时，应按其严重程度及时向施工单位签发《监理通知单》或《工程暂停令》，责令其消除安全事故隐患。

在实施监理过程中，发现工程存在安全事故隐患时，项目监理机构应签发监理通知单，要求施工单位整改，并应复查整改结果，《监理通知单》应抄报建设单位。发现情况严重时，总监理工程师应签发工程暂停令，要求施工单位暂停部分或全部工程施工，责令其限期整改，并及时报告建设单位，项目监理机构应检查整改结果。安全事故隐患消除后，总监理工程师签发《工程复工令》后方可复工。

施工单位不具备开工条件（如组织机构不完善，质量、安全管理体系未建立，人员、材料、机械设备未按计划进场，大型机械设备进场后手续不全或不符合要求，施工组织设计或专项施工方案未经审核批准等）擅自进入实际施工，总监理工程师应签发《工程暂停令》制止施工。

发现施工单位未按照危大项工程专项施工方案实施的，应签发监理通知单，要求施工单位按照专项施工方案实施。施工单位未编制危大工程专项施工方案，或专项施工方案未经监理审查审核同意，总监理工程师应及时签发《工程暂停令》。

大型起重机械设备未经有资质的检验检测单位检验合格即投入使用的，总监理工程师应签发《工程暂停令》制止；经检验检测合格（有检测合格报告），但尚未办理备案登记手续、尚未领取使用合格证等，应书面要求施工单位尽快办理相关手续，并对其行为承担全部责任。

总监理工程师在签发《工程暂停令》之前，应事先征求建设单位意见，情况紧急时可先口头要求施工单位局部暂停施工，再以书面形式制止施工。

（四）监理报告

监理报告是指项目监理机构发现存在安全事故隐患，向施工单位签发了监理通知单或工程暂停令，施工单位拒不整改或不停止施工时，项目监理机构应及时报告建设单位，并向有关主管部门报送监理报告。监理报告应按《建设工程监理规范》GB/T 50319 附表 A. 0. 4 的要求填写，并将相关资料作为附件上报。

项目监理机构发现施工单位未按照危大工程专项施工方案施工，向施工单位签发了监理通知单或工程暂停令，施工单位拒不整改或者不停止施工的，应当及时报告建设单位，并向工程所在地建设主管部门报送监理报告。

项目监理机构每月应向建设单位、监理单位、工程所在地建设主管部门报送施工现场质量和安全生产管理的监理工作月报。

施工现场存在重大安全事故隐患或发生安全事故时，项目监理机构应以书面形式向工程所在地建设主管部门报送监理专报或监理紧急报告。当情况紧急时，以电话形式报告的，应当有通话记录，并及时补充书面监理报告。

（五）其他工作方法

1. 告知

监理人员在日常巡视检查中，发现施工现场有安全事故隐患时，若立即整改能够消除的，可向施工单位安全管理人员口头告知并督促其立即改正，并在当天的监理日志中进行记录。

2. 监理例会及专题会议

项目监理机构应按照《建设工程监理规范》GB/T 50319 规定，定期召开包括施工安全生产内容的监理例会，检查上次例会决议事项的落实情况，分析未落实事项的原因。检查分析工程项目质量、施工安全管理状况，针对现场安全生产存在问题提出改进措施。

必要时项目监理机构也可针对施工现场安全生产的情况，定期或不定期组织召开安全专题会议，组织有关单位研究解决现场安全生产相关问题，对上一阶段安全生产情况进行总结，对现场存在的安全问题制定整改措施等。

监理例会及专题会议由总监理工程师或其授权的专业监理工程师主持，施工单位的项目负责人、现场技术负责人、现场安全管理人员及相关单位人员参加。项目监理机构相关人员应做好会议记录，及时整理会议纪要，与会各方代表应会签。

## 第四节 安全生产管理的监理主要工作程序

项目监理机构进场后，总监理工程师应组织召开监理工作准备会，组织监理人员熟悉和分析工程相关文件资料，开展编制包括安全生产管理的监理工作内容的监理规划及监理实施细则，制定项目安全生产管理的监理工作程序等。

### 一、项目安全生产管理的监理基本工作程序

1. 项目监理机构进场履行安全生产管理的监理工作职责

《建设工程监理规范》GB/T 50319 第 3.1.3 条规定："工程监理单位在建设工程监理合同签订后，应及时将监理机构的组织形式、人员构成及对总监理工程师的任命书面通知建设单位。"总监理工程师应对该项目安全生产管理的监理工作全面负责。项目监理机构应按照监理规范和监理合同约定的监理工作内容，履行包括项目安全生产管理的监理工作职责。

项目监理机构进场后，总监理工程师应及时组织召开监理工作准备会，组织监理人员学习有关安全生产的法律法规、监理工作制度及有关规定，了解建设单位对项目监理机构的工作要求等。

2. 编制包括安全生产管理的监理工作内容的监理规划

监理规划可在签订建设工程监理合同及收到工程设计文件后，由总监理工程师组织专业监理工程师编制，并应在召开第一次工地会议 7 天前报送建设单位。

监理规划在总监理工程师签字后由监理单位技术负责人审批。在实施监理过程中，现场实际情况或条件发生变化需要调整监理规划时，总监理工程师应及时组织专业监理工程师进行修改，并按原报审程序审核批准后报建设单位。

3. 编制危险性较大的分部分项工程的监理实施细则

对专业性强、危险性较大的分部分项工程，项目监理机构应编制监理实施细则。危大工程的监理实施细则可随工程进展，在相应分部分项工程施工前由专业监理工程师编制，并经总监理工程师审批后实施。当工程发生变化导致原监理实施细则需要调整时，专业监

理工程师可根据实际情况进行补充、修改。

4. 审查核验施工单位报送的有关技术文件及资料

（1）项目监理机构应审查施工单位报审的施工组织设计中的安全技术措施和（专项）施工方案。符合要求的，应由总监理工程师签认后报建设单位。

（2）项目监理机构应在危大工程施工前审查施工单位报送的专项施工方案。专项施工方案需要调整时，应要求施工单位修改后按原报审程序重新提交项目监理机构审查。

对于超过一定规模的危险性较大的分部分项工程的专项施工方案，项目监理机构应督促施工总承包单位组织召开专家论证会，专家论证前专项施工方案应当通过施工单位审核和总监理工程师审查。

（3）核查施工单位提交的建筑施工起重机械设备和安全设施等验收记录，并由负责安全生产管理的监理工作人员签收备案。

（4）审查施工单位的资质和安全生产许可证是否合法有效；审查项目经理和专职安全生产管理人员是否具备合法资格，是否与招标投标文件相一致。

（5）审核特种作业人员的特种作业操作资格证书等是否合法有效。

（6）审核施工单位应急救援预案和安全防护措施费用使用计划。

5. 对施工现场安全生产情况进行巡视检查

（1）应巡视检查危大工程专项施工方案实施情况。发现施工单位未按专项施工方案实施时，项目监理机构应及时签发《监理通知单》，要求施工单位按专项施工方案实施。

（2）在实施监理过程中，发现工程存在安全事故隐患时，项目监理机构应及时签发书面指令要求施工单位整改；施工单位拒不整改或不停止施工时，项目监理机构应及时向有关主管部门报送监理报告。

（3）情况紧急时，项目监理机构可通过电话、传真或电子邮件等方式向有关主管部门报告，但事后应及时将书面的《监理报告》送达有关主管部门，同时抄报建设单位和工程监理单位。《监理报告》应由总监理工程师签发，并加盖项目监理机构章。项目监理机构应妥善保存《监理报告》报送的有效证据。

6. 整理安全生产管理的监理工作资料

工程竣工后，项目监理机构应将有关安全生产管理的监理工作的技术文件、监理规划、监理实施细则、验收记录、监理日志、监理月报、监理例会纪要及相关书面文件资料等按规定立卷归档。

项目安全生产管理的监理基本工作程序详图 1-1 。

## 二、施工现场安全生产管理的监理主要工作程序

### （一）工程开工审查程序

1. 工程开工前，总监理工程师应组织专业监理工程师审查施工单位报送的工程开工报审表及相关资料，并组织对现场情况进行核查；具备条件时，由总监理工程师签署审查意见，报建设单位批准后，总监理工程师签发工程开工令。

2. 在工程开工前审查施工单位现场的质量、安全管理组织机构、管理制度及项目经理、专职安全管理人员和特种作业人员的资格等。

3. 当项目不具备开工条件施工单位坚持自行施工的，项目监理机构应予以制止，并

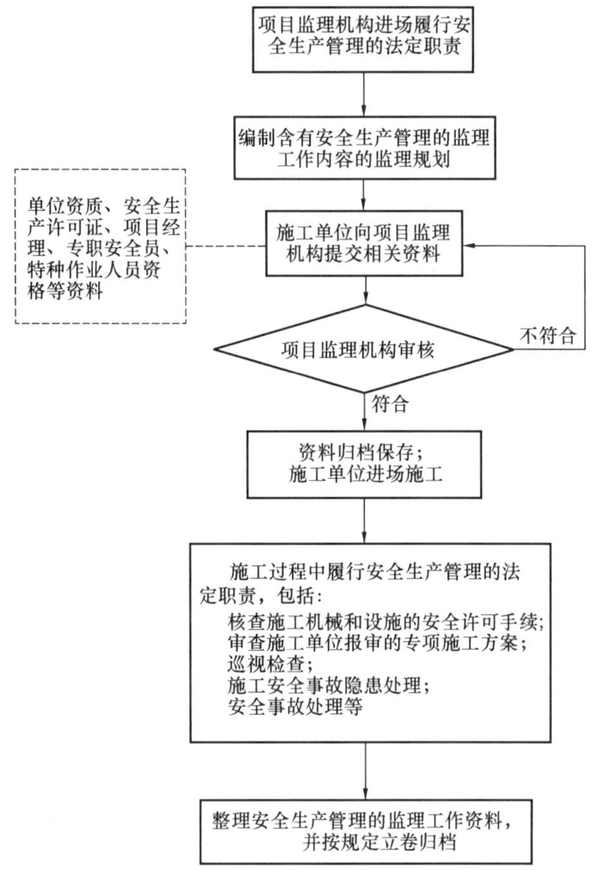


图 1-1 项目安全生产管理的监理基本工作程序

向建设单位及有关主管部门报告；建设单位坚持开工的，项目监理机构应以书面形式向建设单位表达意见，必要时向建设行政主管部门报告。

工程开工审查程序详图 1-2。

（二）分包单位资格报审程序

分包工程开工前，项目监理机构应审核施工单位报送的经项目经理签字并加盖施工项目经理部印章的《分包单位资格报审表》及其附件，专业监理工程师提出审查意见后，应由总监理工程师审核签认。

分包单位资格报审程序详图 1-3 。

（三）施工组织设计中安全技术措施的审查程序

1. 项目监理机构应要求施工单位在《建设工程施工合同》约定期限内报送施工组织设计。施工组织设计须经施工单位技术负责人审批签字，并加盖单位公章，填写《施工组织设计/（专项）施工方案报审表》报项目监理机构审查。

2. 项目监理机构应审查施工单位报审的施工组织设计中的安全技术措施。符合要求时，应由总监理工程师签认后报建设单位。

3. 施工组织设计中的安全技术措施需要调整时，应由总监理工程师签署意见，要求施工单位修改后按程序重新报审，项目监理机构应按程序重新审查。

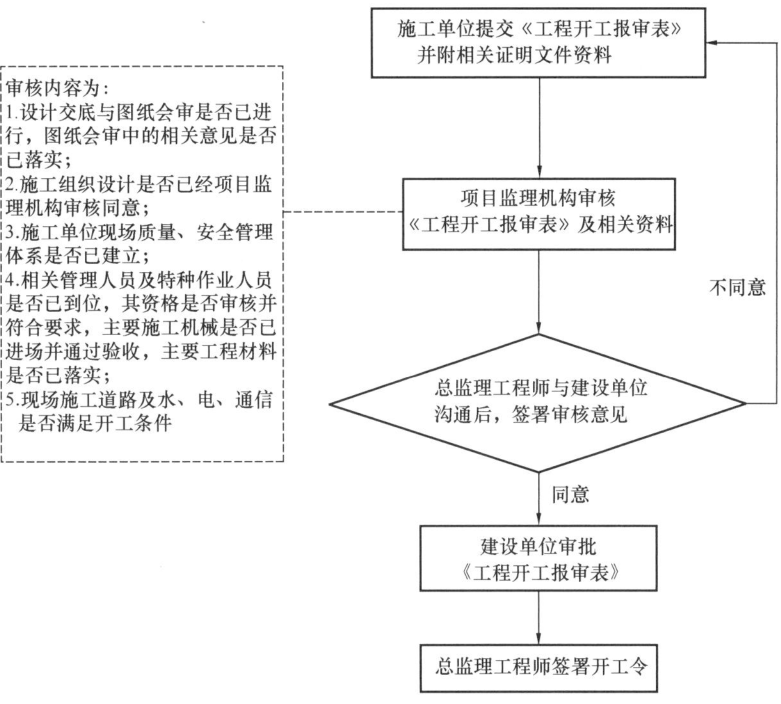


图 1-2　工程开工审查程序

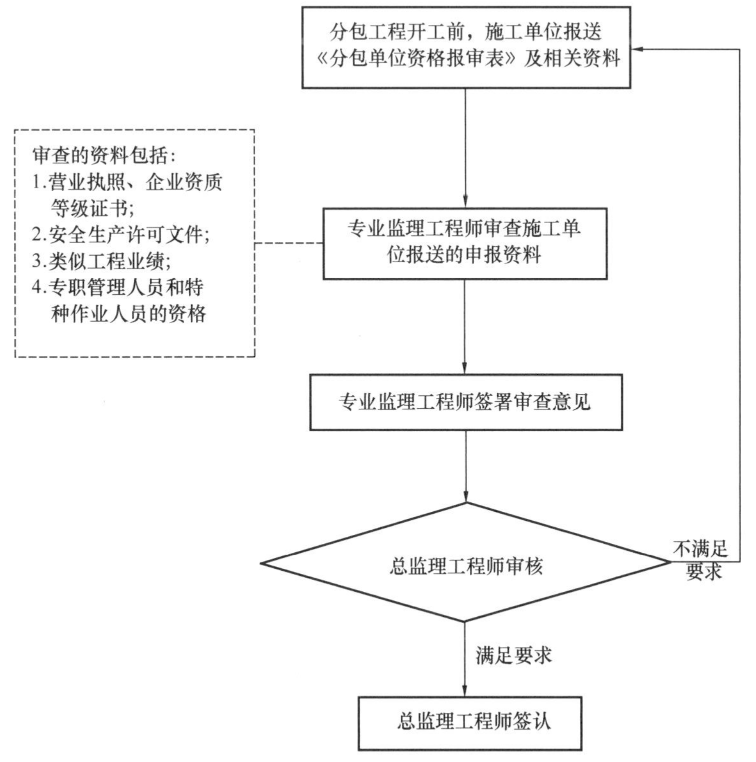


图 1-3　分包单位资格审查程序

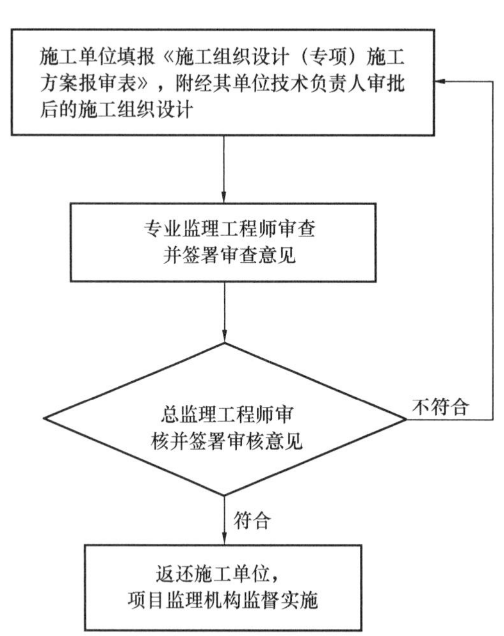


图 1-4 施工组织设计中安全技术措施的审查程序

施工组织设计中安全技术措施的审查程序详图 1-4。

（四）危险性较大的分部分项工程专项施工方案的审查程序

1. 督促施工单位在危险性较大的分部分项工程施工前编制专项施工方案，并经施工单位技术负责人审核签字、加盖单位公章、填写《施工组织设计/（专项）施工方案报审表》后报项目监理机构审查。

2. 项目监理机构应当在危大工程施工前审查施工单位报送的专项施工方案并签署意见。专项施工方案经专业监理工程师审查符合要求的，应由总监理工程师签认后报建设单位审批。当需要修改时，应由总监理工程师签署意见，要求施工单位修改后按程序重新报审。

3. 危大工程实行分包并由分包单位编制专项施工方案的，专项施工方案应经总承包单位和分包单位技术负责人共同审核签字并加盖单位公章。

4. 对于超过一定规模的危险性较大的分部分项工程，应督促施工单位组织召开专家论证会对专项施工方案进行论证。专家论证前专项施工方案应当通过施工单位审核和总监理工程师审查。

项目监理机构应检查施工单位组织专家进行论证、审查的情况以及是否附具安全验算结果，并由总监理工程师签署审核意见后报建设单位审批。专家论证意见为不通过的，项目监理机构应要求施工单位重新编制专项施工方案，重新组织专家论证。

危险性较大的分部分项工程专项施工方案的审查程序详图 1-5。

（五）施工起重机械设备、整体提升脚手架、模板等设施的验收手续核查程序

1. 建筑施工起重机械设备安装前，项目监理机构应审核施工单位报送的《施工起重机械设备进场使用报验单》及产品合格证、设备制造许可证、制造监督检验证明、备案证明等文件。施工起重机械设备安装、拆卸前，应要求施工单位编制专项施工方案，经项目监理机构审查同意后方可实施。起重机械设备安装完成后，项目监理机构应对其验收手续进行核查。

2. 施工起重机械、整体提升脚手架、模板等自升式架设设施，在验收前应经具有相应资质的检验检测机构检验合格，并按使用登记要求进行登记，经项目监理机构核查安全许可验收手续符合要求后方可同意使用。

施工起重机械、整体提升脚手架、模板等架设设施和安全设施的验收手续核查程序详图 1-6。

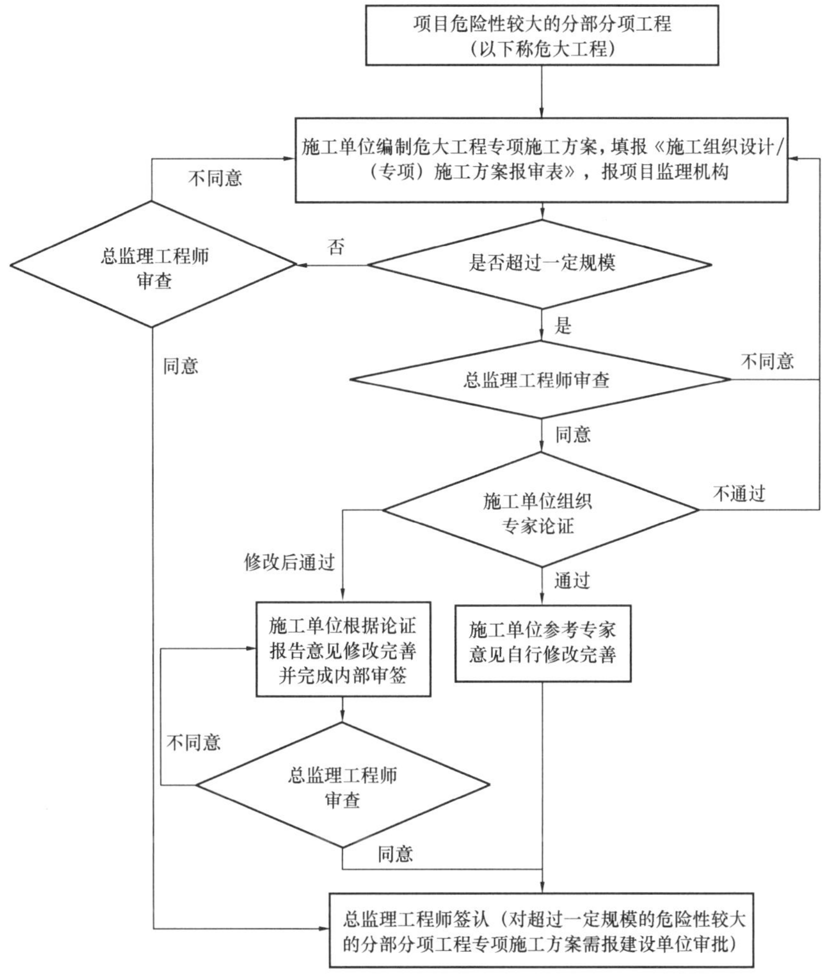


图 1 5　危险性较大分部分项工程安全专项施工方案审查程序

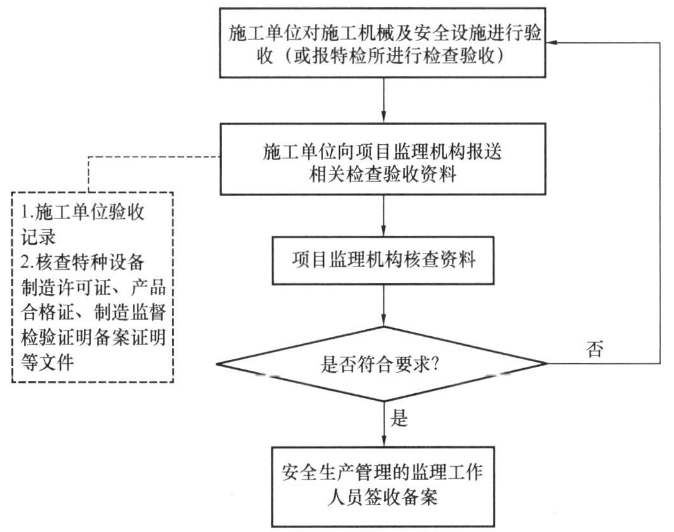


图 1-6　施工起重机械、整体提升脚手架、模板等架设设施验收手续核查程序

## 第五节 监理规划及监理实施细则的编制

项目监理机构应按照《建设工程监理规范》GB/T 50319 和相关行业规范要求，结合工程实际情况，编制包括安全生产管理的监理工作的项目监理规划和监理实施细则，并应将安全生产管理的监理工作内容、方法和制度措施、人员配备计划和职责等纳入项目监理规划。

### 一、监理规划的编制

监理规划是项目监理机构全面开展建设工程监理工作的指导性文件，应针对工程实际情况进行编制。项目安全生产管理的监理工作应按照《建设工程监理规范》规定纳入监理规划。

（一）监理规划的编制要求

1. 在编制监理规划前，总监理工程师应组织专业监理工程师熟悉合同文件、设计文件和相关资料，依据相关规定和监理合同约定以及项目特点、施工现场实际情况等进行编制。

2. 监理规划应在签订建设工程监理合同及收到工程设计文件后由总监理工程师组织专业监理工程师编制，并应在召开第一次工地会议前完成工程监理单位内部审核后报送建设单位。

3. 监理规划应经总监理工程师签字并盖执业印章，工程监理单位技术负责人审批签字，并加盖监理单位公章后实施。在实施监理过程中，实际情况或条件发生变化需要调整监理规划时，总监理工程师应及时组织专业监理工程师进行修改，并按原报审程序审核批准后报建设单位。

4. 监理规划中应包括该项目的安全生产管理的监理工作，并应有明确、具体、切合工程实际的工作内容、程序、方法和措施、工作制度，以及危险性较大的分部分项工程监理实施细则的编制计划等。

（二）监理规划中安全生产管理的监理工作编制内容

1. 安全生产管理的监理工作目标及目标风险分析

项目监理机构对所监理工程安全生产管理的监理工作目标，应是在根据施工单位的项目安全目标和施工现场环境（施工单位管理水平、经验、技术条件等）进行风险分析，对危险源进行安全风险评价，判定安全风险的程度，对施工单位报送的危险性较大分部分项工程清单进行审核，制定防范性对策的基础上，监督施工单位实现项目的安全目标。

2. 安全生产管理的监理工作内容

建设工程安全生产管理的监理工作内容应包括施工准备阶段和施工阶段安全生产管理的监理工作内容。可参见本章第三节。

3. 安全生产管理的监理工作依据

（1）《建设工程安全生产管理条例》（国务院令第 393 号）。

（2）《关于落实建设工程安全生产监理责任的若干意见》（建市［2006］248 号）。

(3) 有关建设工程安全生产、劳动保护、环境保护、消防等法规性文件和相关标准、规范、规程。

(4) 建设工程勘察、设计文件。

(5) 施工组织设计中的安全技术措施和（专项）施工方案。

(6) 建设工程监理合同和其他工程合同文件等。

4. 安全生产管理的监理工作程序

安全生产管理的监理工作程序的表达方式可采用监理工作流程图，针对具体监理工作内容制定相应的安全生产管理的监理工作程序。可参见本章第四节。

5. 安全生产管理的监理工作方法及措施

(1) 安全生产管理的监理工作方法。可参见本章第三节内容。

(2) 安全生产管理的监理工作措施。

组织措施。包括建立健全项目监理机构，完善人员职责分工，制定有关安全生产管理的监理工作制度，落实安全生产管理的监理工作责任。

技术措施。督促施工单位建立并完善安全生产管理体系，严格事前、事中和事后的安全监督检查。

合同措施。督促施工单位按照专项施工方案组织施工。

6. 安全生产管理的监理人员配备

项目监理机构应根据安全生产管理的监理工作内容及施工进展情况，合理安排经过安全生产教育培训的监理人员负责安全生产管理的监理工作。

7. 安全生产管理的监理工作的人员岗位职责

项目监理机构的监理人员岗位职责。可参见本章第二节内容。

8. 危大工程监理实施细则编制计划

《危险性较大的分部分项工程安全管理规定》(2018 年住建部令第 37 号) 中，规定了“施工单位应当在危险性较大分部分项工程施工前编制专项施工方案”和“监理单位应当结合危大工程专项施工方案编制监理实施细则。”因此，监理实施细则可随工程进展，在专项施工方案经总监理工程师签字认可之后编制，在该危大工程施工前完成编制与审批流程。在监理规划中应明确该项目危大工程监理实施细则的编制计划。

9. 安全生产管理的监理工作制度

项目监理机构可以结合项目特点、规模大小、施工现场实际情况，制定具有针对性和可操作性的各种监理工作制度，包括：

(1) 安全生产管理的监理工作责任制度；

(2) 安全生产教育培训制度；

(3) 危险性较大分部分项工程专项施工方案审查制度；

(4) 日常安全检查、巡视检查制度；

(5) 工程安全事故隐患整改指令签发及复查制度；

(6) 安全生产专题会议制度；

(7) 监理报告制度；

(8) 安全资料管理制度等。

10. 安全生产管理的监理工作资料管理

根据《危险性较大的分部分项工程安全管理规定》（住建部令第37号）规定，项目监理机构应当建立危大工程安全管理档案，将监理实施细则、专项施工方案审查、专项巡视检查、验收及整改等相关资料纳入档案管理。项目监理机构应安排专人负责本项目的安全生产管理的监理工作资料管理。

## 二、危大工程监理实施细则的编制

监理实施细则是指导项目监理机构具体开展某一专业或某一方面专项监理工作的操作性文件。项目监理机构应根据有关规定，结合工程特点、施工环境、施工工艺等编制监理实施细则，明确监理工作方法及措施，达到规范和指导安全监理工作的目的。

### （一）监理实施细则编制要求

《建设工程监理规范》中针对专业性较强、危险性较大的分部分项工程，规定项目监理机构应编制监理实施细则，并明确要求监理实施细则应结合施工组织设计或专项施工方案进行编制。

针对危大工程编制的监理实施细则，应体现项目监理机构对于相关危大工程在安全技术和管理方面的工作要点、工作流程、工作方法和措施，应做到详细、具体和明确。应注意以下几点：

1. 监理实施细则应当在施工单位编制的危大工程专项施工方案经总监理工程师审核签字认可后，在相应危大工程开始施工前，由专业监理工程师编制完成。

2. 监理实施细则专业性强，编制深度要求高，应由经过安全生产教育培训的相关专业监理工程师编制，经总监理工程师审批签字，并加盖项目监理机构印章后实施。

3. 监理实施细则应符合有关安全生产的法律、法规及建设工程强制性标准的规定。项目监理机构应结合危大工程专项施工方案、工程特点、施工环境、施工工艺等编制监理实施细则，做到详细具体，具有针对性、可操作性。在监理工作实施过程中，应根据工程实际情况及时进行补充、修改和完善。

4. 对工程规模较小、技术较简单且有成熟管理经验和措施的，可不必编制监理实施细则。

### （二）监理实施细则编制依据

（1）已批准的监理规划。

（2）与专业工程相关的技术标准，工程设计文件。

（3）已批准的施工组织设计、（专项）施工方案。

### （三）监理实施细则主要内容

（1）专业工程特点。

（2）监理工作流程。

（3）监理工作要点。

（4）监理工作方法及措施。

监理实施细则可根据工程实际情况及项目监理机构工作需要增加其他内容。

## 第六节　施工组织设计中安全技术措施的审查

施工组织设计是施工单位用以指导施工技术、经济和管理的综合性文件。施工组织设计中针对生产安全所制定的安全生产措施，是保证整个施工过程安全生产的前提。工程监理单位对施工组织设计中的安全生产措施进行审查，是《建设工程安全生产管理条例》明确规定的法定职责，项目监理机构应重视对施工组织设计中的安全生产措施的审查工作。

项目监理机构应充分理解并提醒施工单位，施工单位对施工组织设计承担编制、审批、组织实施的主体责任，这种责任并不因为工程监理单位的审查审核而发生转移。

### 一、施工组织设计中安全技术措施的审查内容及要求

1. 项目监理机构应督促施工单位在《建设工程施工合同》约定期限内完成施工组织设计的报审。项目总监理工程师应及时组织专业监理工程师依据工程勘察设计文件、施工合同、技术标准、规范、规程等进行审核并提出审核意见。

2. 项目监理机构应审查施工单位报送的施工组织设计中的安全技术措施是否符合工程建设强制性标准要求。符合要求时，应由总监理工程师签署审核意见后报建设单位审批。

3. 施工组织设计审查应包括以下基本内容：

（1）施工组织设计的编审程序应符合有关规定。施工组织设计应由项目负责人主持编制。施工组织总设计应由总承包单位技术负责人审批，单位工程施工组织设计应由施工单位技术负责人或技术负责人授权的技术人员审批。

（2）施工进度、施工方案及工程质量保证措施应符合施工合同要求。

（3）资金、劳动力、材料、设备等资源供应计划应满足工程施工需要。

（4）安全技术措施应具有可操作性并应符合工程建设强制性标准。安全生产事故应急预案中的应急组织体系、相关人员职责、预警预防制度、应急救援措施应合理可行。

（5）施工总平面布置应科学合理。

4. 施工组织设计的审查意见为针对以上各项内容的客观评价，由专业监理工程师签字后报总监理工程师审核签认并加盖执业印章和项目监理机构章。需要修改的，由总监理工程师签发书面意见要求施工单位修改后重新报审，项目监理机构应重新审查。

5. 施工组织设计报审表应按照《建设工程监理规范》GB/T 50319 的要求填写。审查审核意见及签字盖章应完整，详见示例一。

示例一：

施工组织设计/~~(专项)施工方案~~报审表　　表 B.0.1

工程名称：××××××××工程　　编号：×××

<table>
<tr><td>致：×××监理公司×××工程项目监理部（项目监理机构）<br>我方已完成×××××××工程施工组织设计/~~(专项)施工方案~~的编制和审批，请予以审查。<br>附件：☑施工组织设计<br>□专项施工方案<br>□施工方案<br>施工项目经理部（盖章）<br>项目经理（签字）×××<br>××××年××月××日</td></tr>
<tr><td>审查意见：<br>1. 编制、审核、批准程序符合相关规定。<br>2. 内容符合工程建设强制性标准，施工进度、施工方案及工程质量保证措施符合施工合同要求；资金、劳动力、材料、设备等资源供应计划满足工程施工需要。<br>3. 施工平面布置合理可行，能满足工程质量、进度要求。<br>4. 安全技术措施符合工程建设强制性标准。<br>5. 应急救援体系健全、制度完善、应急救援措施合理有效。<br>专业监理工程师（签字）×××<br>××××年××月××日</td></tr>
<tr><td>审核意见：<br>同意专业监理工程师审查意见，请按照该施工组织设计组织施工。<br>项目监理机构（盖章）<br>总监理工程师（签字、加盖执业印章）×××<br>××××年××月××日</td></tr>
<tr><td>审批意见：（仅对超过一定规模危险性较大分部分项工程专项方案）：<br>建设单位（盖章）<br>建设单位代表（签字）<br>年　　月　　日</td></tr>
</table>

注：本表一式三份，项目监理机构、建设单位、施工单位各一份。

## 二、施工组织设计中安全技术措施的审查要点

住建部《关于落实建设工程安全生产监理责任的若干意见》（建市［2006］248 号）中，对工程监理单位审查施工单位编制的施工组织设计中的安全技术措施和危大工程安全专项施工方案的主要内容做了明确规定。项目监理机构应按照《若干意见》的规定审查施工组织设计，重点应审查安全技术措施是否符合工程建设强制性标准。按照《建筑施工组织设计规范》GB/T 50502 规定，安全技术措施主要集中体现在“安全管理计划”中，在施工现场平面布置的过程中，也涉及采取安全措施的问题。项目监理机构审查中应予重视。

### （一）安全管理计划的审查要点

1. 危大工程清单和重大危险源

按照住建部令第 37 号《危险性较大的分部分项工程安全管理规定》，建设单位应当组织勘察、设计等单位在施工招标文件中列出危大工程清单，施工单位在投标时应按要求对危大工程清单进行补充完善。项目监理机构应审查施工组织设计中是否列出了危大工程清

单，此清单是否涵盖了招标文件提供并经施工单位投标时补充完善的危大工程内容，是否还需要根据工程项目的现实条件进一步补充完善。

施工单位编制施工组织设计时，除列出危大工程清单之外，还应结合工程项目特点，针对可能造成物体打击、高处坠落、机械伤害、起重伤害、触电、坍塌、火灾、爆炸、中毒和窒息以及其他伤害的可能性进行分析，对可能导致安全事故的重大危险源进行辨识和风险评估。项目监理机构应对上述分析、辨识和评估的内容进行审查，重点审查其是否确实符合本工程施工的现实条件，是否涵盖了工程施工中可预知的全部安全风险。

2. 项目安全管理组织机构及其职责

在施工项目中，施工总承包单位应建立以总承包单位项目经理为责任人，从项目经理部到施工班组，各层次职能部门共同参与的安全管理体系，形成纵向到底，横向到边的总承包、分包单位安全生产管理组织网络。施工单位在施工项目上设立的安全生产管理机构及人员配备应符合有关规定。房屋建筑和市政工程项目应按照《建筑施工企业安全生产管理机构设置及专职安全生产管理人员配备办法》（建质［2008］91 号）的规定，组建机构、配备专职安全生产管理人员并明确职责。该机构、职责及人员配备应列入“安全管理计划”，项目监理机构应依据有关规定进行审查。

3. 职业健康安全方面的资源配置

施工组织设计中应明确职业健康安全方面的资源配置计划。

项目监理机构的审查要点是：

（1）该资源配置计划能否保障施工过程中安全生产和施工人员职业健康的需要。应核查项目文明施工和环境保护措施、临时设施、安全施工防护措施的项目及所需资源。

（2）该资源配置计划是否做到项目安全措施费用专款专用，是否已制定安全生产资金保障制度和劳保用品资金、安全教育培训专项资金等保障安全生产技术措施资金的支付使用和监督规定，并建立分类使用台账。

4. 安全生产管理制度和安全教育培训制度

施工组织设计中的安全管理制度，主要体现在对施工单位安全生产管理制度的落实，并根据项目施工的具体条件制定切实可行的项目安全生产管理制度。

项目监理机构审查安全生产管理制度的要点包括：

（1）是否制定项目安全目标及安全目标责任考核办法，是否将安全管理目标责任分解落实到人。

（2）是否已落实安全生产责任制度。

（3）是否已建立安全事故隐患管理制度。包括对安全事故隐患的预判排查、巡视检查、发现隐患及时上报、采取措施整改、检查、验收等工作的责任分工及工作要求。

（4）是否已建立现场安全文明施工管理制度。

（5）是否已建立安全技术措施管理制度，包括项目施工安全技术措施的编制、审批、监督实施和验收的工作程序和责任分工。

（6）是否已建立安全技术交底制度。

（7）是否已建立特种设备安全管理制度。

（8）是否已建立特种作业人员安全管理制度。

（9）是否已建立施工现场消防安全管理制度。

（10）是否已建立施工现场用电安全管理制度。

（11）是否已建立交通安全管理制度。

（12）是否已建立职业病防治管理制度。

（13）是否已建立劳动保护用品、防护用品管理制度。

（14）是否建立安全例会制度。

（15）是否落实负责人施工现场带班制度。

（16）是否建立了施工安全资料管理制度。

（17）是否建立职工安全教育培训制度等。

5. 安全技术措施

施工组织设计中的安全技术措施是确保施工安全的关键，项目监理机构应审查其是否符合工程建设强制性标准，应审查以下内容：

（1）土方工程。根据基坑、基槽、地下室等施工项目的开挖深度和岩土种类、选择开挖方法，确定边坡坡度或采取适当的边坡支护措施，防止边坡坍塌。项目监理机构应依据《建筑基坑工程监测技术标准》GB 50497 、《建筑基坑支护技术规程》JGJ 120 和《建筑施工土石方工程安全技术规范》JGJ 180 等规范规程的有关规定对土方工程施工的安全技术措施进行审查。

（2）脚手架工程。脚手架、工具式脚手架、吊篮等的正确选用、设计计算、搭设方案和安全防护措施的制定、实施和检查以及安全拆除。项目监理机构应依据《建筑施工扣件式钢管脚手架安全技术规范》JGJ 130、《建筑施工工具式脚手架安全技术规范》JGJ 202、《建筑施工碗扣式钢管脚手架安全技术规范》JGJ 166、《建筑施工门式钢管脚手架安全技术标准》JGJ/T 128 和《建筑施工承插型盘扣式钢管脚手架安全技术标准》JGJ/T 231 等规范的有关规定对脚手架工程的安全技术措施进行审查。

（3）高处作业。施工单位应遵守《建筑施工高处作业安全技术规范》JGJ 80 的规定。要选择使用符合国家标准的安全网、安全带。审查的内容和要求，详见本书第八章。

（4）起重吊装。项目监理机构应依据建筑起重机械安全监督管理规定（建设部令第166 号）、《起重机械安全规程》GB 6067 、《建筑施工起重吊装安全技术规范》JGJ 276 、《起重机手势信号》GB/T 5082 等规范的有关规定，以及所选用的起重机械的专门的安全技术规程对起重吊装工程的安全技术措施进行审查。

（5）垂直运输。项目监理机构应依据《塔式起重机安全规程》GB 5144 、《建筑施工塔式起重机安装、使用、拆卸安全技术规程》JGJ 196、《施工升降机安全规程》GB 10055 和《建筑施工升降机安装、使用、拆卸安全技术规程》JGJ 215 等规范的有关规定，对垂直运输的安全技术措施进行审查。

（6）施工机械。应依据《建筑机械使用安全技术规程》JGJ 33、《施工现场机械设备检查技术规范》JGJ 160 等规范的有关规定进行审查。

（7）模板工程。应依据《建筑施工模板安全技术规范》JGJ 162 等规范的有关规定进行审查。

（8）焊接工程。项目监理机构应审查以下内容：

1）焊接操作人员属于特殊工种人员，须持经主管部门培训考核后颁发的操作证件上岗作业。施工组织设计中应制定焊接操作人员未经培训、考核合格者，不允许上岗作业的措施。

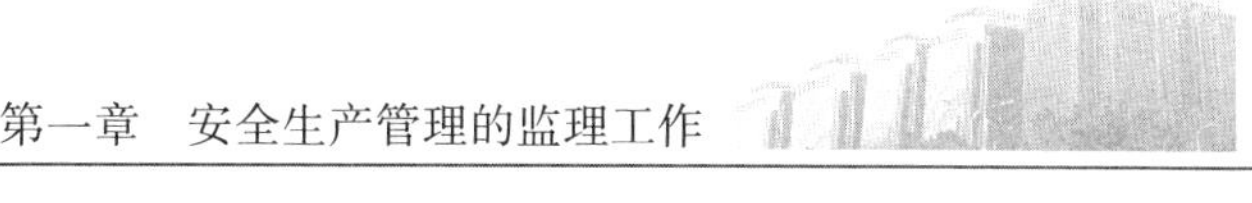



2）电焊作业人员必须做好个人防护措施，避免有毒气体、弧光辐射、灼烫、触电、金属烟尘、噪声等对操作人员健康的伤害。高处作业时，应采取防止高坠事故的防护措施。

3）焊接作业须执行用火证制度，须配备灭火器材，应安排专人看火。焊接作业需遵守施工现场消防安全规定。

4）焊工在金属容器内、地下、地沟或狭窄、潮湿场所施焊时，要设监护人员。

5）电焊作业应符合施工现场安全用电的要求。

(9）施工现场临时用电安全措施

应依据《施工现场临时用电安全技术规范》JGJ 46 和《建设工程施工现场供用电安全规范》GB 50194 的规定，全面审查施工现场临时用电安全措施。审查的内容和要求，详见本书第九章。

(10）建筑工地消防安全工作的措施

应依据《建设工程施工现场消防安全技术规范》GB 50720 规定，全面审查建筑工地的消防安全措施。审查的内容和要求，详见本书第十章。

(11）在建工程与周围人行通道、建（构）筑物必须采取防护隔离设置。

6. 危险性较大的分部分项工程专项施工方案的编制计划

《危险性较大的分部分项工程安全管理规定》（住建部令第 37 号）规定，施工单位应当在危大工程施工前组织工程技术人员编制专项施工方案。专项施工方案可随工程施工进展，在该危大工程施工前完成编制与审批流程。为此，施工单位应在施工组织设计中制定专项施工方案的编制计划。

专项施工方案的编制计划的审查要点是：编制计划是否涵盖所有危大工程，是否明确了需要组织专家论证的专项施工方案，专项施工方案的编制时间是否能满足工程进度的需要。

7. 季节性安全施工措施

建设工程项目施工通常是露天作业，特殊气候条件可能带来特定的安全风险。为确保施工安全，施工组织设计中应编制季节性施工安全措施，一般分为雨期施工安全措施和冬期安全施工措施。

(1）雨期施工安全措施

1）项目监理机构应掌握雨量、降雨等级、风力与风级等气象知识，应注意使用气象资料。

2）施工计划是否合理，是否明确遇到大雨、大雾、雷击和 6 级以上大风等恶劣天气时，停止进行露天高处作业、起重吊装和打桩等作业。

3）是否合理安排了施工现场和施工道路的防汛和排水工作，落实了人员和设备。

4）是否有加强防水排水，避免基坑基槽边堆积土方和其他材料的措施，以及加强支护、监测与观察，发现危险征兆采取的措施等。

5）是否有检查轨道塔式起重机轨道路基、落地式脚手架、井架立柱以及模板支撑垫板基础的计划，以预防被雨水浸泡后软化下沉，危及起重机、脚手架等设施的安全。

6）是否有检查自升式塔吊、施工电梯等的附墙装置或缆风绳的计划，要有加固处理措施，以保证上述设施的稳定性和抵抗风力作用的能力。

7）是否有保证施工中的建筑结构和构件处于稳定状态措施及采取增强稳定性的临时支撑措施。

8）是否有按照《施工现场临时用电安全技术规范》JGJ 46 落实临时用电的各项安全措施。

9）是否制定了施工现场设置的防雷装置检查计划，是否明确要求闪电打雷时禁止连接导线，并停止露天焊接作业。

10）临时设施的选址是否合理，是否避开滑坡、泥石流、山洪、坍塌等灾害地段。

11）是否明确工地宿舍应设专人负责，昼夜值班，并配备手电筒等应急设备。

12）是否明确大风和大雨后，应检查临时设施地基和主体结构情况。

13）是否有施工现场夏季食品卫生安全及炎热地区防暑降温措施。

（2）冬期施工安全措施

室外日平均气温连续 5 天稳定低于 5℃时即进入冬期施工，当室外日平均气温连续 5 天高于 5℃时解除冬期施工。

1）应审查冬期施工的安排内容是否合理。是否明确对道路、机械工作场所、脚手架、马道等要采取防冻防滑的措施，外脚手架要安排经常检查加固。

2）是否明确大雪、轨道电缆结冰和 6 级以上大风等恶劣天气停止垂直作业，是否规定风雪过后要检查安全保险装置并试机，确认无异常后方可作业。

3）是否明确塔机路轨不得铺设在冻胀土层上，防止土壤冻胀或春季融化，造成路基起伏不平，影响塔机安全使用。是否规定春季冻土融化时，应随时观察塔吊等起重机械设备的基础是否发生沉降。

4）是否明确当温度低于－20℃时，严禁对低合金钢筋进行冷弯，避免钢筋冷弯处发生强化，造成钢筋脆断。

5）是否明确蓄热法加热砂石防止操作人员烫伤的有效措施。是否明确蒸汽养护使用的锅炉的安全技术条件和安全操作规程，司炉人员应具备操作资格。

6）是否规定各种有毒的物品、油料、氧气、乙炔等设专库存放、专人管理，并建立领发料制度，对亚硝酸钠等有毒物品要加强保管和使用管理，以防误食中毒。

7）是否明确混凝土须满足强度要求方准拆模。

8）是否有冬期施工防火和防一氧化碳中毒的管理规定。

8. 现场安全检查制度

应审查是否已制定安全检查制度。是否明确规定各管理层次的日常、定期、专项和季节性安全检查的时间和实施要求。是否明确规定对检查中发现隐患的整改、处置和复查的要求。

9. 安全事故的报告制度和应急预案

项目监理机构审查的要点是：

（1）是否已建立生产安全事故报告制度，其内容是否具体、齐全。

（2）是否明确生产安全事故报告和处理的具体要求。生产安全事故报告制度应明确“四不放过”原则。

（3）是否制定生产安全事故应急救援预案，其内容是否具体、可行。施工现场生产安全事故应急救援预案的主要内容应包括：建立应急救援的组织和落实人员安排；应急救援器材与设备的配备；事故现场保护、抢救及疏散方案；内外联系方法和渠道；演练及修订方法等。

（二）施工平面图的审查要点

在施工平面图的布置中有诸多影响生产安全的因素，施工平面布置必须采取保证施工安全的措施。项目监理机构审查时应注意如下几点：

1. 塔式起重机等大型机械设备的位置

塔吊的位置须考虑施工和安全的需要，应满足大型构件吊装荷载要求，并覆盖整个施工现场，不留有吊装不到位的死角，同时还要满足基础承载力、拆装场地、人员通过、周边高压线、变压器的安全距离等要求。

2. 泵车的布置

当前，建筑工程多采用预拌混凝土，项目监理机构在审查施工平面布置图时，应审查泵车的停放位置和垂直运输管的位置，靠近泵车处的围护结构要有加强措施，基础周边相关围护结构要按停放泵车的荷载进行计算。

3. 场内道路的布置

在审查场内道路的布置时须重视交通安全问题，要重视审查以下两个问题：

（1）在吊装工程中，不同类型的起重机对道路要求不同，须按起重机要求进行施工平面布置；

（2）施工现场预拌混凝土的泵车和运输车车体大，转弯要求较高，在施工平面布置图中，道路的宽度和转弯半径均应满足泵车和运输车辆的要求。

4. 临时用房和临时设施要符合安全防火要求详见本书第十章。

5. 材料的堆放和加工车间的布置

平面图中应布置大宗建筑材料的堆放位置。

加工车间的布置应满足方便材料进出现场、吊装过程的人员安全，施工的合理需要以及塔吊位置等要求。

6. 施工排水的布置

现场积水是造成基坑边坡和现场土坡不稳定及车辆在道路上行驶不安全的主要因素。施工平面图应包括整个现场的施工排水和降水井的布置。

## 第七节 专项施工方案的审查

危险性较大的分部分项工程是指房屋建筑和市政基础设施工程在施工过程中，容易导致人员群死群伤或者造成重大经济损失的分部分项工程。《危险性较大的分部分项工程安全管理规定》（住建部令第 37 号）和《住房城乡建设部办公厅关于实施〈危险性较大的分部分项工程安全管理规定〉有关问题的通知》（建办质［2018］31 号）对危大工程的专项施工方案的编制、审查、专家论证及组织实施都作出了明确的要求。项目监理机构应按《建设工程安全生产管理条例》的要求，依据上述文件和相关标准，认真履行对专项施工方案的审查职责。

### 一、危大工程专项施工方案的内容及编审要求

（一）《住建部办公厅关于实施〈危险性较大的分部分项工程安全管理规定〉有关问题的通知》（建办质［2018］31 号）及住建部颁发的《危险性较大的分部分项工程专项施工方

案编制指南》(建办质〔2021〕48号),明确规定了危大工程专项施工方案的编制内容,项目监理机构的监理人员应根据规定对专项施工方案的主要内容进行审查,应当审查以下主要内容:

1. 工程概况:工程概况和特点、施工平面布置、施工要求和技术保证条件;

2. 编制依据:相关法律、法规、规范性文件、标准、规范及施工图设计文件、施工组织设计等;

3. 施工计划:包括施工进度计划、材料与设备计划;

4. 施工工艺技术:技术参数、工艺流程、施工方法、操作要求、检查要求等;

5. 施工安全保证措施:组织保障措施、技术措施、监测监控措施等;

6. 施工管理及作业人员配备和分工:施工管理人员、专职安全生产管理人员、特种作业人员、其他作业人员等;

7. 验收要求:验收标准、验收程序、验收内容、验收人员等;

8. 应急处置措施;

9. 计算书及相关施工图纸。

(二)《危险性较大的分部分项工程安全管理规定》(住建部令第37号)明确了施工单位专项施工方案的编制、审核审批的相关规定。

1. 施工单位在危大工程施工前组织工程技术人员编制专项施工方案。实行施工总承包的,专项施工方案应当由施工总承包单位编制。危大分工程实行分包的,专项施工方案可以由相关专业分包单位组织编制。

2. 专项施工方案应当由施工单位技术负责人审核签字、加盖单位公章,并由总监理工程师审查签字、加盖执业印章后方可实施。

危大工程实行分包并由分包单位编制专项施工方案的,专项施工方案应当由总承包单位技术负责人及分包单位技术负责人共同审核签字并加盖单位公章。

3. 对于超过一定规模的危大工程,施工单位应当组织召开专家论证会对专项施工方案进行论证。实行施工总承包的,由施工总承包单位组织召开专家论证会。专家论证前专项施工方案应当通过施工单位审核和总监理工程师审查。

专家论证会后,应当形成论证报告,对专项施工方案提出通过、修改后通过或者不通过的一致意见。专家对论证报告负责并签字确认。

4. 超过一定规模的危大工程专项施工方案经专家论证后结论为"通过"的,施工单位可参考专家意见自行修改完善后实施;结论为"修改后通过"的,施工单位应当按照专家意见进行修改,并履行有关审核和审查手续后方可实施,修改情况应及时告知专家。专项施工方案经论证不通过的,施工单位修改后应当重新组织专家进行论证。

## 二、危大工程专项施工方案的审查内容及方式

(一)项目监理机构对危大工程专项施工方案的审查应包括下列基本内容:

1. 专项施工方案的编审程序应符合相关规定。专项施工方案的编制人、审核审批人的签字、盖章应真实、完整。

2. 专项施工方案编制深度符合《危险性较大分部分项工程专项施工方案编制指南》(建办质〔2021〕48号)文件规定。

3. 安全技术措施应符合工程建设强制性标准。

4. 专项施工方案的内容应具有针对性和可操作性，深度应满足指导施工的基本要求。

5. 对超过一定规模的危险性较大分部分项工程专项施工方案，应检查施工单位组织专家进行论证、审查情况，以及是否附具安全验算结果。经施工单位组织专家论证的，还应审查专家论证报告的签署是否齐全有效。

（二）项目监理机构的专项施工方案的审查方式

1. 专业监理工程师应对专项施工方案编制内容的完整性、针对性，设计计算及专业技术的正确性，施工工艺的合理性，安全质量保证措施的有效性等进行审查，并提出审查意见报总监理工程师审核。总监理工程师对专项施工方案及专业监理工程师的审查意见进行审核，并签署审核意见。

2. 专项施工方案报审表应按照《建设工程监理规范》GB/T 50319 的要求填写。审查审核意见及签字盖章应完整，详见示例二。

示例二：

**施工组织设计/(专项) 施工方案报审表** **表 B.0.1**

工程名称：××××××××××　　　　编号：×××

| |
|---|
| 致：×××监理公司×××工程项目监理部（项目监理机构）<br>我方已完成×××××工程~~施工组织设计/（专项）~~施工方案的编制和审批，请予以审查。<br>附件：□施工组织设计<br>□专项施工方案<br>☑施工方案<br>施工项目经理部（盖章）<br>项目经理（签字）×××<br>××××年××月××日 |
| 审查意见：<br>1. 本施工方案的编审程序符合相关规定；<br>2. 本施工方案中工程质量保证措施符合相关标准规定；<br>3. 本施工方案具有针对性、可操作性，符合施工组织设计要求。<br>专业监理工程师（签字）×××<br>××××年××月××日 |
| 审核意见：<br>同意专业监理工程师审查意见，请按照本施工方案组织施工。<br>项目监理机构（盖章）<br>总监理工程师（签字、加盖执业印章）×××<br>××××年××月××日 |
| 审批意见（仅对超过一定规模危险性较大分部分项工程专项方案）：<br>建设单位（盖章）<br>建设单位代表（签字）<br>年　月　日 |

注：本表一式三份，项目监理机构、建设单位、施工单位各一份。

## 三、项目监理机构审查工作的注意事项

（一）应正确理解项目监理机构对专项施工方案审查工作的意义

项目监理机构对施工单位的专项施工方案的审查，是对施工单位安全生产管理体系及

其运行情况的监督，项目监理机构的审查审核工作和总监理工程师的签认，是履行工程监理单位自身的法定职责，并不意味着替代施工单位承担安全生产的责任。

项目监理机构对施工单位报送的专项施工方案的审查，同时也是监理人员熟悉项目安全生产环境条件，把握项目施工过程中的危险源特别是重大危险源，了解相关安全生产技术措施和关键环节施工工艺，理解和掌握与项目施工有关的工程建设标准，特别是强制性标准要求的重要环节，是项目监理机构依照工程建设标准实施监理的基础性工作。

（二）应具备审查能力

项目监理机构对专项施工方案的审查不能走过场，应由熟悉相应专业工程技术和安全生产管理工作，并具备一定相关工程设计或施工经验的专业工程师参与审查工作。如现有人员不具备相应能力，应在公司内外寻求相关工程技术人员的技术支持，要避免“外行审查内行”。

（三）应重视督促施工单位安全生产管理体系的建立健全和正常运行工作

施工单位承担着建设工程施工安全生产的主体责任。施工单位安全生产管理体系的建立健全和正常运行是建设工程施工安全生产的基本保证。项目监理机构应着重审查施工单位安全生产管理体系人员是否到位、制度是否健全、责任是否落实、措施是否有力，要围绕促进施工单位安全生产管理水平提升的目的开展审查工作。

（四）应重点审查施工单位专项施工方案的编审程序

项目监理机构在对施工单位专项施工方案审查前，应首先对施工单位编审人员的资格进行审查确认，如发现编审人员不具备相应资格，或由其他人假冒，应要求施工单位重新组织编制与审查工作。

项目监理机构应以施工单位报审资料的签字、签章等形式要件为主，结合报审资料的内容、格式等审查专项施工方案的编审程序。如确认编审程序不符合要求，则应要求施工单位重新进行编制及内部审查工作。在确认施工单位编审程序符合要求之前，无需针对内容提出意见和建议。

对于超过一定规模的危大工程专项施工方案，在施工单位组织专家论证前应通过总监理工程师审查。这次审查主要是审查编审程序，审查的目的是对施工单位编制专项施工方案的工作进行督促。因专项方案按规定要经过专家论证，除明显错误需要指出并要求施工单位改正外，对方案的其他方面可以专家论证会讨论后形成的正式论证意见为准。

（五）应注意审查内容的完整性

《住房城乡建设部办公厅关于实施〈危险性较大的分部分项工程安全管理规定〉有关问题的通知》（建办质〔2018〕31号）明确规定了编制危大工程专项施工方案九个方面的主要内容。《住房和城乡建设部办公厅关于印发危险性较大的分部分项工程专项施工方案编制指南的通知》（建办质〔2021〕48号）进一步明确了专项施工方案应编制的具体内容和编制深度。项目监理机构应审查专项施工方案是否包括这九方面内容，编制深度是否符合文件要求，如果发现有漏缺或不足，应要求施工单位补充完善后重新报审。

（六）应严格审查专项施工方案是否符合工程建设强制性标准要求

对专项施工方案是否符合工程建设强制性标准的审查工作，是项目监理机构应承担的重要法定职责，项目监理机构应组织监理人员学习与建设项目有关的工程建设标准，准确理解与把握有关工程建设标准，准确把握其中强制性条文，不能仅仅停留在对条文字面上的理解。

在审查过程中，专业监理工程师若遇到技术方面的困难，可提请项目监理机构共同研究，或要求工程监理单位提供技术支持。监理人员切忌不懂装懂，也不能以自己不懂而放弃审查职责，或不对其内容进行实质性审查就随意签字。

若发现施工组织设计中的安全技术措施或专项施工方案违反工程建设强制性标准，应及时签发监理通知单，明确指出存在的问题并要求重新编制。

（七）应能发现常识性错误

施工单位编制的专项施工方案可能存在细节差错或瑕疵，项目监理机构的审查审核不一定能发现所有细节差错与瑕疵，比如施工工艺技术中的一些细节，审查人员不一定都掌握，一些非关键的工艺或材料性能参数，审查人员也不一定都熟悉，这些内容的缺陷和差错不一定都能发现。对这类问题应坚持谁施工谁负责的原则，即使已通过了项目监理机构的审查，施工单位仍然应该负责。但项目监理机构不能以“谁施工谁负责”为借口，推卸自己对建设工程安全生产应尽的监理责任而疏于审查。

对施工单位报送的专项施工方案，在审查中是否能发现明显差错或常识性错误，可以作为项目监理机构的审查工作是否尽职尽责的佐证。因此，项目监理机构的审查人员一定要认真履行审查职责，除对重大问题、关键问题要审慎把关之外，对各类明显差错和常识性错误也要尽可能发现并指出，并要求施工单位修改纠正。

（八）要高度重视专家论证的作用

对于超过一定规模的危大工程的专项施工方案在施工单位组织专家论证之前，总监理工程师需要审查签认。

总监理工程师在专家论证之前的审查，应注意以下五个方面：一是该分部分项工程是否属于超过一定规模的危大工程；二是专项施工方案内容是否完整；三是专项施工方案中对工程的描述和有关参数取值是否符合工程实际；四是专项施工方案的编审程序是否符合要求；五是专项施工方案是否存在常识性的错误。对于方案中实质性的技术问题，总监理工程师可在专家论证会上提出讨论，以便更好地发挥专家的集体智慧，为施工安全提供更为有效的技术支持和保障。

对于专家论证不予通过的专项施工方案，项目监理机构应督促施工单位及时重新编制专项施工方案，并按原报审程序重新报审。

对于专家论证意见为“修改后通过”的专项施工方案，施工单位修改后需要项目监理机构再次进行审查，重点审查施工单位是否正确理解专家论证意见，并按论证意见完成了修改工作。专项施工方案经修改符合专家论证意见后，应由总监理工程师予以签认，项目监理机构监督实施。

对于专家论证意见为“通过”的专项施工方案，项目监理机构无需再次进行审查，要求施工单位按专家意见自行修改方案后组织实施即可。

（九）要注意保留审查的工作痕迹

项目监理机构要加强监理资料管理工作，注意保留审查的工作痕迹。

应要求施工单位按规定的份数报送专项施工方案。审查通过后，项目监理机构应按规定保存副本。

在审查过程中发现问题，项目监理机构应签发《监理通知单》，并要求施工单位以

《监理通知回复单》回复。审查过程中若需要向施工单位、建设单位等进行询问、核实，应以《工作联系单》的方式请对方书面回复。项目监理机构应注意保存这些体现监理工作过程的文件资料。

## 第八节　安全生产管理的监理监督检查

由于施工单位在施工现场的作业和管理活动直接影响到施工过程中的施工安全，项目监理机构安全生产管理的监理工作应围绕影响施工安全的主要因素开展，并应体现在对施工单位施工过程中的作业和管理活动的监督检查上。

### 一、施工现场安全生产管理的监理监督检查内容

项目监理机构安全生产管理的监理工作职责，主要是按照法律、法规和工程建设强制性标准及监理合同实施监理，监督施工单位安全生产管理体系正常运行，对所监理工程的施工安全生产进行监督检查，对危大工程施工实施专项巡视检查。具体内容包括：

（一）核查现场施工管理人员和特种作业人员资格

在施工过程中，项目监理机构应高度重视对施工单位项目经理、专职安全生产管理人员、特种作业人员（包括建筑电工、建筑焊工、架子工、起重信号司索工、起重机械司机、起重机械安装拆卸工、高处作业吊篮安装拆卸工等人员）资格的核查工作，核查其是否具备合法资格，特种作业人员操作证书是否合法有效，人、证是否相符，人员配备是否与投标文件、施工组织设计等文件一致。

监督施工单位不得随意变更上述人员。变更项目经理应符合施工合同约定。变更其他相关人员应办理变更手续，变更人员应具备相应资格。

（二）检查施工单位安全生产责任制、安全生产规章制度的落实情况

项目监理机构应重点检查以下几个方面：

1. 检查施工单位在工程项目上的安全生产规章制度和安全生产管理机构的建立、健全及专职安全生产管理人员配备情况。督促施工单位检查各分包单位的安全生产规章制度的建立情况。

2. 巡视检查施工管理人员和有关操作人员是否遵守安全生产规章制度，是否遵守有关安全技术标准和操作规程。

3. 检查施工单位项目经理和专职安全生产管理人员是否按规定到岗履行安全生产管理责任，特别是要检查项目经理是否在现场履职。督促施工单位对危大工程施工作业人员进行登记，并按规定对施工现场进行安全巡视检查。

（三）检查施工单位的安全技术交底的情况

安全技术交底是指交底方向被交底方对预防和控制生产安全事故发生及减少其危害的技术措施、施工方法进行说明的技术活动。施工单位安全技术交底是施工现场安全生产管理的基础性工作，对现场施工安全影响较大。

在分部分项工程施工前，项目监理机构应监督施工单位现场项目技术负责人或管理人员向施工作业人员进行安全技术交底。安全技术交底应有书面记录，并由交底双方和项目专职安全生产管理人员共同签字确认。项目监理机构应检查施工单位安全技术交底记录并

对其进行核实。

如发现问题，项目监理机构应及时签发监理通知单要求施工单位整改，并在监理例会上明确要求施工单位重视安全技术交底工作，记入监理例会纪要，并注意留存工作记录和有关佐证材料。

（四）督促施工单位进行施工现场安全自查工作

施工单位是施工现场安全生产的主体责任单位，对施工项目进行安全检查是其重要工作职责，项目经理应对工程项目施工安全生产工作全面负责。

项目监理机构应督促施工单位按照相关安全检查标准的规定进行安全自查，并对施工单位的自查情况进行抽查，检查施工单位安全自查中发现问题的处理情况，对发现的安全隐患是否按要求整改。项目监理机构应核查施工单位的安全检查记录，通过核查施工单位的安全检查记录，了解施工单位的检查情况。

（五）监督施工单位按照施工组织设计中的安全技术措施和专项施工方案组织施工

巡视检查中，发现施工组织设计、专项施工方案未经总监理工程师审核签字认可，施工单位擅自组织施工的，项目监理机构应及时下达工程暂停令，并及时书面报告建设单位。发现现场施工与专项施工方案不符，或存在不符合强制性标准要求的情况时，应立即制止并签发监理通知单或工程暂停令要求施工单位进行整改或停止施工。当施工单位拒不整改或拒不停止施工时，应及时向建设单位和当地建设行政主管部门报告。

（六）对危险性较大的分部分项工程作业情况进行专项巡视检查

项目监理机构应按规定对危大工程施工作业情况定期进行专项巡视检查，并做好巡视检查记录，如发现施工现场违规作业，要及时下达监理通知单或工程暂停令要求施工单位整改。专项巡视检查的主要内容：

1. 施工单位是否按经审核签认的危大工程专项施工方案组织实施，施工现场是否存在违反工程建设强制性标准的情况。

2. 项目经理和专职安全生产管理人员是否在岗履职，是否具备合法资格。现场特种作业人员是否具有相应的特种作业操作资格证书，证书是否合法有效。

3. 现场安全防护设施是否到位，施工人员的安全防护用品是否正确使用。

4. 施工单位对施工现场的安全生产管理是否持续有效，是否按照规定对危大工程进行施工监测和安全巡视，发现施工过程中存在的安全事故隐患是否及时整改。

5. 特殊情况下，如阴雨、大风天气，施工单位是否采取了相应安全措施。

6. 对按照规定需要验收的危大工程，应当参与施工单位组织相关人员验收。危大工程验收合格后，督促施工单位在施工现场明显位置设置验收标识牌，公示验收时间及责任人员。

（七）核查施工现场施工起重机械、整体提升脚手架、模板等自升式架设设施和安全设施的验收手续

项目监理机构应核查进入施工现场的施工起重机械、整体提升脚手架、模板等自升式架设设施和安全设施的验收手续、备案手续。并在施工过程中巡视检查施工机械和安全设施的使用情况。

1. 监督施工单位按照《建筑起重机械安全监督管理规定》规定，组织对建筑起重机械进行验收和办理使用登记。建筑起重机械在验收前应当经具有相应资质的建筑起重机械

安装检验检测机构安装检验合格。督促施工单位应当自建筑起重机械安装验收合格之日起30日内，将建筑起重机械安装验收资料、建筑起重机械安全管理制度、特种作业人员名单等，向工程所在地县级以上人民政府建设行政主管部门办理建筑起重机械使用登记。

在施工起重机械投入使用前，项目监理机构应监督施工单位组织完成验收工作，并按规定办理使用登记，登记标志应置于或者附着于该设备的显著位置。建筑起重机械经验收合格后方可投入使用，未经验收或者验收不合格的不得使用。如施工单位强行使用，总监理工程师应及时签发工程暂停令。

2. 核查施工现场施工机械和各类安全设施的验收手续。由于各类施工机械和安全设施的重要性不同，验收手续也不尽相同。

(1) 督促施工单位对一般施工机械和设施进行安全验收。如现场电焊设备、木工设备等，由施工单位组织验收。

(2) 建筑施工起重机械等需由相应资质的部门进行检测。项目监理机构除核查验收手续外，还应核查检测报告。

3. 项目监理机构对施工现场施工起重机械、整体提升脚手架、模板等自升式架设设施和安全设施验收手续的核查，可以采取查看证明原件并保留复印件的核查方式，并将有关核查资料进行归档管理。

4. 在施工过程中，巡视检查各类施工机械及安全设施的使用情况。发现安全隐患时，应及时签发监理通知单或工程暂停令要求施工单位整改。

(八) 巡视检查施工现场安全防护措施和各种安全标志

1. 现场安全防护措施的检查

项目监理机构应检查施工现场各种安全防护措施是否符合强制性标准要求。包括以下内容：

(1) 基础工程施工安全防护。包括超过2m深的基坑、基槽的临边防护，人工挖孔桩时的防孔壁塌方的防护、边坡支护等。

(2) 脚手架、物料提升机（井字架、龙门架）作业安全防护。

(3) 高处作业安全防护、“三宝”“四口”和临边防护。

(4) 临时用电和施工机械安全防护。施工机械包括塔式起重机、外用电梯、电动吊篮、打夯机、搅拌机等工程用机械和电动吊篮等易发事故的施工机械和临时用电的安全防护检查。

(5) 特殊情况下的安全防护。应督促施工单位根据不同施工阶段和周围环境及季节、气候的变化，在施工现场采取相应的安全施工措施。

(6) 办公、生活区的安全防护。应监督施工单位将施工现场的办公、生活区与作业区分开设置，并保持安全距离；办公、生活区的选址应当符合安全性要求。职工的膳食、饮水、休息场所等应符合卫生标准。不得在尚未竣工的建筑物内设置员工集体宿舍。施工现场临时搭建的建筑物应当符合安全使用要求。使用装配式活动房屋应具有产品合格证。现场布置需符合《建筑施工现场环境与卫生标准》中的强制性条文要求。

(7) 对毗邻建筑物、构筑物和地下管线的安全防护。督促施工单位对可能造成损害的毗邻建筑物、构筑物和地下管线等采取专项防护措施。在城市市区内的建设工程应对施工现场实行封闭围挡。

2. 现场安全标志的检查

项目监理机构应依据《建设工程安全生产管理条例》等法规、部门规章和《安全标志及其使用导则》GB 2894 检查现场安全标志的设置，该导则的全部技术内容均为强制性条文。应重点检查以下内容：

（1）安全标志的位置及数量。巡视检查施工现场入口处、施工起重机械、临时用电设施、脚手架、出入通道口、楼梯口、电梯井口、孔洞口、桥梁口、隧道口、基坑边沿、爆破物及有害危险气体和液体存放处等危险部位是否设置明显的安全警示标志，设置的安全警示标志是否符合国家标准。

（2）检查安全标志的外观样式、型号大小、设置高度和使用要求是否与《 安全标志及其使用导则》规定相符。督促施工单位安全标志牌每半年至少检查一次，如发现有破损、变形、褪色等不符合要求的现象时应及时修整或更换。

（九）核查施工单位的安全生产费用的使用情况

监督施工单位按经审批的安全防护措施费用使用计划落实及使用，安全防护措施费用的使用应有相应记录。对于施工现场安全生产费用投入不足或不到位的情况要做出分析和判断，并根据存在问题签发监理通知单。

1. 项目监理机构对施工单位安全生产措施费的核查要点

（1）检查安全生产措施费是否专款专用。施工单位应在财务管理中单独列出安全生产措施项目费用清单备查。对施工单位挪用安全防护、文明施工措施费用的，项目监理机构应及时向有关主管部门报告。

（2）工程总承包单位对建筑工程安全生产措施费用的使用负总责。项目监理机构应审核总承包单位是否按照有关规定及合同约定及时向分包单位支付安全防护、文明施工措施费用并监管使用。

2. 项目监理机构应检查安全生产措施费使用情况

（1）应检查施工单位是否按经审批的安全生产措施费使用计划使用。对违背安全生产措施费用计划的行为，应及时向施工单位提出整改要求。

（2）对施工单位已经落实的安全防护、文明施工措施，总监理工程师应当及时审查并签认所发生的费用。发现施工单位未落实施工组织设计或专项施工方案中安全防护和文明施工措施的，有权责令其整改；对施工单位拒不整改或未按期限要求完成整改的，应当及时向建设单位和建设行政主管部门报告，必要时责令其暂停施工。

（十）参加有关单位组织的安全生产专项检查

项目监理机构应参加建设单位组织的安全生产专项检查，发现问题及时签发监理通知单并督促施工单位整改。应参与政府有关主管部门组织的安全生产专项检查，督促施工单位按检查意见及时整改，复查整改结果签署复查意见，并督促施工单位向有关部门进行回复。对于检查中发现的安全隐患，项目监理机构应将其作为巡视检查的重点，必要时召开安全专题会议，督促施工单位制定整改方案，并监督整改落实情况。

## 二、施工现场安全生产管理的监理工作要求

项目监理机构应围绕“监督、检查、落实、记录”等方面工作，履行施工现场安全生产管理的监理职责，以实现监理工作的价值。

（一）项目监理机构要做到人员到位，责任落实

住建部《关于落实建设工程安全生产监理责任的若干意见》规定："监理单位的总监理工程师和安全监理人员需经安全生产教育培训后方可上岗。"

项目监理机构应安排经过安全生产教育培训的监理人员负责施工现场安全生产管理的监理工作。负责安全生产管理的监理工作的人员可以是专业监理工程师，也可以是监理员，但应具有与工程规模和安全生产特点相适应的专业知识和业务能力，能在安全生产管理的监理工作中发现问题和正确处置问题。

项目监理机构要做到人员到位，杜绝监理人员挂名不到岗的现象。

安全生产管理的监理工作程序应明确、可行，具体工作责任应落实到个人。总监理工程师要定期或不定期地对项目监理机构安全生产管理的监理工作进行监督检查及指导，以确保监理规划、监理实施细则等文件得到贯彻实施。

（二）要重视施工单位的安全生产主体责任

现场施工安全生产的责任主体是施工单位，项目监理机构履行安全生产管理的法定职责时，不得越权管理、越俎代庖、直接指挥施工人员。要重视施工单位管理人员和安全生产管理体系的作用，督促和支持其对施工现场进行行之有效的管理。

监理单位安全生产管理的监理工作不能替代施工单位的安全生产管理工作，也不是施工单位安全生产管理工作的补充。现场监理人员不能替代施工单位安全生产管理人员的工作，要避免施工单位将自己应该承担的责任推卸给监理单位。

（三）项目监理机构要重视施工现场安全巡视检查工作

巡视检查是项目监理机构履行施工现场安全生产管理法定职责的主要工作方式之一，对危险性较大的分部分项工程的专项巡视检查尤为重要。通过巡视检查可以及时发现施工中的违规行为，及时向施工单位发出监理指令，避免安全事故的发生。项目监理机构应从以下几方面做好巡检工作：

1. 应做好巡视检查的准备工作。监理人员要熟悉项目特点、施工各阶段的重大危险源和施工安全事故风险所在，要理解并掌握相关工程建设标准特别是其中的强制性条文，要熟悉施工单位的施工组织设计中的安全技术措施或专项施工方案，按照有关规定履行巡视检查的工作职责。

2. 要认真对待巡视检查工作。巡检的时间要保证，巡检线路的重要观察点要到位，必要的观测、检查要进行。要避免偷奸耍滑、弄虚作假。发现巡检人员不履行职责，总监理工程师应立即采取有效措施予以纠正。

3. 监理人员应具备能发现施工现场存在安全事故隐患的专业水平和能力，不具备相关专业水平和能力的监理人员不能单独承担安全巡视检查工作。

4. 应如实记录安全巡视检查情况。巡视检查记录是现场安全生产管理的监理工作的第一手资料，也是判断施工现场安全事故原因、划分责任的重要依据。巡检人员应及时如实记录巡视检查情况，总监理工程师应定期检查巡检记录，并通过检查记录了解、指导巡检工作。

（四）发现安全生产事故隐患，项目监理机构应及时发出明确指令

在施工过程中，监理员巡视检查发现施工现场存在安全事故隐患时，应及时向专业监理工程师报告，专业监理工程师应及时核查处理。巡检发现安全事故隐患时，专业监理工

程师应及时签发《监理通知单》要求施工单位整改，必要时可先口头发出指令，随后补发书面《监理通知单》。情况严重时应报告总监理工程师，由总监理工程师签发《工程暂停令》，情况紧急时，总监理工程师可口头发出指令再补发书面《工程暂停令》。

监督施工单位整改是项目监理机构的重要工作环节。项目监理机构发出《监理通知单》或《工程暂停令》后，安全生产管理的监理工作职责并未完全履行，还应跟踪监督施工单位的整改情况，监督施工单位整改工作要做到人员落实、责任落实。施工单位整改结束后，应核查整改结果是否符合设计或施工方案要求。

（五）沟通协调是履行安全生产管理的监理职责的工作基础

1. 与建设单位的协调工作

项目监理机构应重视与建设单位的沟通协调工作，取得建设单位对施工现场安全生产监理工作的理解和支持。项目监理机构要主动向建设单位有关人员介绍现场施工的安全风险、事故危害后果，主动向建设单位汇报施工现场安全生产管理的监理工作情况，使建设单位理解施工现场安全生产的重要性，理解项目监理机构安全生产管理的监理工作，为项目监理机构履行安全生产管理法定职责创造良好的环境和条件。

对于建设单位要求降低安全标准进行施工或因赶工期的要求可能影响施工安全时，总监理工程师应及时向建设单位提出确保施工安全的有关措施的意见。必要时，应建议建设单位召集勘察、设计、施工、监理等单位的有关技术人员，共同分析可能带来的安全风险，研究制定确保施工安全的措施和方案。要避免在不具备安全生产条件的情况下盲目追赶工期。

项目监理机构和总监理工程师要认清自己的责任，通过耐心细致的沟通与协调工作，在坚持安全第一原则的同时，切实维护建设单位的权益。

2. 与施工单位协调

建设工程安全目标的实现是通过施工单位的努力工作来实现的，因此，项目监理机构应将与施工单位的协调工作作为组织协调工作的重点内容。在组织协调工作中应坚持原则，严格按法律、法规和工程建设强制性标准的规定，正确处理施工过程中的有关安全生产的问题。涉及施工单位的合法权益时，应站在客观公正的立场上，不损害施工单位的正当权益。

在施工过程中，对不符合有关施工规范或专项施工方案的安全问题，项目监理机构应做好与施工单位的沟通协调工作，使其认识到安全事故隐患的严重性，理解项目监理机构不是在故意刁难，而是和施工单位围绕安全生产的共同目标协同工作。若沟通与协调无效，施工单位拒不整改，项目监理机构可根据相关法律法规签发《工程暂停令》或及时向有关主管部门报送《监理报告》。

（六）向政府主管部门报告质量安全，既是责任，也是权利

《建设工程安全生产管理条例》规定，当工程监理单位要求施工单位整改或暂时停止施工，施工单位拒不整改或不停止施工时，工程监理单位应当及时向有关主管部门报告。

近年来，为强化工程监理单位履行质量安全的监理工作责任，住房和城乡建设部开展了工程监理单位向政府主管部门报告质量安全监理情况的试点，部分省市在试点结束后，已将监理单位向政府主管部门报告质量安全的工作常态化。

项目监理机构应认真履行报告责任。当工程安全事故有可能发生，项目监理机构已无

力督促施工单位采取措施避免发生安全事故时，应及时向政府主管部门报告，请求公权力及时介入，是避免安全事故发生或减小安全事故损失的最后手段。工程监理单位作为咨询服务机构是没有任何强制权的，借助于向政主管部门报告制度获得主管部门的支持，可以使监理指令具有一定强制力，对项目监理机构有关安全生产管理的监理工作是一项有力的支持。

（七）监理工作记录是监理工作成果的体现，也是对监理工作的监督

工程监理单位不是工程建设项目的生产经营单位，工程施工质量和施工安全成果不直接反映监理的工作成效。工程监理单位属于咨询服务单位，监理单位在监理工作过程中的工作成果最直接的反映就是监理工作记录，即项目监理机构在监理工作过程中形成的监理文件资料。

项目监理机构履行安全生产管理的监理工作记录包括：巡视记录、监理日志、各类核查、检查、检测、验收记录、会议纪要，还包括签发的《监理通知单》及施工单位的《监理通知回复单》《工程暂停令》及《工程复工报审表》《工作联系单》和各类报审报验表等。这些文件资料，既体现了项目监理机构的工作过程和工作成果，也是对项目监理机构工作过程的有效监督，项目监理机构要及时收集、编制、整理安全生产管理的监理工作相关的文件资料，并按规定归档保存。

## 第九节 安全生产管理的监理资料归档管理

安全生产管理的监理文件资料是项目监理机构安全生产管理的监理工作的真实记录，是对监理单位安全生产管理的监理工作进行检查与评价的重要依据。安全生产管理的监理资料的管理与归档工作，有利于总结经验、吸取教训，更好地贯彻执行“安全第一、预防为主、综合治理”的安全生产方针，对加强施工现场安全管理，提高安全生产、文明施工水平起到积极的推动作用。

### 一、安全生产管理的监理资料归档管理的依据

原建设部在2006年《关于落实建设工程安全生产监理责任的若干意见》中，对监理资料的归档管理做了明确规定，要求“工程竣工后，监理单位应将有关安全生产的技术文件、验收记录、监理规划、监理实施细则、监理月报、监理例会纪要及相关书面通知等按规定立卷归档。”要求监理单位“在健全核验制度、检查验收制度和督促整改制度基础上，完善工地例会制度及资料归档制度。”并应“指定专人负责监理内业资料的整理、分类及立卷归档。”

《危险性较大的分部分项工程安全管理规定》（住建部令第37号）第二十四条明确要求“施工、监理单位应当建立危大工程安全管理档案”，明确规定了“监理单位应当将监理实施细则、专项施工方案审查、专项巡视检查、验收及整改等相关资料纳入档案管理。”

监理单位应按照相关规定建立完善的监理资料归档管理制度。项目监理机构应及时、准确、完整地收集监理文件资料，宜设专人对安全生产管理的监理资料进行整理、分类及立卷归档管理。

## 二、安全生产管理的监理资料的主要内容

1. 包括安全生产管理的监理工作的监理规划及监理实施细则。

2. 经总监理工程师签认的包括安全技术措施的施工组织设计和专项施工方案及审查审核资料。

3. 安全检查记录及危大工程的专项巡视检查记录；涉及安全问题的《监理通知单》及《监理通知回复单》《工程暂停令》及整改后复工审核有关资料。

4. 监理日志、监理月报、监理报告、涉及安全问题的监理专报和紧急报告。

5. 有关安全生产技术问题处理意见或文件资料。

6. 按规定需要验收的危险性较大分部分项工程的相关验收资料。

7. 有关安全生产管理的监理例会、专题会议的会议纪要。

8. 经项目监理机构核查的施工起重机械、整体提升脚手架、模板等自升式架设设施和安全设施的验收记录。

9. 施工单位的安全生产许可证、安全生产管理人员的岗位证书、安全生产考核合格证书、特种作业人员操作资格证书的审核资料。

10. 施工单位的安全生产规章制度、安全生产管理机构及专职安全生产管理人员配备的核查资料。

11. 工程项目应急救援预案的审核资料。

12. 安全防护、文明施工措施费使用计划审核资料。

13. 有关安全事故隐患、安全事故处理的相关资料。

14. 其他有关安全生产管理的监理工作相关文件资料。

## 三、安全生产管理的监理资料的归档管理

1. 安全生产管理的监理资料应纳入项目监理机构的工程监理资料统一归档管理。项目监理机构应按规定设专职或兼职资料管理人员，按照有关规定及时收集、整理安全生产管理的监理文件资料，包括涉及安全监理工作的报审表、检查记录及验收资料等。

2. 项目监理机构宜采用信息技术进行安全生产管理的监理资料的编制、收集及日常管理。应安排熟悉安全生产管理的监理人员负责资料的收集、整理工作，经专业监理工程师审核后交资料管理人员统一管理。

3. 安全生产管理的监理资料管理人员应负责有关安全资料的信息传递工作，负责相关安全的文件资料收发管理，并参与对施工单位安全资料的监督检查。

4. 安全生产管理的监理资料管理人员在接到资料签字人传递的监理资料后。应核对资料的类型及完整性，及时整理、分类汇总，并应按规定组卷，妥善保存。

5. 项目监理机构的专职或兼职资料员应将安全生产管理的监理资料建立专门的案卷，并与其他资料统一分类编目、编号，分别装订成册，装入档案盒内。

6. 安全生产管理的监理资料宜按单位工程、分部工程或专业、阶段等进行组卷，危险性较大的分部分项工程宜单独组卷。卷内文件原则上按文件形成的时间及文件序号进行排列。一般编排为文字材料在前，图样在后。

7. 监理文件资料的填写、编制、审核、审批、签认应及时进行，其内容应符合相关

规定，应确保文件资料管理的延续性。若需现场签认的手书文件，应字迹工整、清楚，附图要求规则且标注完整。

8. 分部工程以外的工程项目，以下资料应分别组卷：

(1) 冬期、雨期施工。

(2) 施工现场临时用电。

(3) 应急救援预案与演练。

(4) 安全文明施工措施费的使用与管理。

(5) 文明施工及扬尘治理。

(6) 环境保护及水土保持。

(7) 其他。

9. 安全生产管理的监理资料应集中存放于资料柜内，加锁并设专人负责管理，以防丢失损坏。

10. 工程竣工后，安全生产管理的监理资料应上交工程监理单位。

# 第二章　基　坑　工　程

基坑是指为建筑物（构筑物）基础和地下室的施工而开挖的地下空间。基坑工程是指为保证基坑施工、主体地下结构的安全和周边环境不受损害而进行的支护、降水止水和开挖及回填工程，包括勘察、设计、施工、监测等环节。

## 第一节　基坑工程施工安全风险

当前，高大建筑物、构筑物越来越多，基础和地下室的形式愈加多样，基础埋深、开挖面积越来越大，施工项目周边建筑物、构筑物的距离 、地下管线、周边环境等因素都容易导致基坑施工的安全风险高。基坑工程施工安全生产事故频发，有些事故造成群死群伤，损失惨重。项目监理机构应高度重视基坑施工安全生产管理的监理工作，认真履行监理职责。

### 一、基坑相关理论的不完备导致边坡稳定和支护设计计算可靠性不足

基坑工程是岩土、结构及施工技术相互交叉的科学，且受到多种复杂因素相互影响，其在土压力理论、基坑设计计算理论等方面尚待进一步发展。再者由于土体自身的复杂性和工程水文地质勘察手段的局限性，土的抗剪强度、抗渗性能等指标具有不确定性，因此基坑工程中边坡稳定计算、基坑降水排水设计计算和基坑支护结构设计计算的可靠性不足，基坑边坡土体自身承载能力有限且可靠性不足，基坑支护体系通常为临时措施，其强度、刚度、防渗、耐久性等方面的安全储备一般都比较小。但基坑开挖、降水止水过程中往往对土体及其支护体系作用较大较复杂，土体和支护结构的承载能力与所受作用之间的平衡比较脆弱，在基坑工程施工中可能会遇到设计未考虑到的情况出现意外安全风险。

### 二、基坑支护方案设计缺陷导致基坑坍塌的风险

施工单位在确定基坑开挖施工方案时考虑不周，对存在边坡坍塌隐患的基坑未采取支护措施，对采用放坡开挖时的坡率超限，均有可能导致基坑坍塌。工程条件具有明显的区域特性，不同区域具有不同的工程地质和水文地质条件，即使同一城市也可能会有较大差异。若设计单位对工程地质、水文地质条件把握错误，或由于设计人员工作失误，导致基坑支护方案存在重大缺陷，不能保证基坑开挖和基础施工过程中的坑壁稳定而导致基坑坍塌。

### 三、降水排水措施不当导致基坑坍塌、管涌、涌水及周边地面下沉的风险

当基坑开挖深度范围内有地下水，未采取有效的降水排水措施，基坑边沿地面未设排水沟或设置不当，放坡开挖时对坡顶、坡面、坡脚未采取降水排水措施，基坑底四周未设排水沟和集水井或排除积水不及时，都可能导致基坑坍塌、管涌、涌水，或可能导致基坑周边地面下沉，影响周边建筑物、构筑物、道路和各类管线的安全。

基坑的正常挖掘和降水排水施工，将引起周围地下水位变化和应力场的改变，导致周围土体的变形，对周边环境也会产生影响。



### 四、基坑开挖过程中导致坍塌的风险

施工单位在支护条件尚不具备的情况下开挖基坑土方，开挖分层、分段不合理，开挖不均衡，开挖过程中未采取防止碰撞支护结构的有效措施，或土方机械在软土场地作业等，都可能导致土体或支护结构坍塌。

### 五、作业环境导致的安全风险

基坑内土方机械、施工人员的安全距离不符合要求，上下垂直作业未采取防护措施，在各种管线范围内开挖作业未设专人监护，作业区域光线不良，土方施工机械倾覆等原因可能导致机械伤害、物体打击和高处坠落等事故发生。

### 六、基坑垂直出土导致起重伤害的风险

采用垂直运输出土时起吊物件坠落，运行中的吊斗或吊斗未使用时若悬挂于高处，都可能导致现场人员遭受起重伤害或物体打击。

### 七、施工人员高处坠落的风险

基坑周边未设置符合安全要求的临边防护栏杆，未设置供施工人员上下专用梯道或梯道设置不符合安全标准，降水井口等洞口未设置围栏或盖板等，可能导致施工人员高处坠落。

### 八、基坑支撑结构拆除过程中的风险

基坑支撑结构拆除方式和拆除顺序不满足安全要求，采用人工拆除作业时未设置符合安全标准的防护设施，采用机械拆除时施工荷载大于支撑结构承载能力，采用非常规拆除方式时不符合国家有关规范标准等，都可能导致物体打击、起重伤害、高处坠落等事故发生。

### 九、施工用电的风险

基坑工程的潮湿环境加大了用电设备和用电机具漏电和人员触电的风险。

## 第二节　基坑工程专项施工方案审查

### 一、基坑工程专项施工方案的编审规定

（一）2018年，《住房城乡建设部办公厅关于实施〈危险性较大的分部分项工程安全管理规定〉有关问题的通知》中，明确规定了基坑工程中属于危险性较大的分部分项工程的范围。开挖深度超过3m（含3m）的基坑（槽）的土方开挖、支护、降水工程，开挖深度虽未超过3m，但地质条件、周围环境和地下管线复杂，或影响毗邻建、构筑物安全的

基坑（槽）的土方开挖、支护、降水工程属于危大工程。开挖深度超过5m（含5m）的基坑（槽）的土方开挖、支护、降水工程属于超过一定规模的危险性较大的分部分项工程范围。

项目监理机构应督促施工单位在基坑工程施工前，组织工程技术人员编制基坑工程专项施工方案，并由施工单位技术负责人审核签字、加盖单位公章。项目监理机构应在工程施工前对该专项施工方案进行审查。



对于超过一定规模的深基坑工程，项目监理机构应督促施工单位按照《建筑深基坑工程施工安全技术规范》JGJ 311 的相关要求，根据施工、使用与维护过程的危险源分析编制深基坑工程专项施工方案，并组织召开专家论证会对专项施工方案进行论证。专家论证前，专项施工方案应当通过施工单位审核和总监理工程师审查。若论证意见为“修改后通过”，项目监理机构应对修改后施工单位技术负责人审核签字、加盖单位公章的专项施工方案进行审查。

按照《建筑深基坑工程施工安全技术规范》JGJ 311 规定，在开挖深度超过5m（含5m）的深基坑工程施工前，应要求施工单位根据设计文件并结合现场条件和周边环境保护要求、气候等情况编制支护结构施工方案。临水基坑施工方案应根据波浪、潮位等对施工的影响进行编制，并应符合防汛主管部门的相关规定。

（二）住建部建办质［2021］48号文件《危险性较大的分部分项工程专项施工方案编制指南》对基坑工程的专项施工方案内容提出了以下明确的要求：

1. 工程概况

（1）基坑工程概况和特点：

1）工程基本情况：基坑周长、面积、开挖深度、基坑支护设计安全等级、基坑设计使用年限等。

2）工程地质情况：地形地貌、地层岩性、不良地质作用和地质灾害、特殊性岩土等情况。

3）工程水文地质情况：地表水、地下水、地层渗透性与地下水补给排泄等情况。

4）施工地的气候特征和季节性天气。

5）主要工程量清单。

（2）周边环境条件：

1）邻近建（构）筑物、道路及地下管线与基坑工程的位置关系。

2）邻近建（构）筑物的工程重要性、层数、结构形式、基础形式、基础埋深、桩基础或复合地基增强体的平面布置、桩长等设计参数、建设及竣工时间、结构完好情况及使用状况。

3）邻近道路的重要性、道路特征、使用情况。

4）地下管线（包括供水、排水、燃气、热力、供电、通信、消防等）的重要性、规格、埋置深度、使用情况以及废弃的供、排水管线情况。

5）环境平面图应标注与工程之间的平面关系及尺寸，条件复杂时，还应画剖面图并标注剖切线及剖面号，剖面图应标注邻近建（构）筑物的埋深、地下管线的用途、材质、管径尺寸、埋深等。

6）临近河、湖、管渠、水坝等位置，应查阅历史资料，明确汛期水位高度，并分析对基坑可能产生的影响。

7）相邻区域内正在施工或使用的基坑工程状况。

8）邻近高压线铁塔、信号塔等构筑物及其对施工作业设备限高、限接距离等情况。

（3）基坑支护、地下水控制及土方开挖设计（包括基坑支护平面、剖面布置，施工降水、帷幕隔水，土方开挖方式及布置，土方开挖与加撑的关系）。

（4）施工平面布置：基坑围护结构施工及土方开挖阶段的施工总平面布置（含临水、临电、安全文明施工现场要求及危大工程标识等）及说明，基坑周边使用条件。

（5）施工要求：明确质量安全目标要求，工期要求（本工程开工日期、计划竣工日期），基坑工程计划开工日期、计划完工日期。

（6）风险辨识与分级：风险因素辨识及基坑安全风险分级。

（7）参建各方责任主体单位。

2. 编制依据

（1）法律依据：基坑工程所依据的相关法律、法规、规范性文件、标准、规范等。

（2）项目文件：施工合同（施工承包模式）、勘察文件、基坑设计施工图纸、现状地形及影响范围管线探测或查询资料、相关设计文件、地质灾害危险性评价报告、业主相关规定、管线图等。

（3）施工组织设计等。

3. 施工计划

（1）施工进度计划：基坑工程的施工进度安排，具体到各分项工程的进度安排。

（2）材料与设备计划等：机械设备配置，主要材料及周转材料需求计划，主要材料投入计划、力学性能要求及取样复试详细要求，试验计划。

（3）劳动力计划。

4. 施工工艺技术

（1）技术参数：支护结构施工、降水、帷幕、关键设备等工艺技术参数。

（2）工艺流程：基坑工程总的施工工艺流程和分项工程工艺流程。

（3）施工方法及操作要求：基坑工程施工前准备，地下水控制、支护施工、土方开挖等工艺流程、要点，常见问题及预防、处理措施。

（4）检查要求：基坑工程所用的材料进场质量检查、抽检，基坑施工过程中各工序检验内容及检验标准。

5. 施工保证措施

（1）组织保障措施：安全组织机构、安全保证体系及相应人员安全职责等。

（2）技术措施：安全保证措施、质量技术保证措施、文明施工保证措施、环境保护措施、季节性施工保证措施等。

（3）监测监控措施：监测组织机构，监测范围、监测项目、监测方法、监测频率、预警值及控制值、巡视检查、信息反馈，监测点布置图等。

6. 施工管理及作业人员配备和分工

（1）施工管理人员：管理人员名单及岗位职责（如项目负责人、项目技术负责人、施工员、质量员、各班组长等）。

（2）专职安全人员：专职安全生产管理人员名单及岗位职责。

（3）特种作业人员：特种作业人员持证人员名单及岗位职责。

（4）其他作业人员：其他人员名单及岗位职责。

7. 验收要求

（1）验收标准：根据施工工艺明确相关验收标准及验收条件。

（2）验收程序及人员：具体验收程序，确定验收人员组成（建设、勘察、设计、施工、监理、监测等单位相关负责人）。

（3）验收内容：基坑开挖至基底且变形相对稳定后支护结构顶部水平位移及沉降、建（构）筑物沉降、周边道路及管线沉降、锚杆（支撑）轴力控制值，坡顶（底）排水措施和基坑侧壁完整性。

8. 应急处置措施

（1）应急处置领导小组组成与职责、应急救援小组组成与职责，包括抢险、安保、后勤、医救、善后、应急救援工作流程、联系方式等。

（2）应急事件（重大隐患和事故）及其应急措施。

（3）周边建（构）筑物、道路、地下管线等产权单位各方联系方式、救援医院信息（名称、电话、救援线路）。

（4）应急物资准备。

9. 计算书及相关施工图纸

（1）施工设计计算书（如基坑为专业资质单位正式施工图设计，此附件可略）。

（2）相关施工图纸：施工总平面布置图、基坑周边环境平面图、监测点平面图、基坑土方开挖示意图、基坑施工顺序示意图、基坑马道收尾示意图等。

## 二、审查基坑工程专项施工方案的准备工作

为能对施工单位报审的基坑工程专项施工方案进行有效审查，项目监理机构应做好充分的准备工作。

### （一）安排负责审查工作的专业监理工程师

负责审查基坑工程专项施工方案的专业监理工程师应具备一定的土力学知识和岩土工程专业能力，并具有相当丰富的相关工程管理经验。

### （二）熟悉基坑工程相关设计情况

包括该工程项目的功能；建筑设计、结构设计的基本情况；基坑支护和排水降水方案及其设计情况；基坑监测方案及各类变形报警值。

### （三）掌握基坑工程的基本情况

包括详细的地形地貌和周边环境资料；各类地下管线，特别是地下高压电缆和地下燃气管网的情况；工程地质详细勘察报告；施工期间的气候、气象情况等。

### （四）熟悉与基坑工程施工有关的国家标准和行业标准

《建筑基坑工程监测技术标准》GB 50497

《复合土钉墙基坑支护技术规范》GB 50739

《建筑边坡工程技术规范》GB 50330

《岩土锚杆与喷射混凝土支护工程技术规范》GB 50086

《建筑基坑支护技术规程》JGJ 120

《建筑施工土石方工程安全技术规范》JGJ 180

《建筑深基坑工程施工安全技术规范》JGJ 311 等

（五）熟悉施工单位的基本情况和所使用的机械设备性能

项目监理机构应熟悉工程项目施工承包合同体系，了解施工承包单位及基坑开挖、支护、排水降水工程分包单位的工程经验和技术、管理能力。熟悉基坑施工中使用的各类土工机械、降水设备设施、支护施工所用各类机具的性能参数和安全指标。

上述需要熟悉了解的内容，项目监理机构可以通过向建设单位和施工单位索取，开展调查研究工作和向监理单位技术部门寻求支持获得。

## 三、基坑工程专项施工方案的审查要点

项目监理机构对施工单位报审的基坑工程专项施工方案的审查，应按照本书第一章第六节所述的审查基本要求，对报审材料的真实性、针对性、符合性和专项施工方案内容的完整性以及编审程序进行审查。应审查专项施工方案的编制内容及编制深度是否符合《危险性较大的分部分项工程专项施工方案编制指南》的规定。对于基坑工程专项施工方案还应注意审查以下内容：

（一）基坑工程的支护设计和排水降水设计

若基坑工程的支护设计和排水降水设计已通过设计质量审查部门审查，项目监理机构可不再对设计文件的技术内容进行全面审查，而将审查重点放在设计单位根据审查意见修改完善的情况和审查通过后的签字签章的真实性上。

若基坑工程的支护设计和排水降水设计审查不在工程监理单位服务范围内，则项目监理机构只需要参加图纸会审和设计交底，理解设计思路和全部设计内容，无需对该项设计进行审查。

若基坑工程专项施工方案内容包含支护设计和排水降水设计，则项目监理机构应高度重视对该内容的审查。

基坑工程的支护设计和排水降水设计应重点审查以下内容：

1. 设计说明中应明确以下设计条件

（1）场地地形条件、工程地质条件、地下水和地表水的勘察资料，地下建筑和基础的建筑结构设计情况，基坑开挖和基础及地下建筑施工对基坑围护的要求等。

（2）地下及周边管线类型、规格、埋深及与基坑的相对关系；周围道路的性质、路面结构、载重情况、车流量等；周边既有建筑物、构筑物的基础与结构形式与基坑的相对关系，现有位移及开裂的情况；临近水体、边坡与基坑的相对关系；与本基坑相邻近的基坑工程、桩基工程的施工情况，对本基坑的影响以及双方协调情况；环境保护要求等。

（3）应明确位于地铁、隧道等大型地下设施安全保护区范围内的基坑工程，城市生命线或对位移有特殊要求的精密仪器使用场所附近的基坑工程的特别保护要求。

2. 支护设计

（1）支护设计应遵循的原则

建筑基坑的安全等级应符合相关规范和技术规程的有关规定。安全系数的选取与基坑的安全等级应相匹配。

基坑支护设计应考虑场地工程地质与水文地质条件、基坑平面特征、周边环境、时空

效应，对挡土、支护、防水、挖土、监测和信息化施工总体设计，安全等级为一级的基坑工程宜采用动态设计法。

支护设计应满足边坡和支护结构的强度、稳定性和安全度的要求。

若采用与主体地下结构相结合的基坑支护设计时，应当与主体结构工程设计相结合，并应考虑围护结构和主体结构基础沉降的适应性。

（2）荷载取值

计算土压力、水压力的有关参数指标取值应合理并有充分依据。

一般地面超载和影响区范围内的建筑物、构筑物荷载取值应真实可靠，并应考虑施工荷载以及临近施工的影响。

（3）基坑支护的设计验算

支护结构设计验算应从稳定、强度和变形三个方面满足规范要求。

基坑支护结构均应进行承载力极限状态的计算，计算内容包括：根据支护结构形式及其受力特点进行土体稳定性计算；基坑支护结构的承载能力计算和变形验算；当有锚杆或支撑时，应对其进行承载力计算和稳定性验算。

对于不同工况的基坑支护结构要进行比较验算。

3. 排水降水设计的审查

（1）排水降水设计应遵循的原则

应根据基坑开挖深度、土层分部及水文地质条件并满足支护结构设计要求及基坑周边建筑物、构筑物变形及环境影响要求，选择安全、经济、合理的排水降水方案。

（2）设计及验算

地下水参数的选取是否合理。

应经过降、排、止水的多方案比较分析，选定安全、经济、合理的满足基坑本身及周边环境要求的排水降水方案。

进行降水设计的基坑应估计基坑涌水量，并预测降水对邻近环境、道路、建（构）筑的影响。降水井与回灌井的类型、布局、深度是否经济、合理，降水井的结构构造及施工方法是否符合相关技术、规范要求并与地方经验相适应。

对于基坑支护的截水设计，采用的止水帷幕类型、布局、长度、厚度，应根据具体情况确定，其结构构造应符合相关技术、规范及施工要求。

地下水的控制设计应进行抗渗稳定性验算和基坑底抗涌验算。

4. 土方开挖控制要求的审查

应针对本工程的特点明确基坑在围护结构施工及土方开挖阶段的具体要求，如降水时间，堆土区范围，泵车等大型施工机械停靠位置，施工出土通道及土方开挖顺序要求等，以保证土方开挖与设计工况相适应及开挖过程中的安全稳定。

5. 基坑围护设计计算书及图纸的审查

（1）基坑围护设计计算书

项目监理机构应重点审查基坑围护设计计算书的内容是否完整。各种工况下的计算书根据需要应包括：

① 基坑整体性、稳定性验算；

② 支护结构的强度和变形计算；

③ 锚、撑的承载力计算和稳定性验算；

④ 周边环境的变形验算；

⑤ 基底隆起、抗渗流稳定性验算；

⑥ 基坑突涌稳定性验算；

⑦ 根据支护结构要求进行的地下水位控制计算，包括基坑降水或围护墙的抗渗流稳定性验算。

（2）设计图纸和资料

基坑围护设计应提供下列图纸和资料，包括：

① 基坑围护设计总说明；

② 基坑周边环境图；

③ 基坑围护平面图，应做到在各种开挖深度范围内，支护形式明确，标高无误，标识明确；

④ 支护剖面图，应能体现挖深、土性、支护结构变化，能体现支护结构与坑内被动区加固、止水帷幕、周边环境、土层分部间的关系；

⑤ 基坑支撑平面图、支撑节点详图、支撑与腰梁间的连接关系；

⑥ 降水隔水系统、观测井、回灌井平面布置图、降水井、观测井、回灌井构造详图；

⑦ 监测点平面布置图；

⑧ 支撑体系内力图、配筋图等；

⑨ 其他需要表达的图样文件。

（二）施工工艺技术

1. 基坑支护和降水排水施工工艺应符合设计要求。

项目监理机构应根据基坑支护的具体类型，审查核对施工工艺技术参数及工艺流程是否符合基坑支护和降水排水设计文件，是否符合《建筑边坡工程技术规范》GB 50330 和《建筑基坑支护技术规程》JGJ 120 中的相关规定，还应核对该类型支护专门技术规范的相关要求。

应明确规定基坑支护结构施工应与降水、开挖相互协调，各工况和工序应符合设计要求。

应考虑基坑支护结构施工与拆除对主体结构、邻近地下设施与周围建（构）筑物等的正常使用的影响，必要时应有减少不利影响的措施。

应安排在支护结构施工前进行试验性施工，并应评估施工工艺和各项参数对基坑及周边环境的影响程度；应根据试验结果调整参数、工法或反馈修改设计方案，实行动态设计、信息化施工。

2. 项目监理机构应审查基坑开挖施工工艺是否符合下列规定：

（1）当支护结构构件强度达到开挖阶段的设计强度时方可下挖基坑；对采用预应力锚杆的支护结构，应在锚杆施加预加力后方可下挖基坑；对土钉墙，应在土钉、喷射混凝土面层的养护时间大于 2d 后方可下挖基坑；

（2）应按支护结构设计规定的施工顺序和开挖深度分层开挖；

（3）锚杆、土钉的施工作业面与锚杆、土钉的高差不宜大于 500mm；

（4）开挖时，挖土机械不得碰撞或损害锚杆、腰梁、土钉墙面、内支撑及其连接件等构件，不得损害已施工的基础桩；

（5）当基坑采用降水时，应在降水后开挖地下水位以下的土方；

（6）当开挖揭露的实际土层性状或地下水情况与设计依据的勘察资料明显不符，或出现异常现象、不明物体时应停止开挖，在采取相应处理措施后方可继续开挖；

（7）挖至坑底时，应避免扰动基底持力土层的原状结构。

3. 软土基坑开挖除应符合上述的规定外，尚应符合下列规定：

（1）应按分层、分段、对称、均衡、适时的原则开挖；

（2）当主体结构采用桩基础且基础桩已施工完成时，应根据开挖面下软土的性状，限制每层开挖厚度，不得造成基础桩偏位；

（3）对采用内支撑的支护结构，宜采用局部开槽方法浇筑混凝土支撑或安装钢支撑；开挖到支撑作业面后，应及时进行支撑的施工；

（4）对重力式水泥土墙，沿水泥土墙方向应分区段开挖，每一开挖区段的长度不宜大于 40m。

4. 基坑开挖和支护结构使用期内，应按下列要求对基坑进行维护：

（1）雨期施工时，应在坑顶、坑底采取有效的截水排水措施；对地势低洼的基坑，应考虑周边汇水区域地面径流向基坑汇水的影响；排水沟、集水井应采取防渗措施；

（2）基坑周边地面宜作硬化或防渗处理；基坑周边的施工用水应有排放措施，不得渗入土体内；当坑体渗水、积水或有渗流时，应及时进行疏导、排泄、截断水源；

（3）开挖至坑底后，应及时进行混凝土垫层和主体地下结构施工；

（4）主体地下结构施工时，结构外墙与基坑侧壁之间应及时回填。

5. 对可能产生相互影响的邻近工程进行桩基施工、基坑开挖、边坡工程、盾构顶进、爆破等施工作业，应确定合理的施工顺序和方法以及减少相互影响的措施。

（三）施工安全保证措施

项目监理机构应审查基坑工程施工安全保证措施是否包括以下内容：

1. 坚持先设计后施工、先支护后开挖、先降水排水后开挖以及分层、分段、均衡开挖的原则；

2. 必须有保护基坑开挖影响范围内建（构）筑物和地下管线安全的措施；在电力管线、通信管线、燃气管线 2m 范围内及上下水管线 1m 范围内挖土时，应由专人监护；

3. 开挖深度超过 2m 的基坑周边必须设符合现行《建筑施工土石方工程安全技术规范》JGJ 180 第 6.2.1 条要求的防护栏杆；

4. 基坑支护结构必须在达到设计要求的强度后，方可开挖下层土方，严禁提前开挖和超挖。施工过程中，严禁设备或重物碰撞支撑、腰梁、锚杆等基坑支护结构，亦不得在支护结构上放置或悬挂重物。在未达到设计规定的拆除条件时，严禁拆除锚杆或支撑；

5. 基坑周边施工材料、设施或车辆荷载严禁超过设计规定的地面荷载限值。当设置施工栈桥时，应按设计文件编制施工栈桥的施工、使用及保护方案；

6. 在软土场地上挖土，当机械不能正常行走和作业时，应对挖土机械行走线路用铺设渣土或砂石等方法进行硬化；

7. 遇异常软弱土层、流砂（土）、管涌，应立即停止施工，及时采取措施；

8. 采用井点降水时，井口应设置防护盖板或围栏，设置明显的警示标志，降水完成后，应及时将井填实；

9. 施工现场应采用防水性灯具，夜间施工的作业面及进出道路应有足够的照明措施和安全警示标志；

10. 开挖过程中，应定期对基坑及周边环境进行巡视，随时检查基坑位移（土体裂缝）倾斜、土体及周边道路沉陷或隆起、地下水涌出、管线开裂、不明气体冒出和基坑防护栏杆的安全性等；

11. 在冰雹、大雨、大雪、风力 6 级及以上强风等恶劣天气之后，应及时对基坑和安全设施进行检查；

12. 深基坑开挖过程中必须进行基坑变形监测。基坑工程变形监测数据超过报警值，或出现基坑、周边建（构）筑物、管线失稳破坏征兆时，应立即停止施工作业，撤离人员，并应根据危险产生的原因和可能进一步发展的破坏形式，采取控制或加固措施，危险消除后方可继续开挖。

（四）监测监控措施

项目监理机构应审查基坑监测监控措施是否符合下列规定：

1. 基坑支护设计应根据支护结构类型和地下水控制方法，按表 2-1 选择基坑监测项目，并应根据支护结构的具体形式、基坑周边环境的重要性及地质条件的复杂性确定监测点部位及数量。选用的监测项目及其监测部位应能反映支护结构的安全状态和基坑周边环境受影响的程度。

**基坑检测项目的选择** **表 2-1**

| 监测项目 | 支护结构的安全等级 | | |
|---|---|---|---|
| | 一级 | 二级 | 三级 |
| 支护结构顶部水平位移 | 应测 | 应测 | 应测 |
| 基坑周边建（构）筑物、地下管线、道路沉降 | 应测 | 应测 | 应测 |
| 坑边地面下沉 | 应测 | 应测 | 宜测 |
| 支护结构深部水平位移 | 应测 | 应测 | 选测 |
| 锚杆拉力 | 应测 | 应测 | 选测 |
| 支撑轴力 | 应测 | 应测 | 选测 |
| 挡土构件内力 | 应测 | 宜测 | 选测 |
| 支撑立柱沉降 | 应测 | 宜测 | 选测 |
| 挡土构件、水泥土墙沉降 | 应测 | 宜测 | 选测 |
| 地下水位 | 应测 | 应测 | 选测 |
| 土压力 | 宜测 | 选测 | 选测 |
| 孔隙水压力 | 宜测 | 选测 | 选测 |

注：表内各监测项目中，仅选择实际基坑支护形式所含有的内容。

2. 安全等级为一级、二级的支护结构，在基坑开挖过程与支护结构使用期内，应进行支护结构的水平位移监测和基坑开挖影响范围内建（构）筑物、地面的沉降监测。

3. 支挡式结构顶部水平位移监测点的间距不宜大于 20m，土钉墙、重力式挡墙顶部水平位移监测点的间距不宜大于 15m，且基坑各边的监测点不应少于 3 个。基坑周边有建筑物的部位、基坑各边中部及地质条件较差的部位应设置监测点。

4. 基坑周边建筑物沉降监测点应设置在建筑物的结构墙、柱上，并应分别沿平行、垂直于坑边的方向上布设。在建筑物邻基坑一侧，平行于坑边方向上的测点间距不宜大于 15m。垂直于坑边方向上的测点，宜设置在柱、隔墙与结构缝部位。垂直于坑边方向上的布点范围应能反映建筑物基础的沉降差。必要时，可在建筑物内部布设测点。

5. 地下管线沉降监测，当采用测量地面沉降的间接方法时，其测点应布设在管线正上方。当管线上方为刚性路面时，宜将测点设置于刚性路面下。对直埋的刚性管线，应在管线节点、竖井及其两侧等易破裂处设置测点。测点水平间距不宜大于 20m。

6. 道路沉降监测点的间距不宜大于 30m，且每条道路的监测点不应少于 3 个。必要时，沿道路宽度方向可布设多个测点。

7. 对坑边地面沉降、支护结构深部水平位移、锚杆拉力、支撑轴力、立柱沉降、挡土构件沉降、水泥土墙沉降、挡土构件内力、地下水位、土压力、孔隙水压力进行监测时，监测点应布设在邻近建筑物、基坑各边中部及地质条件较差的部位，监测点或监测面不宜少于 3 个。

8. 坑边地面沉降监测点应设置在支护结构外侧的土层表面或柔性地面上。与支护结构的水平距离宜在基坑深度的 0.2 倍范围以内。有条件时，宜沿坑边垂直方向在基坑深度的 1～2 倍范围内设置多个测点，每个监测面的测点不宜少于 5 个。

9. 采用测斜管监测支护结构深部水平位移时，对现浇混凝土挡土构件，测斜管应设置在挡土构件内，测斜管深度不应小于挡土构件的深度；对土钉墙、重力式挡墙，测斜管应设置在紧邻支护结构的土体内，测斜管深度不宜小于基坑深度的 1.5 倍。测斜管顶部应设置水平位移监测点。

10. 锚杆拉力监测宜采用测量锚杆杆体总拉力的锚头压力传感器。对多层锚杆支挡式结构，宜在同一剖面的每层锚杆上设置测点。

11. 支撑轴力监测点宜设置在主要支撑构件、受力复杂和影响支撑结构整体稳定性的支撑构件上。对多层支撑支挡式结构，宜在同一剖面的每层支撑上设置测点。

12. 挡土构件内力监测点应设置在最大弯矩截面处的纵向受拉钢筋上。当挡土构件采用沿竖向分段配置钢筋时，应在钢筋截面面积减小且弯矩较大部位的纵向受拉钢筋上设置测点。

13. 支撑立柱沉降监测点宜设置在基坑中部、支撑交汇处及地质条件较差的立柱上。

14. 当挡土构件下部为软弱持力土层或采用大倾角锚杆时，宜在挡土构件顶部设置沉降监测点。

15. 当监测地下水位下降对基坑周边建筑物、道路、地面等沉降的影响时，地下水位监测点应设置在降水井或截水帷幕外侧且宜尽量靠近被保护对象。基坑内地下水位的监测点可设置在基坑内或相邻降水井之间。当有回灌井时，地下水位监测点应设置在回灌井外侧。水位观测管的滤管应设置在所测含水层内。

16. 各类水平位移观测、沉降观测的基准点应设置在变形影响范围外，且基准点数量不应少于两个。

17. 基坑各监测项目采用的监测仪器的精度、分辨率及测量精度应能反映监测对象的实际状况。

18. 各监测项目应在基坑开挖前或测点安装后测得稳定的初始值，且次数不应少于两次。

19. 支护结构顶部水平位移的监测频次应符合下列要求：

（1）基坑向下开挖期间，监测不应少于每天一次，直至开挖停止后连续三天的监测数值稳定；

（2）当地面、支护结构或周边建筑物出现裂缝、沉降，遇到降雨、降雪、气温骤变，基坑出现异常的渗水或漏水，坑外地面荷载增加等各种环境条件变化或异常情况时，应立即进行连续监测，直至连续三天的监测数值稳定；

（3）当位移速率大于前次监测的位移速率时，则应进行连续监测；

（4）在监测数值稳定期间，应根据水平位移稳定值的大小及工程实际情况定期进行监测。

20. 支护结构顶部水平位移之外的其他监测项目，除应根据支护结构施工和基坑开挖情况进行定期监测外，应在出现下列情况时进行监测，直至连续三天的监测数值稳定。

（1）当地面、支护结构或周边建筑物出现裂缝、沉降，遇到降雨、降雪、气温骤变，基坑出现异常的渗水或漏水，坑外地面荷载增加等各种环境条件变化或异常情况，或位移速率大于前次监测的位移速率时；

（2）锚杆、土钉或挡土构件施工时，或降水井抽水等引起地下水位下降时，应进行相邻建筑物、地下管线、道路的沉降监测。

21. 对基坑监测有特殊要求时，各监测项目的测点布置、量测精度、监测频度等应根据实际情况确定。

22. 应制定对基坑监测的巡查方案，明确巡查及数据反馈的要求。

*（五）应急事件及应急措施*

基坑工程应急事件及应急措施应包括以下内容：

1. 基坑工程发生险情时，应采取下列应急措施：

（1）基坑变形超过报警值时，应调整分层、分段土方开挖等施工方案，并宜采取坑内回填反压后增加临时支撑、锚杆等；

（2）周围地表或建筑物变形速率急剧加大，基坑有失稳趋势时，宜采取卸载、局部或全部回填反压，待稳定后再进行加固处理；

（3）坑底隆起变形过大时，应采取坑内加载反压、调整分区、分步开挖、及时浇筑快硬混凝土垫层等措施；

（4）坑外地下水位下降速率过快引起周边建筑物与地下管线沉降速率超过警戒值，应调整抽水速度减缓地下水位下降速度或采用回灌措施；

（5）围护结构渗水、流土，可采用坑内引流、封堵或坑外快速注浆的方式进行堵漏；情况严重时应立即回填，再进行处理；

(6) 开挖底面出现流砂、管涌时，应立即停止挖土施工，根据情况采取回填、降水法降低水头差、设置反滤层封堵流土点等方式进行处理。

2. 基坑工程施工引起邻近建筑物开裂及倾斜事故时，应根据具体情况采取下列处置措施：

(1) 立即停止基坑开挖，回填反压；

(2) 增设锚杆或支撑；

(3) 采取回灌、降水等措施调整降深；

(4) 在建筑物基础周围采用注浆加固土体；

(5) 制订建筑物的纠偏方案并组织实施；

(6) 情况紧急时应及时疏散人员。

3. 基坑工程引起邻近地下管线破裂，应采取下列应急措施：

(1) 立即关闭危险管道阀门，采取措施防止产生火灾、爆炸、冲刷、渗流破坏等安全事故；

(2) 停止基坑开挖，回填反压、基坑侧壁卸载；

(3) 及时加固、修复或更换破裂管线。

4. 基坑工程变形监测数据超过报警值或出现基坑、周边建（构）筑物、管线失稳破坏征兆时，应立即停止施工作业，撤离人员，待险情排除后方可恢复施工。

5. 应明确在基坑工程施工与使用中启动安全应急响应的具体条件，一般应包括：

(1) 基坑支护结构水平位移或周围建（构）筑物、周边道路（地面）出现裂缝、沉降、地下管线不均匀沉降或支护结构构件内力等指标超过限值；

(2) 建筑物裂缝超过限值或土体分层竖向位移或地表裂缝宽度突然超过报警值；

(3) 基坑底部隆起变形超过报警值；

(4) 基坑施工过程遭遇大雨或暴雨天气，出现大量积水；

(5) 施工过程出现大量涌水、涌砂；

(6) 基坑降水设备发生突发性停电或设备损坏造成地下水位升高；

(7) 基坑施工过程因各种原因导致人身伤亡事故；

(8) 遭受自然灾害、事故或其他突发事件影响基坑安全；

(9) 其他特殊情况可能影响基坑安全。

6. 应急措施中应明确应急终止的具体条件。

## 第三节 基坑工程安全巡视检查

项目监理机构除审查基坑工程专项施工方案外，还应重视基坑工程施工过程中的安全检查工作，通过现场监理人员的巡视检查工作，加强对施工单位基坑工程施工的监督和督促，避免基坑工程施工安全事故的发生。

项目监理机构应根据相关规定，认真履行对基坑工程施工过程安全检查的职责，应掌握相关技术规范、规程的要求，熟悉相关设计文件及施工单位编制的基坑工程专项施工方案的内容。

## 一、基坑工程的安全巡视检查的基本要求

（一）根据《建筑深基坑工程施工安全技术规范》JGJ 311 规定，在深基坑工程施工前，项目监理机构应检查施工单位是否具备下列资料：

1. 基坑调查报告。

2. 按有关规定通过专家评审的基坑支护及降水设计施工图。

3. 按有关规定通过专家论证的基坑工程施工组织设计或施工安全专项方案。

4. 基坑安全监测方案。对施工安全等级为一级的基坑工程，基坑安全监测方案必须经过专家评审。

（二）项目监理机构应督促施工单位项目负责人组织专职安全生产管理人员及相关专业人员定期对基坑工程进行安全检查，并及时编写检查记录。督促施工单位对检查中发现的事故隐患定人、定时间、定措施进行整改。

（三）督促施工单位按照规定对深基坑工程进行施工监测，应建立基坑安全巡查制度，并应有专业人员参加。发现危及人身安全的紧急情况，应当立即组织作业人员撤离危险区域。

（四）基坑工程施工过程中，督促施工单位应严格按照经项目监理机构审查签认的基坑工程专项施工方案和相关技术规范的要求组织施工。

（五）基坑工程施工过程中，发现地质情况或环境条件与原地质报告、环境调查报告不相符合，或环境条件发生变化时，项目监理机构应督促施工单位暂停施工，及时会同相关设计、勘察单位经过补充勘察、设计验算或设计修改后方可恢复施工。

（六）监督施工单位在支护结构未达到设计强度前开挖基坑时，严禁在设计预计的滑（破）裂面范围内堆载。项目监理机构应巡视检查临时土石方的堆放情况，发现有安全隐患时应立即要求施工单位整改。

（七）督促施工单位对特殊条件下的施工安全等级为一级、超过设计使用年限的基坑工程进行基坑安全评估。基坑安全评估原则应能确保不影响周边建（构）筑物及设施等的正常使用、不破坏景观、不造成环境污染。

## 二、基坑工程施工安全巡视检查要点

对基坑工程的安全检查，应符合《危险性较大的分部分项工程安全管理规定》（住建部令第 37 号）、现行国家标准《建筑基坑工程监测技术标准》GB 50497 和现行行业标准《建筑基坑支护技术规程》JGJ 120、《建筑施工土石方工程安全技术规范》JGJ 180 和《建筑深基坑工程施工安全技术规范》JGJ 311 的规定。

依据《建筑施工安全检查标准》JGJ 59 规定，基坑工程安全检查保证项目应包括：施工方案；基坑支护；降排水；基坑开挖、坑边荷载；安全防护。一般项目：基坑监测、支撑拆除、作业环境、应急预案等。

项目监理机构应督促施工单位按照专项施工方案及《建筑施工安全检查标准》JGJ 59 要求，对基坑工程施工过程进行安全检查。项目监理机构对基坑工程的安全检查内容也应符合安全检查标准的相关规定。

项目监理机构应对基坑工程施工应检查以下内容：

（一）专项施工方案

1. 基坑工程施工前，项目监理机构应检查施工单位是否编制基坑工程施工安全技术措施或专项施工方案，专项施工方案是否按规定进行审核、审批。

2. 对超过一定规模的深基坑工程，检查施工单位对专项施工方案是否组织专家论证，并核查专家论证报告的结论及专家在论证报告上的签字。专项施工方案经论证不通过的，督促施工单位修改后按照有关规定重新组织专家论证。

3. 基坑周边环境或施工条件发生变化时，检查施工单位是否重新编制或调整专项施工方案，是否按规定重新进行审核、审批，检查审核、审批人的签字。

（二）基坑支护

针对基坑支护方式，项目监理机构应督促施工单位按设计施工图及已审定的专项施工方案执行，不得随意更改。

项目监理机构对基坑支护进行巡视检查时，应检查以下内容：

1. 对人工开挖狭窄基槽的检查。开挖深度较大并存在边坡塌方危险时，应检查施工单位是否按照专项施工方案要求采取支护措施。支护结构应有足够的稳定性。

(1) 宽度不大，深度 3m 以内，且土质含水率低的黏土沟槽开挖的土壁支撑，一般采用由楞木和工具式横撑组成的断续式水平支撑法。

(2) 宽度不大，深度 3～5m 以内，且土质含水率低的松散土沟槽开挖的土壁支撑，一般采用由挡土板、楞木和工具式横撑组成的连续式水平支撑法。

2. 对地质条件良好、土质均匀且无地下水的基坑工程施工采取自然放坡时，项目监理机构应检查土质边坡的坡率是否符合设计施工图或专项施工方案所确定的坡率（表 2-2）。

3. 检查基坑支护结构是否符合设计要求

项目监理机构对施工单位采取锚杆结构护坡、排桩护坡、坑外拉锚护坡、内支撑护坡、混凝土格构护坡、地下连续墙护坡等方式进行基坑支护时，应注意检查基坑支护结构是否符合设计要求。

**自然放坡坡率允许值**　　**表 2-2**

| 边坡土体类别 | 状态 | 坡率允许值（高宽比） | |
|---|---|---|---|
| | | 坡高＜5m | 坡高 5～10m |
| 碎石土 | 密实 | 1∶0.35～1∶0.50 | 1∶0.50～1∶0.75 |
| | 中密 | 1∶0.50～1∶0.75 | 1∶0.75～1∶1.00 |
| | 稍密 | 1∶0.75～1∶1.00 | 1∶1.00～1∶1.25 |
| 黏性土 | 坚硬 | 1∶0.75～1∶1.00 | 1∶1.00～1∶1.25 |
| | 硬塑 | 1∶1.00～1∶1.25 | 1∶1.25～1∶1.50 |

(1) 对锚杆结构支护进行巡视检查

基坑壁采用锚杆结构支护时，应检查边坡坡率是否与设计施工图或专项施工方案所确定的坡比一致；检查锚杆的锚固长度、锚杆的灌浆、钢筋网所使用的钢筋规格、间距是否

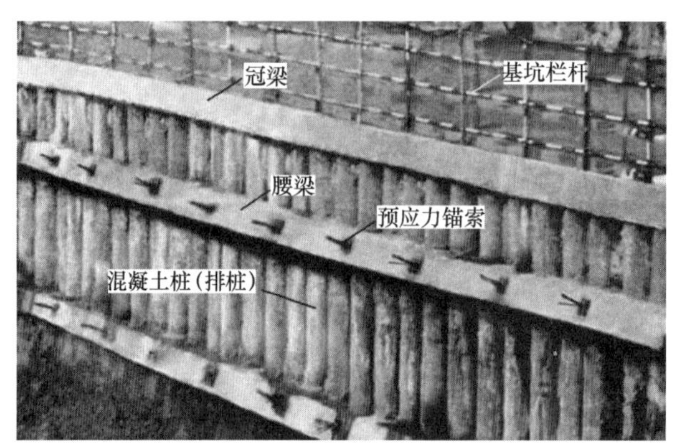


图 2-1 混凝土排桩锚拉式结构支护

符合相关规范或专项施工方案要求；检查锚杆锚固段是否设置在淤泥、淤泥质土、泥炭、泥炭质土及松散填土层内；有无锚杆锚头松动，锚具夹片有无滑动，腰梁及支座是否有变形、连接破损等情况。

（2）对排桩支护进行巡视检查（图 2-1）

基坑壁采用排桩支护方式时，应检查桩的平面位置（轴线、标高）是否符合设计施工图要求；检查桩底沉渣厚度是否符合有关验收规范要求。

采用混凝土灌注桩时，应巡视检查施工单位采取间隔成桩的施工顺序，督促施工单位在混凝土终凝后再进行相邻桩的成孔施工。对钻孔灌注桩施工，应检查施工单位是否采取改善泥浆性能等措施。

对混凝土灌注桩，其纵向受力钢筋的接头不宜设置在内力较大处，项目监理机构应巡视检查同一区段内纵向受力钢筋的连接方式和连接接头面积百分率是否符合设计及现行国家标准的规定。采用分段配置不同数量的纵向钢筋时，应检查钢筋笼的制作和安放时控制非通长钢筋竖向定位措施。

项目监理机构还应检查支护桩的桩身混凝土强度等级、钢筋配置和混凝土保护层厚度是否满足设计要求；检查桩顶部混凝土冠梁的宽度、高度的设置、钢筋设置是否符合设计要求及现行国家标准要求；巡视检查桩身是否有位移、下沉、上浮等情况。

（3）对内支撑结构支护进行巡视检查

内支撑结构分为钢支撑、混凝土支撑、钢与混凝土的混合支撑等形式。采用内支撑结构方式时，项目监理机构首先应检查内支撑所采用的材料及结构形式是否与设计一致；检查内支撑结构的安装顺序与拆除顺序是否与设计工况及专项施工方案一致。监督施工单位遵循先支撑后开挖的原则，混凝土支撑、钢支撑的安装应符合现行国家标准规定。

在混凝土腰梁施工前，应监督施工单位将排桩、地下连续墙等挡土构件的连接表面清理干净，腰梁与挡土构件之间不得留有缝隙。巡视检查钢腰梁与排桩、地下连续墙等挡土构件间隙的宽度是否小于 100mm，是否填充密实或采取其他可靠连接措施；钢支撑焊接时是否承受负荷，焊缝质量是否进行了检测，检测结果是否符合规范要求。

（4）对地下连续墙施工进行巡视检查

项目监理机构应检查墙体的施工位置是否与设计一致；施工单位选择的成槽设备是否与专项施工方案一致，检查施工单位成槽施工前进行的成槽实验结果。巡视检查槽段长度、埋置深度、槽段接头、冠梁设置、墙体所使用的钢筋规格、数量、间距、保护层厚度、导墙及墙体混凝土强度等是否与设计一致。



（5）对钢筋混凝土格构支护进行巡视检查

采用钢筋混凝土格构式支护方式时，应督促施工单位检查钢筋混凝土格构施工部位是否与设计施工图一致；格构模盒、钢筋数量、规格、混凝土强度等是否满足设计及规范要求。项目监理机构应巡视检查锚杆（锚索）的嵌岩深度是否达到设计要求；检查混凝土格构是否有开裂、露筋、变形等情况。

（6）按有关规定对基坑支护结构施工质量进行旁站。

4. 检查基坑支护结构水平位移是否在设计允许范围内。水平位移变形达到报警值时，应立即采取有效的控制措施。

（三）基坑降排水

1. 项目监理机构应检查施工区域内的临时排水系统是否符合施工方案要求，基坑边沿周围地面应设置排水沟。当场地周围出现地表水汇流、排泄或地下水管渗漏时，应督促施工单位组织排水，并对基坑采取保护措施。汛期时，应督促施工单位对现场排水系统进行检查和维护。

2. 当基坑开挖深度范围内有地下水时，应检查施工单位是否采取有效的降排水措施。督促施工单位随时对基坑工程的降水排水状况进行巡查。

3. 检查基坑边沿周围地面是否设置排水沟和集水井。放坡开挖时，应督促施工单位对坡顶、坡面、坡脚采取排水措施。监理人员巡视检查时，应注意检查基坑侧壁和截水帷幕有无渗水、漏水、流砂等现象。

4. 监督施工单位在基坑底四周按照专项施工方案设置排水沟和集水井。巡视检查降水井抽水有无异常，基坑排水是否通畅，督促施工单位及时排除积水。

（四）基坑开挖

1. 监督施工单位严格按照支护结构设计规定，必须在基坑支护结构达到设计要求的强度后，方可按照施工顺序和开挖深度分层开挖下层土方，严禁提前开挖和超挖。对采用预应力锚杆的支护结构，应监督施工单位在锚杆施加预应力后，方可下挖基坑；对土钉墙，应在土钉、喷射混凝土面层的养护时间大于2d后，方可下挖基坑。

2. 监督施工单位按照规定的分层、分段、对称、均衡、适时的原则开挖，以保证土体受力均衡和稳定。巡查过程中发现基坑开挖面上方的锚杆、土钉、支撑未达到设计要求，施工单位违反设计要求继续进行施工时，项目监理机构应及时签发工程暂停令，严禁施工单位向下超挖土方。

3. 基坑开挖过程中，巡视检查采取防止碰撞支护结构、工程桩或扰动基底原状土土层的措施。检查挖土机械是否碰撞或损害锚杆、腰梁、土钉墙面、内支撑及其连接件等构件，是否损害已施工的基础桩。

4. 基坑开挖期间，项目监理机构应巡视检查基坑周边环境的状况，检查基坑外地面和道路有无开裂、沉陷现象；基坑周边建（构）筑物、围墙有无开裂、倾斜情况；基坑周边水管有无漏水、破裂，燃气管漏气情况。

5. 当施工单位采用机械在软土场地作业时，应检查铺设砂石或渣土、铺垫钢板等作业场地硬化措施是否与施工方案一致。

项目监理机构在基坑开挖巡视检查过程中，发现危及人身安全和公共安全的隐患时，应及时签发工程暂停令，要求施工单位立即停止作业，采取有效整改措施排除隐患后方可恢复施工。

（五）坑边荷载

1. 督促施工单位对基坑周边堆置土、料具、设施等进行检查。基坑边堆放的施工材料、施工设施或车辆荷载严禁超过设计要求的地面荷载限制。

2. 当基坑周边有施工机械、塔吊、临时建筑、广告牌等，应检查周边施工机械与基坑边沿的安全距离是否符合支护设计要求。

项目监理机构应定期对基坑周边进行巡视检查，发现基坑边沿施工设施或车辆等超过设计要求的地面荷载限值时，应及时签发监理通知单或工程暂停令要求施工单位及时整改。

（六）安全防护

1. 当基坑施工深度超过 2m 时，应检查施工单位是否按照规定搭设临边防护设施。检查基坑周边搭设的防护护栏的材料、搭设方式及牢固程度是否符合相关规范规定。防护栏杆应安装牢固，材料应有足够的刚度。防护栏杆内侧应满挂密目安全网，外侧应设置 200mm 高踢脚板及排水沟。防护栏杆和踢脚板应刷红白相间安全警戒色，基坑周边设置夜间警示红灯。

2. 督促施工单位按照规范要求在基坑内设置供施工人员上下的专用梯道。专用梯道搭设应符合专项施工方案及规范要求，检查梯道设置的扶手栏杆及梯道宽度，梯道的宽度不应小于 1m。

3. 当采取井点降水时，应巡视检查降水井口是否设置防护盖板或围栏，是否设置了明显的警示标志。

（七）基坑监测

基坑监测是保证支护结构和周边环境安全的重要手段，通过基坑监测可以及时掌握支护结构受力和变形状态、基坑周边受保护对象变形状态是否在正常状态之内，当出现异常时，以便采取应急措施。

1. 基坑开挖前，项目监理机构应检查施工单位是否按规定编制了基坑支护变形监测方案。检查施工现场的监测项目、监测方法和监测点布置、监测周期、记录制度、信息反馈等是否符合经审定的监测方案。

2. 当支护结构的安全等级为一级、二级时，监督施工单位在基坑开挖过程与支护结构使用期内，必须进行支护结构的水平位移监测和基坑开挖影响范围内建（构）筑物、地面的沉降监测（强制性条文规定）。

3. 基坑开挖监测工程中，应督促施工单位根据设计要求提交阶段性监测报告。督促施工单位按照监测方案对基坑变形情况进行监测，并做好记录。

4. 项目监理机构应巡视检查施工单位对基坑支护结构开裂、位移等变形的监测情况，重点检查坑（槽）壁的稳定、监测桩位、护壁墙面、主要支撑杆、连接点、挡土构件及坡顶是否有变形、裂缝等情况。当发现异常和危险情况时应及时签发书面通知要求施工单位采取措施整改。

5. 当项目监理机构巡视检查发现基坑工程变形监测数据超过监测报警值，或出现基坑、周边建（构）筑、管线失稳破坏征兆时，现场监理人员应要求施工单位立即停止施工作业，撤离人员，待险情排除后方可恢复施工。

（八）基坑支撑拆除

1. 拆除工程施工前，应督促施工单位对施工作业人员进行书面安全技术交底，项目监理机构应检查施工单位的交底记录。

2. 基坑支护结构拆除时，监督施工单位按照专项施工方案要求的拆除方式、拆除顺序进行拆除。项目监理机构在支护结构拆除时应进行巡视检查。

3. 当采用机械拆除时，应督促施工单位按照专项施工方案选定的机械设备及吊装方案进行施工，严禁超载作业或任意扩大使用范围。供机械设备使用的场地必须保证足够的承载力，施工荷载应小于支撑结构承载能力。

4. 人工拆除作业时，应检查施工单位是否按专项施工方案和规范规定设置防护设施，巡视检查作业人员拆除作业时站立的操作台或脚手架的稳定性。

5. 当采用爆破拆除、静力破碎等拆除方式时，必须符合专项施工方案和国家现行相关规范的要求。应检查从事爆破拆除工程的施工单位是否持有工程所在地法定部门核发的《爆破物品使用许可证》，从事爆破拆除施工的作业人员应持证上岗。

（九）作业环境

1. 检查基坑内土方机械、施工人员的安全距离是否符合规范要求。巡视检查挖掘机、铲运机等施工机械与基坑边沿的安全距离，挖掘机旋转半径范围内严禁站人。

2. 检查施工单位基坑内的垂直运输作业及设备（通道、踏步、踢脚板，栏杆、安全网等）设置是否符合相关规范规定，上下层垂直作业是否按规定采取有效防护措施，交叉作业、多层作业上下层之间是否设置了隔离层。

3. 在电力、通信、燃气、上下水等管线 2m 范围内挖土时，督促施工单位探明其准确位置并采取措施保证其安全。机械作业不宜在有地下管线或燃气管道 2m 范围内进行。巡视检查施工单位的安全保护措施，督促施工单位设专人进行监护。

4. 巡视检查施工作业区域的照明及电气设备。施工作业区域应采光良好，当光线较弱时应设置有足够照度的光源。深基坑施工的照明、电箱的设置、周围环境以及各种电气设备的架设、使用均应符合有关规范规定。

（十）应急预案

1. 检查施工单位是否按照规范要求，并结合工程施工过程中可能出现的支护变形、漏水等影响基坑工程安全的不利因素制定了生产安全事故应急预案。

2. 督促施工单位按照应急预案的要求建立施工项目的应急组织机构，应急组织机构应健全，检查应急的物资、材料、工具、机具等品种、规格、数量是否满足应急的需要并应符合应急预案的要求。

3. 当基坑工程发生险情时，应监督施工单位立即启动应急响应，并向有关部门进行报告。

4. 督促并检查施工单位应急响应前的抢险准备工作，包括下列内容：

（1）应急响应需要的人员、设备、物资准备；

（2）增加基坑变形监测手段与频次的措施；
（3）储备截水堵漏的必要器材；
（4）清理应急通道。



## 第四节 基坑工程监理工作示例

### 一、工程概况

本工程为某市××展览馆工程项目。该建筑物地面六层、地下一层，总建筑面积2.5万$m^2$，采用钢筋混凝土框架结构，钢筋混凝土箱型基础。

基坑开挖深度6.5m至7m。基坑平面为东西长95m，南北宽50m的矩形。开挖深度范围内土质从上到下为1.5m至3.5m不等的杂填土，由南向北逐步加深；耕植土约0.5m，以下为淤泥质土。基坑底面为淤泥质土。常年地下水位低于基坑底面2m，但淤泥质土表面局部存在上层滞水。建筑场地地势较低，开挖施工期间若防排水措施不当，地表水可能灌入基坑。

基坑西侧5m外为城市次干道，可作为开挖土方外运的通道。基坑北侧2～3m为一居住小区的围墙，围墙内有一条5m宽的小区道路，道路范围内下埋雨水和污水管道。该住宅小区内多为6至7层砖混结构住宅楼，采用混凝土条形基础，基础埋深1.5m至3.5m不等。该小区内的建筑物距离基坑边缘的最小距离为8.5m。基坑东侧紧邻一学校围墙，围墙内为学校运动场。基坑南侧为展览馆馆前广场用地，地上均为单层和低层民居以及居民自行搭建的简易房屋，目前尚未完成拆迁。

该基坑支护结构安全等级为二级，采用单排桩支护，排桩深度为20m，排桩嵌固深度范围内土质基本为淤泥质土和软塑黏性土，少数桩底部1m至1.5m范围内为强风化泥岩。排桩采用机械钻孔桩，桩身直径600mm，桩间距700mm。开挖后桩间采用内置钢筋网的喷射混凝土面层加固，桩顶设钢筋混凝土冠梁。在排桩冠梁上设水平位移监测点，基坑长边和短边每边各设5个和3个。该基坑工程专项施工方案（包括基坑支护设计）经施工单位组织专家论证通过后，已由总监理工程师签认并已按方案执行。

目前排桩施工已于一个半月前完成，经验收合格后已开始基坑开挖作业。开挖采用人工配合挖掘机实施，载重汽车负责外运土方。

### 二、专项巡视中发现的问题

基坑开挖施工过程中，项目总监理工程师吴××安排土建专业监理工程师李××和专职负责安全的监理员王×对基坑工程进行专项巡视检查，并负责接受和管理基坑工程监测单位的监测报告。

7月15日，基坑开挖深度已达到3.5m至4m。监理员王×在巡视检查中，发现基坑南侧中部约5m范围内，支护孔桩间喷射混凝土面层出现数条宽度不超过0.5mm的裂缝，裂缝中渗出带有生活污水气味的污水。他当即向专业监理工程师李××报告，李××到现场查看后确认渗出的是生活污水，渗出量大约100L/h。随即他们发现监测报告中显示，该处临近两个水平位移监测点的水平位移已经连续两天超过3mm/d。专业监理工程师李××对此问题进行了处理。

## 三、项目监理机构处置过程

（一）李××当即向施工单位签发《监理通知单》如下：

**表 A.0.3　监理通知单**

工程名称：××××××工程　　　　编号：A-025

致：××××××施工项目经理部（施工项目经理部）

事由：关于基坑支护渗漏及水平位移超限的问题

内容：

目前基坑开挖施工存在以下问题：

1. 基坑南侧中部约5m范围内支护孔桩间喷射混凝土面层出现数条宽度不超过0.5mm的裂缝，裂缝中渗出生活污水，渗出量约为100L/h。该污水浸润土层，影响土体抗剪强度指标，可能导致主动土压力增大和被动土压力的减小，影响支护结构安全。

2. 基坑南侧中部两个监测点的水平位移已连续两天超过3mm/d。该处支护结构顶部水平位移已连续两天超预警值。

要求贵部立即停止基坑南侧中部水平位移超预警值监测点间及两侧各10m、距支护排桩6m范围内的土方开挖，并采取措施解决污水渗漏问题和支护结构水平位移超预警值的问题。待监测点水平位移速率降低到预警值以下方可恢复正常开挖施工。

项目监理机构：（盖章）

总/专业监理工程师（签字）：李××

××××年7月15日

注：本表一式三份，项目监理机构、建设单位、施工单位各一份。

（二）李××指示监理员在当天《监理日志》内记录如下事项：

“监理员王×和专业监理工程师李××在专项巡视检查中发现，基坑南侧中部约5m范围内支护孔桩间喷射混凝土面层出现数条宽度不超过0.5mm的裂缝，裂缝中渗出生活污水，渗出量约为100L/h。”

“监测单位提交的《监测报告》中反映，基坑南侧中部两个监测点的水平位移已连续两天超过3mm/d。该处支护结构顶部水平位移已连续两天超预警值。”

“针对基坑支护结构存在的问题，专业监理工程师李××已向施工单位发出A-025号《监理通知单》，要求施工单位采取措施，解决污水渗漏问题和支护结构水平位移超预警值的问题。在问题得到解决以前暂时停止基坑南侧中部水平位移超预警值监测点间及两侧各10m、距支护排桩6m范围内的土方开挖。施工单位项目经理部已签收。”

（三）施工项目经理部收到A-025号《监理通知单》后，采取了一部分处理措施，并于7月17日向项目监理机构提交《监理通知回复单》如下：

**表 B.0.9 《监理通知回复单》**

工程名称：××××××工程　　　　编号：AF-025

<table>
<tr><td>
致：×××监理公司×××工程项目监理部（项目监理机构）<br>
我方接到编号为A-025 的《监理通知单》后，已按要求完成相关工作，请予以复查。<br>
1. 已按要求停止了基坑南侧中部水平位移超预警值监测点间及两侧各 10m、距支护排桩 6m 范围内的土方开挖施工作业。<br>
2. 已在支护孔桩间喷射混凝土面层出现裂缝处及其下方钻孔泄水，孔径 80mm，数量共 8 个；在其下方开挖一引水沟，将泄出的污水引入基坑西南角的集水坑，采用污水泵将污水排入西侧洪山路侧的市政排污沟。采取上述措施后，基坑支护处渗出的污水已开始明显减少。为按时完成基坑开挖任务，我方拟于明日恢复正常开挖施工。<br>
以上整改情况，请贵部复查。<br>
附件：基坑壁钻孔、引水沟、集水坑图片共 5 张。<br>
<br>
施工项目经理部（盖章）<br>
项目经理（签字）×××<br>
××××年 7 月 17 日
</td></tr>
<tr><td>
复查意见：<br>
1. 经复查，施工单位已暂停了指定范围内的土方开挖施工。<br>
2. 施工单位采用的在基坑支护孔桩间喷射混凝土面层出现裂缝处及其下方钻孔泄水，并将污水引入集水坑集中排出的方式，初期效果明显，泄出较多污水，但并未解决问题，目前污水泄出量仍能达到 80～120L/h。<br>
3. 从基坑监测数据得出，基坑南侧中部两个监测点水平位移速率仍超过 3mm/d 的预警值。不同意施工单位恢复该处基坑开挖作业，须进一步采取措施，控制支护排桩上端水平位移。<br>
<br>
项目监理机构（盖章）<br>
总/专业监理工程师（签字）：李××<br>
××××年 7 月 17 日
</td></tr>
</table>

注：本表一式三份，项目监理机构、建设单位、施工单位各一份。

项目监理机构收到 AF-025 号《监理通知回复单》后，监理员王×随同专业监理工程师李××到现场进行了复查，发现施工单位所采取的措施并未能解决问题。专业监理工程师李××在 AF-025 号《监理通知回复单》签署了复查意见，并不同意施工单位恢复正常开挖作业。施工单位项目经理部签收了 AF-025 号《监理通知回复单》。

李××指示监理员在当天《监理日志》内记录复查及签署复查意见的情况。

（四）7 月 18 日，监理员王×巡视检查时，发现施工现场原停止开挖的部位已经恢复开挖作业，王×当即向施工单位安全员指出该处不具备恢复开挖施工作业的条件，要求他出面制止作业人员施工。施工单位安全员不同意，理由是工期紧张，如继续停工将不能按期完成基坑开挖任务。监理员王×当即电话报告专业监理工程师和总监理工程师。总监理工程师了解情况后，当即向建设单位报告，并向施工单位签发了《工程暂停令》如下：

**表 A.0.5　《工程暂停令》**

工程名称：××××××工程　　　　编号：T-002

| 致：××××××施工项目经理部（施工项目经理部）<br>由于支护结构上端水平位移超过预警值的原因，现通知你方于××××年7月18日10时起，暂停基坑南侧中部40m、距支护排桩6m范围内的基坑开挖部位（工序）施工，并按下述要求做好后续各项工作。<br>要求：<br>暂停基坑局部开挖，采取有效措施控制污水渗漏和基坑支护水平位移，待其得到有效控制后再报送《工程复工报审表》申请复工。<br><br>项目监理机构（盖章）<br>总监理工程师（签字、加盖执业印章）：×××<br>××××年7月18日 |
|---|

注：本表一式三份，项目监理机构、建设单位、施工单位各一份。

（五）施工单位接到T-002号《工程暂停令》后，认识到问题比较严重，决定执行总监理工程师的指令。施工单位感到依靠项目经理部的力量，不足以解决有效控制污水渗漏和基坑支护水平位移的问题，决定召开一次有建设单位、基坑支护工程设计单位（也是地质勘察单位）、监理单位和施工单位技术部门参加的专题会议。为此向项目监理机构发来《工作联系单》如下：

**表 C.0.1　《工作联系单》**

工程名称：××××××工程　　　　编号：×××

| 致：××××××工程项目监理机构<br>事由：召开控制基坑支护水平位移专题会议<br>内容：为落实T-002号《工程暂停令》，采取有效措施控制污水渗漏和基坑支护水平位移，现决定召开一次控制基坑支护水平位移专题会议。<br>有关事项：<br>1）会议时间：××××年7月20日下午14:00开始。<br>2）会议地点：我项目经理部会议室。<br>3）请贵方总监理工程师按时到会。贵方其他人是否与会由贵方自行决定。<br><br>发文单位：××建筑公司××工程项目经理部（盖章）<br>负责人：×××<br>××××年7月19日<br>抄送：建设单位 |
|---|

项目监理机构接受了《工作联系单》。总监理工程师决定由本项目总监理工程师代表、专业监理工程师李××和监理员王×参加此次会议。

会议经讨论做出如下决定：

1. 由建设单位出面协调南侧住宅小区业主，由施工单位派人查找该小区靠基坑附近的污水管道破损渗漏处并负责修补或更换管道，堵住渗漏污水的源头。

2. 在水平位移超限的南侧支护排桩内侧暂停挖土施工的范围内，重新填土2m复压，控制支护排桩水平位移。填土应分层夯实。

3. 填土施工完毕后，查看排桩水平位移情况，若水平位移速率得到有效控制，则在基坑南侧中部40m范围排桩内打两排混凝土搅拌桩，桩径1m，桩距、排距均为1.2m，桩深至基坑底面以下6m。基坑开挖完成后，由设计单位出具基础沉降调整方案。

4. 上述工程内容所需费用列入安全措施费开支，如不足，建设单位表示可以给予适当补贴。同时建设单位同意施工单位据实申请工程延期。

施工单位将上述内容写入了本次专题会议纪要。总监理工程师代表参与会签了该会议纪要。项目监理机构保存了该会议纪要副本。

（六）7月21日至30日，施工单位按专题会议纪要组织了整改施工。污水管道修补后基坑壁污水渗流基本停止。自7月25日后，支护排桩上端水平位移速率下降到预警值以下。项目监理机构通过专项巡视检查监督施工单位整改，并确认了整改效果。项目监理机构将专项巡视检查的过程和结果记录于当天的《监理日志》。

7月31日，施工单位项目经理部向项目监理机构报送了《工程复工报审表》如下：

**表 B.0.3 工程复工报审表**

工程名称：×××××××××工程　　　　编号：F-002

| |
|---|
| 致：×××监理公司×××工程项目监理部（项目监理机构）<br>编号为T-002《工程暂停令》所停工的×××基坑开挖（部位），已满足复工条件，我方申请于××××年8月2日复工，请予以审批。<br><br>附件：证明文件资料：<br>基坑监测报告<br><br>施工项目经理部（盖章）<br>项目经理（签字）×××<br>××××年7月31日 |
| 审核意见：<br>经审核，施工单位提交的证明文件资料可以证明引起工程暂停的原因已消除，现场已采取了有效的施工措施控制基坑变形，通过基坑监测数据分析，基坑南侧排桩水平位移已得到有效控制，已具备复工条件，同意复工申请。<br><br>报建设单位审批。<br><br>项目监理机构（盖章）<br>总监理工程师（签字）×××<br>××××年7月31日 |
| 审批意见：<br><br>建设单位（盖章）<br>建设单位代表（签字）<br>年　月　日 |

注：本表一式三份，项目监理机构、建设单位、施工单位各一份。

项目总监理工程师征询总监代表和专业监理工程师意见后，签署了F-002号《复工报审表》中的"审核意见"（见上表）。

（七）F-002号《复工报审表》经建设单位签署同意复工意见后，总监理工程师签发了复工令。

**表 A.0.7　《工程复工令》**

工程名称：××××××工程　　　　　　　　　　　　　　　　　编号：FG-002

| 致：××××××施工项目经理部（施工项目经理部）<br>我方发出的编号为T-002《工程暂停令》，要求暂停施工的基坑开挖 部位（工序），经查已具备复工条件。经建设单位同意，现通知你方于××××年8 月2 日8 时起恢复施工。<br><br>附件：《复工报审表》（编号：F-002 ）。<br><br>项目监理机构（盖章）<br>总监理工程师（签字、加盖执业印章）：吴××<br>××××年 7 月 31 日 |
|---|

注：本表一式三份，项目监理机构、建设单位、施工单位各一份。

## 四、整理归档

项目监理机构按要求将上述处理过程的所有资料整理归档。

# 第三章　模板工程及支撑体系

模板是指由面板、支架和连接件三部分系统组成的现浇混凝土工程模板体系。模板工程及支撑体系包括模板的制作、组装、运用及拆除全过程。模板工程及支撑体系对钢筋混凝土结构的质量和施工安全的影响较大，据有关部门的不完全统计，由模板工程及支撑体系引发的安全事故占混凝土工程施工过程中安全事故的70%以上。特别是高大模板的支撑系统，一旦坍塌则可能造成群死群伤的重大甚至是特别重大安全事故。

为避免模板支架安全事故的发生，项目监理机构应督促施工单位按照相关规定编制专项施工方案、按规定审查施工单位的专项施工方案，并督促施工单位按专项施工方案组织施工。项目监理机构应重视对模板支架施工安全进行监督检查，对属于危大工程的高大模板支撑体系工程须进行专项巡视检查。

## 第一节　模板工程及支撑体系施工安全风险

模板种类按照形状分为平面模板和曲面模板；按照材料分为木模板、钢模板、钢木组合模板、铝合金模板、塑料模板、砖砌模板等；按照结构和使用特点分为拆移式和固定式两种；按其特种功能有滑动模板、保温模板等。模板工程及其支撑体系施工中的主要安全风险如下：

### 一、搭设和拆除操作人员的技能和素质的影响

模板及支撑体系搭设和拆除操作人员的技能和工作责任心，严重影响模板支撑体系的搭设质量，对施工安全影响极大；操作人员的安全意识及个人安全防护措施，是确保施工安全的重要条件。因而国家规定搭设和拆除的操作人员属于特种作业人员，必须持操作证书上岗。

由于工程项目特点不同，采用不同的模板及支撑体系，具有不同的施工特点和安全风险，因此，对操作人员进行安全生产教育和安全技术交底尤为重要。

### 二、模板及支撑体系所用工程材料的影响

模板工程及支撑体系所使用材料种类繁多，特别是支撑体系的种类及所使用的架料多种多样，供应环节复杂，有施工单位自有的，也有租赁的，各类材料可能存在质量缺陷，多次周转使用的过程可能致使材料受到损伤。而模板工程及支撑体系所使用材料的质量控制手段不足，效果有限，难以完全剔除不合格的材料。材料存在的质量缺陷必然给模板工程及支撑体系带来安全隐患。

### 三、搭设方案的设计与计算

由于模板及支撑体系在建设工程施工中经常使用，很多现场操作人员和管理人员过分相信自己的经验，习惯于按照经验搭设模板支撑体系。但不同的工程项目及不同的施工部

位，其模板及支撑体系的几何尺寸、荷载及工作条件并不相同，仅凭经验进行搭设往往存在较大的安全隐患。为确保模板工程及支撑体系安全，必须制定施工方案并经过科学的设计计算，在设计计算过程中需要考虑模板的各种工况，采用正确的荷载值、材料的性能指标、分项系数、力学模型、计算方法和构造措施，才能为模板工程及支撑体系的安全提供坚实的基础。

### 四、安装工程质量的影响

模板支架安装工人不具备相应技术能力，或不严格按设计及相关规范要求进行施工，杆件设置、连接等不符合施工方案和有关规范标准的要求，或模板支架安装质量不符合要求，导致安全性、稳定性不足。由于对于搭设质量检验手段的局限性，一些未发现的施工质量缺陷形成安全隐患，严重影响施工安全。

### 五、立杆基础及支撑面的承载力和稳定性

基础不坚实平整、承载力不符合要求；支架底部未设置垫板或垫板的规格不符合规范要求，或未按规范要求设置底座及扫地杆，未采取排水措施；支架设在楼面结构时，未对楼面结构的承载力进行验算或楼面结构下方未采取加固措施等，导致立杆下沉、倾斜或失稳而造成模板支撑体系坍塌。

### 六、混凝土浇筑施工过程的影响

模板工程及支撑系统的安全，不仅取决于本身的施工质量和搭设及拆除过程中的安全管理，而且受混凝土浇筑施工的影响很大。模板及支撑系统所承受的主要荷载是混凝土浇筑时的施工荷载，混凝土拌合料的堆放，混凝土的浇筑顺序，混凝土输送、浇筑和振捣所产生的振动，都有可能对支撑系统的稳定和承载能力产生不利影响。

### 七、模板和支撑系统的拆除作业存在的安全风险

所浇筑的混凝土强度达到要求，是模板拆除的先决条件。因此，实施模板拆除作业前，必须确认所浇筑混凝土强度达到拆模条件。

模板及支撑体系拆除作业具有一定的安全风险。操作人员应严格按照操作规程进行操作，避免野蛮操作带来的危害。

拆模作业工作环境复杂多变，操作人员如未做好个人防护，可能伤及自身安全。

拆模作业亦可能对作业范围内和周边造成一定安全风险，若无专人监护，控制拆模作业环境，可能导致其他人员受到重物打击等伤害。

### 八、其他方面的安全风险

在模板支架体系安装、使用和拆除过程中，操作人员违章操作可能导致各类伤害事故发生，包括高坠、机械伤害、物体打击、触电等。

## 第二节 模板工程及支撑体系专项施工方案审查

### 一、模板工程及支撑体系专项施工方案的编审规定

（一）《住房城乡建设部办公厅关于实施〈危险性较大的分部分项工程安全管理规定〉有关问题的通知》中，明确规定了模板工程及支撑体系中属于危险性较大的分部分项工程的范围。

下列工程属于危大工程：各类工具式模板工程，包括滑模、爬模、飞模、隧道模等工程；混凝土模板支撑工程：搭设高度5m及以上，或搭设跨度10m及以上，或施工总荷载（荷载效应基本组合的设计值，以下简称设计值）10kN/m$^2$及以上，或集中线荷载（设计值）15kN/m及以上，或高度大于支撑水平投影宽度且相对独立无联系构件的混凝土模板支撑工程；承重支撑体系：用于钢结构安装等满堂结构支撑体系。项目监理机构应督促施工单位在上述模板工程及支撑体系施工前编制专项施工方案，并在工程施工前对该专项施工方案进行审查。

下列工程属于超过一定规模的危大工程：各类工具式模板工程，包括滑模、爬模、飞模、隧道模等工程；搭设高度8m及以上，或搭设跨度18m及以上，或施工总荷载（设计值）15kN/m$^2$及以上，或集中线荷载（设计值）20kN/m及以上的混凝土模板支撑工程；用于钢结构安装等满堂支撑体系承受单点集中荷载7kN及以上的承重支撑体系。项目监理机构应督促施工单位编制模板工程及支撑体系专项施工方案，并组织召开专家论证会进行论证。总监理工程师应在专家论证前对专项施工方案进行审查。若专家论证意见为“修改后通过”，项目监理机构应按规定审查施工单位按专家论证意见修改后的专项施工方案。

（二）住建部建办质［2021］48号文件印发的《危险性较大的分部分项工程专项施工方案编制指南》对模板支撑体系工程的专项施工方案内容提出了以下明确的要求：

一）工程概况

1. 模板支撑体系工程概况和特点：本工程及模板支撑体系工程概况，具体明确模板支撑体系的区域及梁板结构概况，模板支撑体系的地基基础情况等。

2. 施工平面及立面布置：本工程施工总体平面布置情况、支撑体系区域的结构平面图及剖面图。

3. 施工要求：明确质量安全目标要求，工期要求（本工程开工日期、计划竣工日期），模板支撑体系工程搭设日期及拆除日期。

4. 风险辨识与分级：风险辨识及模板支撑体系安全风险分级。

5. 施工地的气候特征和季节性天气。

6. 参建各方责任主体单位。

二）编制依据

1. 法律依据：模板支撑体系工程所依据的相关法律、法规、规范性文件、标准、规范等。

2. 项目文件：施工合同（施工承包模式）、勘察文件、施工图纸等。

3. 施工组织设计等。

三）施工计划

1. 施工进度计划：模板支撑体系工程施工进度安排，具体到各分项工程的进度安排。

2. 材料与设备计划：模板支撑体系选用的材料和设备进出场明细表。

3. 劳动力计划。

四）施工工艺技术

1. 技术参数：模板支撑体系的所用材料选型、规格及品质要求，模架体系设计、构造措施等技术参数。

2. 工艺流程：支撑体系搭设、使用及拆除工艺流程支架预压方案。

3. 施工方法及操作要求：模板支撑体系搭设前施工准备、基础处理、模板支撑体系搭设方法、构造措施（剪刀撑、周边拉结、后浇带支撑设计等）、模板支撑体系拆除方法等。

4. 支撑架使用要求：混凝土浇筑方式、顺序、模架使用安全要求等。

5. 检查要求：模板支撑体系主要材料进场质量检查，模板支撑体系施工过程中对照专项施工方案有关检查内容等。

五）施工保证措施

1. 组织保障措施：安全组织机构、安全保证体系及相应人员安全职责等。

2. 技术措施：安全保证措施、质量技术保证措施、文明施工保证措施、环境保护措施、季节性施工保证措施等。

3. 监测监控措施：监测点的设置、监测仪器设备和人员的配备、监测方式方法、信息反馈、预警值计算等。

六）施工管理及作业人员配备和分工

1. 施工管理人员：管理人员名单及岗位职责（如项目负责人、项目技术负责人、施工员、质量员、各班组长等）。

2. 专职安全人员：专职安全生产管理人员名单及岗位职责。

3. 特种作业人员：模板支撑体系搭设持证人员名单及岗位职责。

4. 其他作业人员：其他人员名单及岗位职责。

七）验收要求

1. 验收标准：根据施工工艺明确相关验收标准及验收条件。

2. 验收程序及人员：具体验收程序，确定验收人员组成（建设、设计、施工、监理、监测等单位相关负责人）。

3. 验收内容：材料构配件及质量、搭设场地及支撑结构的稳定性、阶段搭设质量、支撑体系的构造措施等。

八）应急处置措施

1. 应急处置领导小组组成与职责、应急救援小组组成与职责，包括抢险、安保、后勤、医救、善后、应急救援工作流程、联系方式等。

2. 应急事件（重大隐患和事故）及其应急措施。

3. 救援医院信息（名称、电话、救援线路）。

4. 应急物资准备。

九）计算书及相关图纸

1. 计算书：支撑架构配件的力学特性及几何参数，荷载组合包括永久荷载、施工荷载、风荷载，模板支撑体系的强度、刚度及稳定性的计算，支撑体系基础承载力、变形计算等。

2. 相关图纸：支撑体系平面布置、立（剖）面图（含剪刀撑布置），梁模板支撑节点详图与结构拉结节点图，支撑体系监测平面布置图等。

## 二、审查模板工程及支撑体系专项施工方案的准备工作



项目监理机构应安排对于相应工程施工技术比较熟悉并具有一定管理经验的专业监理工程师对施工单位报审的模板工程及支撑体系专项施工方案进行审查。负责审查的专业监理工程师应做好准备工作，重点掌握以下与模板工程及支撑体系的有关情况。

（一）混凝土工程的基本情况

通过阅读施工图了解混凝土结构的基本情况，包括标高、层高、跨度、梁板柱的几何尺寸、主要节点构造以及混凝土强度等级等。

通过阅读施工组织设计或调查了解混凝土浇筑施工工艺和技术措施。

（二）模板工程材料

主要是模板和支撑体系架设材料的规格和性能。

（三）模板工程的环境条件

包括支架地基或支撑结构的基本情况（主要是承载能力），施工期间的气候气象条件等。

（四）与该模板工程施工有关的国家标准和行业标准，如：

《混凝土结构工程施工质量验收规范》GB 50204

《建筑施工模板安全技术规范》JGJ 162

《建筑施工扣件式钢管脚手架安全技术规范》JGJ 130

《建筑施工碗扣式钢管脚手架安全技术规范》JGJ 166

《建筑施工承插型盘扣式钢管脚手架安全技术标准》JGJ /T 231

《建筑施工模板和脚手架试验标准》JGJ/T 414

《建筑工程大模板技术标准》JGJ/T 74

《建筑施工高处作业安全技术规范》JGJ 80 等。

若该工程为滑模、爬模、飞模、隧道模等工具式模板，尚应学习掌握相关技术标准、安全技术规范。

（五）该工程施工单位的基本情况

包括工程项目施工承包合同结构体系、施工承包单位及模板支撑体系分包单位的工程经验和技术、管理能力。

## 三、模板工程及支撑体系专项施工方案的审查要点

项目监理机构对施工单位报审的模板工程及支撑体系专项施工方案的审查，应按照本书第一章所述的审查基本要求，对报审材料的真实性、针对性、时效性以及专项施工方案编审程序进行审查。应审查专项施工方案的编制内容及编制深度是否符合《危险性较大的分部分项工程专项施工方案编制指南》的规定。还应该重点审查以下内容：

（一）模板工程的工况

方案对混凝土结构的标高、跨度和各部分几何尺寸的描述是否正确；对混凝土浇筑施工工艺和施工条件的描述是否正确和全面；对模板支撑体系的地基基础或支撑面结构情况等架设及使用的环境条件是否进行了分析。

（二）方案的编制依据

所依据的技术标准是否是现行有效的版本，是否涵盖专项方案的全部内容。

所依据的施工图设计文件是否完整、正确，特别是所浇筑的混凝土构件的定型、定位尺寸是否准确无误。需要注意核对图纸会审纪要、设计交底文件和设计变更文件中的有关内容。

（三）模板工程及支撑体系施工工艺技术

1. 是否明确了模板支撑体系的所用材料、配件的规格和品质，是否符合相应安全技术标准（规范）的要求。

2. 模架体系设计所采用的荷载值及其组合以及变形值是否满足《建筑施工模板安全技术规范》JGJ 162 第 4 章和与模架材料相应的安全技术标准（规范）的规定。模架体系是否属于几何不变体系，模架设计计算所采用的计算简图（计算模型）是否与模架体系相吻合。模板结构构件的长细比是否符合《建筑施工模板安全技术规范》JGJ 162 第 5.1.6 条（强制性条文）的规定。模架体系结构设计计算的内容及依据的计算公式是否符合《建筑施工模板安全技术规范》JGJ 162 第五章和与模架材料相应的安全技术标准（规范）的规定。计算数据与结论是否正确。

3. 专项施工方案应明确制定模板支撑体系搭设和拆除的工艺流程，并应符合《建筑施工模板安全技术规范》JGJ 162 第 6 章及与模架材料相应的安全技术标准（规范）的相关规定。

4. 竖向模板和支架立柱支承部分安装在基土上时，专项施工方案应结合实际明确加设垫板的材料、尺寸和支承面积，并要求垫板中心承载及基土坚实，如为填土应要求分层夯实，要制定排水措施。对湿陷性黄土应有防水措施，对冻胀性土应采取防冻融措施。对重要结构工程应采用混凝土、打桩等措施防止支架柱下沉。

5. 专项施工方案应明确模板及其支架在安装过程中设置防倾覆临时固定设施。当支架立柱成一定角度倾斜或其支架立柱的顶表面倾斜时，专项施工方案应采取可靠措施确保支点稳定和底脚的抗滑移能力。

6. 支撑梁、板的支架立柱安装构造应符合下列规定：

（1）梁和板的立柱，纵横向间距应相等或成倍数。

（2）钢管立柱底部应设垫木和底座，顶部应设可调支托，U 形支托与楞梁两侧间如有间隙应楔紧，其螺杆伸出钢管顶部的长度，螺杆外径与立柱钢管内径的间隙不得大于 3mm，安装时应保证上下同心。

（3）应沿纵横水平方向设扫地杆，扫地杆的位置及连接方式符合该架体材料相应的安全技术规范（标准）的规定。可调支托底部的立柱顶端应沿纵横向设置一道水平拉杆。扫地杆与顶部水平拉杆之间的间距，在满足模板设计所确定的水平拉杆步距要求条件下，进行平均分配确定步距后，在每一步距处纵横向应各设一道水平拉杆。当层高在 8～20m 时，在最顶步距两水平拉杆中间应加设一道水平拉杆；当层高大于 20m 时，在最顶两步距水平拉杆中间应分别增加一道水平拉杆。所有水平拉杆的端部均应与四周建筑物顶紧顶牢。无处可顶时，应于水平拉杆端部和中部沿竖向设置连续式剪刀撑。

（4）钢管立柱的扫地杆、水平拉杆、剪刀撑应采用合格钢管，依照相应的安全技术规范（标准）的规定进行连接与固定。

7. 当采用扣件式钢管作立柱支撑时，其安装构造应符合下列规定：

（1）钢管规格、间距、扣件应符合设计要求。每根立柱底部应设置底座及垫板，垫板厚度不得小于 50mm。



（2）钢管支架立柱间距、扫地杆、水平拉杆、剪刀撑的设置应符合前述规定。当立柱底部不在同一高度时，高处的纵向扫地杆应向低处延长不少于两跨，高低差不得大于 1m，立柱距边坡上方边缘不得小于 0.5m。

（3）立柱接长严禁搭接，必须采用对接扣件连接，相邻两立柱的对接接头不得在同步内，且对接接头沿竖向错开的距离不宜小于 500mm，各接头中心距主节点不宜大于步距 1/3。

（4）严禁将上段的钢管立柱与下段钢管立柱错开固定于水平拉杆上。

（5）满堂模板和共享空间模板支架立柱，在外侧周圈应设由下至上的竖向连续式剪刀撑；中间在纵横向应每隔 10m 左右设由下至上的竖向连续式剪刀撑，其宽度宜为 4～6m，并在剪刀撑部位的顶部、扫地杆处设置水平剪刀撑（图 3-1）。剪刀撑杆件的底端应与地面顶紧，夹角宜为 45°～60°。当建筑层高在 8～20m 时，除应满足上述规定外，还应在纵横向相邻的两竖向连续式剪刀撑之间增加之字斜撑，在有水平剪刀撑的部位，应在每个剪刀撑中间处增加一道水平剪刀撑（图 3-2）。当建筑层高超过 20m 时，在满足以上规定的基础上，应将所有之字斜撑全部改为连续式剪刀撑（图 3-3）。

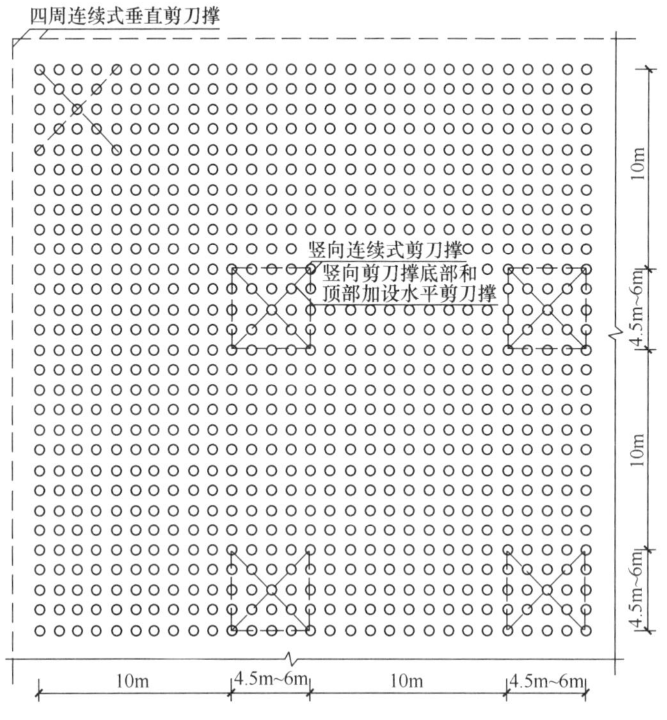


图 3-1　剪刀撑布置图一

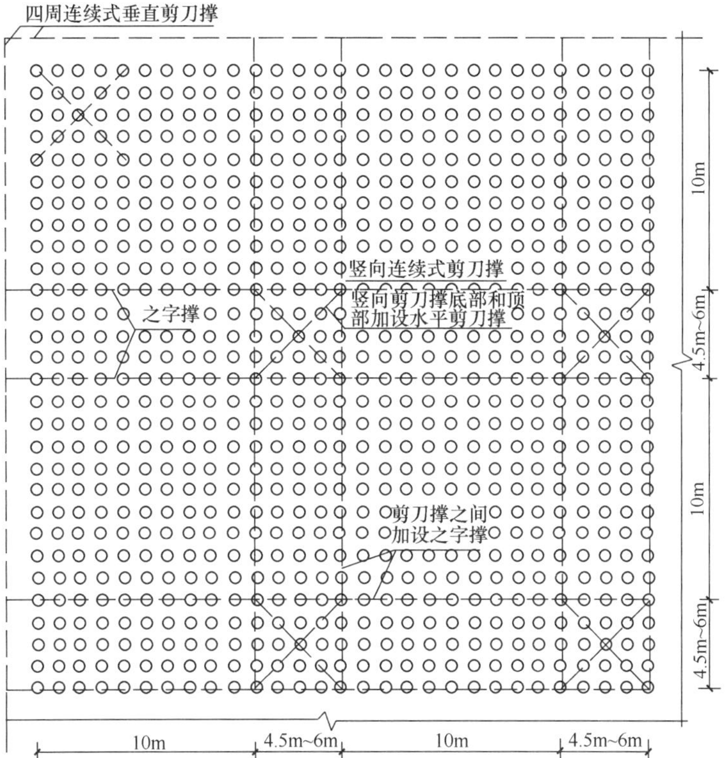


图 3-2 剪刀撑布置图二

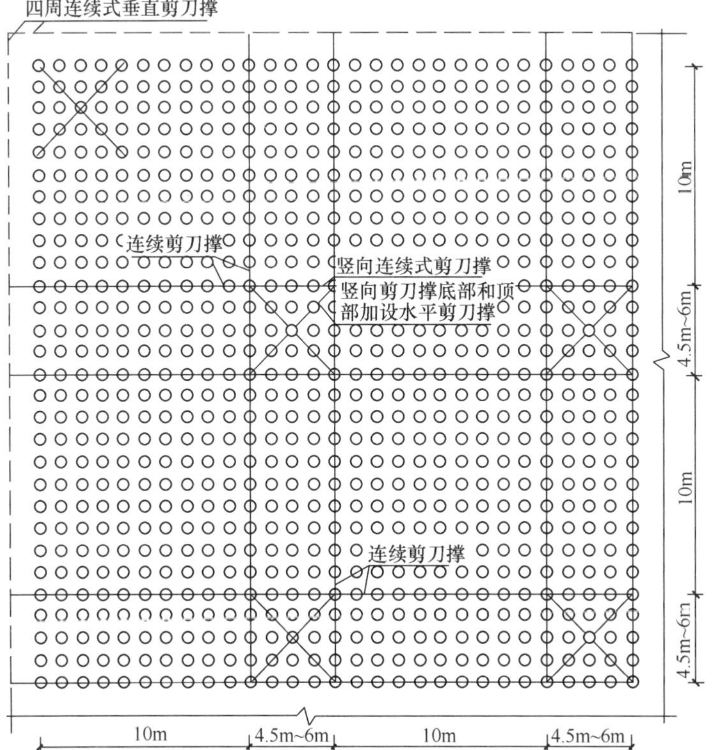


图 3-3 剪刀撑布置图三

（6）当支架立柱高度超过 5m 时，应在立柱周圈外侧和中间有结构柱的部位，按水平间距 6～9m，竖向间距 2～3m 与建筑结构设置一个固结点。

8. 当采用承插型盘扣式钢管支架、碗扣式钢管支架等材料作为模板支撑体系时，其扫地杆、水平拉杆及剪刀撑的设置，应分别符合《建筑施工承插型盘扣式钢管脚手架安全技术标准》JGJ/T 231、《建筑施工碗扣式钢管脚手架安全技术规范》JGJ 166 等安全技术标准的规定。

9. 悬挑结构立柱支撑的安装应符合下列要求：

（1）多层悬挑结构模板的上下立柱应保持在同一条垂直线上。

（2）多层悬挑结构模板的立柱应连续支撑，并不得少于 3 层。



10. 基础及地下工程模板应符合下列规定：

（1）地面以下支模应先检查土壁稳定情况，当有裂纹及塌方危险迹象时，应采取安全防范措施后方可作业。当深度超过 2m 时，操作人员应设梯上下；

（2）距基槽（坑）上口边缘 1m 内不得堆放模板。向基槽（坑）内运料应使用起重机、溜槽或绳索；运下的模板严禁立放于基槽（坑）土壁上；

（3）斜支撑与侧模的夹角不应小于 45°，支于土壁的斜支撑应加设垫板，底部的对角楔木应与斜支撑连牢。高大长脖基础若采用分层支模时，其下层模板应经就位校正并支撑稳固后，方可进行上一层模板的安装；

（4）在有斜支撑的位置，应于两侧模间采用水平撑连成整体。

11. 柱模板应符合下列规定：

（1）现场拼装柱模时，应适时地设临时支撑进行固定，斜撑与地面的倾角宜为 60°，严禁将大片模板系于柱子钢筋上；

（2）待四片柱模就位组拼经对角线校正无误后，应立即自下而上安装柱箍；

（3）若为整体预组合柱模，吊装时应采用卡环和柱模连接，不得用钢筋钩代替；

（4）柱模校正（用四根斜支撑或用连接在柱模顶四角带花篮螺丝的缆风绳，底端与楼板钢筋拉环固定进行校正）后，应采用斜撑或水平撑进行四周支撑，以确保整体稳定；

（5）当高度超过 4m 时，应群体或成列同时支模，并应将支撑连成一体形成整体框架体系。当需单根支模时，柱宽大于 500mm 应每边在同一标高上设不得少于两根斜撑或水平撑。斜撑与地面的夹角宜为 45°～60°，下端尚应有防滑移的措施；

（6）角柱模板的支撑除满足上款要求外，还应在里侧设置能承受拉、压力的斜撑。

12. 墙模板应符合下列规定：

（1）当用散拼定型模板支模时，应自下而上进行，应在下一层模板全部紧固后方可进行上一层安装。当下层不能独立安设支撑件时，应采取临时固定措施；

（2）当采用预拼装的大块墙模板进行支模安装时，严禁同时起吊两块模板，并应边就位、边校正、边连接，固定后方可摘钩；

（3）安装电梯井内墙模前，应于板底下 200mm 处牢固地满铺一层脚手板；

（4）模板未安装对拉螺栓前，板面应向后倾一定角度。安装过程应随时拆换支撑或增加支撑；

（5）当钢楞长度需接长时，接头处应增加相同数量和不小于原规格的钢楞，其搭接长度不得小于墙模板宽或高的 15%～20%；

(6) 拼接时的U形卡应正反交替安装，间距不得大于300mm；两块模板对接接缝处的U形卡应满装；

(7) 对拉螺栓与墙模板应垂直，松紧应一致，墙厚尺寸应正确；

(8) 墙模板内外支撑必须坚固、可靠，应确保模板的整体稳定。当墙模板外面无法设置支撑时，应于里面设置能承受拉和压的支撑。多排并列且间距不大的墙模板其支撑互成一体时，应有防止浇筑混凝土时引起临近模板变形的措施。

13. 独立梁和整体楼盖梁结构模板应符合下列规定：

(1) 安装独立梁模板时应设安全操作平台，并严禁操作人员站在独立梁底模或柱模支架上操作及上下通行；

(2) 底模与横楞应拉结好，横楞与支架、立柱应连接牢固；

(3) 安装梁侧模时应边安装边与底模连接，当侧模高度多于两块时，应采取临时固定措施；

(4) 起拱应在侧模内外楞连固前进行；

(5) 单片预组合梁模，钢楞与板面的拉结应按设计规定制作，并应按设计吊点试吊无误后方可正式吊运安装，侧模与支架支撑稳定后方准摘钩。

14. 楼板或平台板模板应符合下列规定：

(1) 当预组合模板采用桁架支模时，桁架与支点的连接应固定牢靠，桁架支承应采用平直通长的型钢或木方；

(2) 当预组合模板块较大时，应加钢楞后方可吊运。当组合模板为错缝拼配时，板下横楞应均匀布置，并应在模板端穿插销；

(3) 单块模就位安装应待支架搭设稳固、板下横楞与支架连接牢固后进行；

(4) U形卡应按设计规定安装。

15. 其他结构模板应符合下列规定：

(1) 安装圈梁、阳台、雨篷及挑檐等模板时，其支撑应独立设置，不得支搭在施工脚手架上；

(2) 安装悬挑结构模板时，应搭设脚手架或悬挑工作台，并应设置防护栏杆和安全网。作业处的下方不得有人通行或停留；

(3) 烟囱、水塔及其他高大构筑物的模板，应编制专项施工设计和安全技术措施，并应向操作人员进行交底后方可安装。

(四) 施工安全保证措施

项目监理机构应审查模板工程与支撑体系的施工安全保证措施是否符合以下要求：

1. 模板及配件进场应有出厂合格证或当年的检验报告，应明确安装前须对所用部件(立柱、楞梁、吊环、扣件等)进行认真检查，不符合要求者不得使用。

2. 在安装、拆除作业前，应明确工程技术人员须以书面形式向作业班组进行施工操作的安全技术交底，作业班组应对照书面交底进行上下班的自检和互检。

3. 应制定在施工过程中对立柱底部基土回填夯实的状况，垫木，底座位置，顶托螺杆伸出长度，立杆的规格尺寸和垂直度，扫地杆、水平拉杆、剪刀撑等的设置，以及安全网和各种安全设施进行检查的计划安排，明确检查要求。

4. 在高处安装和拆除模板时，周围应设安全网或搭脚手架，并应加设防护栏杆。在临街面及交通要道地区尚应设警示牌，派专人看管。

5. 应明确要求模板支架上的施工总荷载不得超过其设计值。对模板和配件的堆放、连接件的搁置做出明确的要求。

6. 应明确规定混凝土浇筑施工顺序，制定混凝土浇筑施工中震动荷载对模板支架体系产生影响的控制措施。确保施工中的各类荷载符合模板支架的设计工况。

7. 多人共同操作或扛抬组合钢模板时，应要求密切配合、协调一致、互相呼应。

8. 施工用的临时照明和行灯的电压不得超过 36V；若为满堂模板、钢支架及特别潮湿的环境时，不得超过 12V。照明行灯及机电设备的移动线路应采用绝缘橡胶套电缆线。



9. 有关避雷、防触电和架空输电线路的安全距离应遵守国家现行标准《施工现场临时用电安全技术规范》JGJ 46 的有关规定。应明确规定施工用的临时照明和动力线须用绝缘线和绝缘电缆线，且不得直接固定在钢模板上。夜间施工时，应有足够的照明，并应制定夜间施工的安全措施。施工用临时照明和机电设备线严禁非电工乱拉乱接。寒冷地区冬期施工采用钢模板且采用电热法加热混凝土时应采取防触电措施。

10. 安装高度在 2m 及其以上时，应遵守国家现行标准《建筑施工高处作业安全技术规范》JGJ 80 的有关规定。

11. 应明确规定模板安装时上下应有人接应，随装随运，严禁抛掷，且不得将模板支搭在门窗框上，也不得将脚手板支搭在模板上，并严禁将模板与上料井架及有车辆运行的脚手架或操作平台支成一体。

12. 支模过程中如遇中途停歇，应将已就位模板或支架连接稳固，不得浮搁或悬空。拆模中途停歇时，应将已松扣或已拆松的模板、支架等拆下运走，防止构件坠落或作业人员扶空坠落伤人。

13. 严禁人员攀登模板、斜撑杆、拉条或绳索等，也不得在高处的墙顶、独立梁或在其模板上行走。

14. 在大风地区或大风季节施工时，模板应有抗风的临时加固措施。

15. 当钢模板高度超过 15m 时，应安设避雷设施，避雷设施的接地电阻不得大于 4Ω。

16. 若遇恶劣天气，如大雨、大雾、沙尘、大雪及六级以上大风时，应停止露天高处作业。五级及以上风力时，应停止高空吊运作业。雨雪停止后，应及时清除模板和地面上的冰雪及积水。

17. 按要求布置支撑体系变形监测点及监测设施，按规定进行变形监测，一旦变形值达到报警值，立即按预案采取相应措施，确保施工安全。

18. 安装和拆除模板时，操作人员应佩戴安全帽、系安全带、穿防滑鞋。安全帽和安全带应定期检查，不合格者严禁使用。

（五）验收要求

专项施工方案应明确验收环节的验收标准、验收内容和要求以及验收程序，并符合住建部印发的《建设工程高大模板支撑系统施工安全监督管理导则》中“验收管理”的要求。

1. 高大模板支撑系统搭设前，应由项目技术负责人组织对需要处理或加固的地基、基础进行验收，并留存记录。

2. 高大模板支撑系统的结构材料应按以下要求进行验收、抽检和检测，并留存记录、

资料。

（1）施工单位应对进场的承重杆件、连接件等材料的产品合格证、生产许可证、检测报告进行复核，并对其表面观感、重量等物理指标进行抽检。

（2）对承重杆件的外观抽检数量不得低于搭设用量的30%，发现质量不符合标准、情况严重的，要进行100%的检验，并随机抽取外观检验不合格的材料（由监理见证取样）送法定专业检测机构进行检测。

（3）采用钢管扣件搭设高大模板支撑系统时，还应对扣件螺栓的紧固力矩进行抽查，抽查数量应符合《建筑施工扣件式钢管脚手架安全技术规范》JGJ 130 的规定，对梁底扣件应进行100%检查。

3. 高大模板支撑系统应在搭设完成后，由项目负责人组织验收，验收人员应包括施工单位和项目两级技术人员、项目安全、质量、施工人员，监理单位的总监和专业监理工程师。验收合格，经施工单位项目技术负责人及项目总监理工程师签字后，方可进入后续工序的施工。

4. 高处作业、临边作业和洞口防护设施安装完毕，施工单位应在自检合格的基础上向项目监理机构报验。

5. 模板及支架拆除应符合现行国家标准《混凝土结构工程施工规范》GB 50666 的规定，应在混凝土结构强度满足要求的条件下，报请项目监理机构审核。

（六）计算书及相关施工图纸

模板工程支撑体系施工方案的计算书及施工图应符合下列规定。

1. 模板设计内容应完整，通常应包括下列内容：

（1）根据混凝土的施工工艺和季节性施工措施，确定其构造和所承受的荷载；

（2）绘制配板设计图、支撑设计布置图、细部构造和异型模板大样图；

（3）按模板承受荷载的最不利组合对模板进行验算；

（4）制定模板安装及拆除的程序和方法；

（5）编制模板及配件的规格、数量汇总表和周转使用计划；

（6）编制模板施工安全、防火技术措施及设计、施工说明书。

2. 对于计算书的审核，项目监理机构应将审查重点放在以下五个方面：

（1）应依据《建筑施工模板安全技术规范》JGJ 162 第5章的规定，完成模板、模板支撑系统的主要结构强度和截面特征及各项荷载设计值及荷载组合；梁、板模板支撑系统的强度和刚度计算；梁板下立杆稳定性计算；立杆基础承载力验算；支撑系统支撑层承载力验算；转换层下支撑层承载力验算等。每项计算列出计算简图和截面构造大样图，注明材料尺寸、规格、纵横支撑间距。

（2）模板结构上的各类荷载取值及其组合、模板及支架的最大变形限值均应符合《建筑施工模板安全技术规范》JGJ 162 第4章的规定。

（3）各类材料的力学性能指标应按《建筑施工模板安全技术规范》JGJ 162 附录B取值。

（4）各类材料的截面几何参数应考虑工程使用材料的实际情况。如当前市场上供应的钢管壁厚与规范要求的壁厚往往有很大的负偏差，验算所使用的截面积和尺寸应符合实际。

(5) 如采用计算机辅助设计，应使用经过住房和城乡建设部鉴定过的施工安全设施计算软件。

3. 项目监理机构应认真审查相关施工图纸，核对立杆、纵横水平杆平面布置图，支撑系统立面图、剖面图，水平剪刀撑布置平面图及竖向剪刀撑布置投影图，梁板支模大样图，支撑体系监测平面布置图及连墙件布置及节点大样图等。如发现有错漏，应要求施工单位整改后重新报审。



## 第三节 模板支撑体系安全巡视检查

项目监理机构应高度重视模板支撑体系的搭设、使用及拆除作业的安全检查工作。监理人员应熟悉并掌握与模板支撑体系施工相关的技术规范、规程的有关规定，熟悉相关设计文件及施工单位编制的专项施工方案的内容，应根据相关规定履行对模板支撑体系施工安全检查的职责。

### 一、模板支撑体系安全巡视检查的基本要求

模板支撑体系指支撑面板用的楞梁、立柱、连接件、斜撑、剪刀撑、和水平拉条的总称。项目监理机构应熟悉并掌握有关模板支撑体系的安全技术要求，在巡视检查的过程中，要高度关注模板支撑体系搭设及使用过程的作业安全，监督施工单位按照现行标准、规范及专项施工方案规定组织施工；督促施工单位对施工现场模板支架体系的搭设、拆除及使用作业进行安全自查；督促施工单位严格执行相关安全管理制度，落实安全生产管理的主体责任，确保施工安全。

项目监理机构对模板支撑体系安全巡视检查的基本要求：

（一）督促施工单位项目安全生产管理人员对专项施工方案实施情况进行现场监督，对未按照专项施工方案施工的，应当要求施工单位立即整改，并及时报告项目负责人，项目负责人应当及时组织限期整改。项目监理机构应随时进行巡视检查。

（二）督促施工单位对属于危大工程的模板支架施工作业人员进行登记。督促施工单位项目负责人在施工现场履职。

（三）督促施工单位按照规定对危大工程进行施工监测和安全巡视，发现危及人身安全的紧急情况，应要求施工单位立即组织作业人员撤离危险区域。

（四）项目监理机构应按规定对属于危大工程的模板支撑工程实施专项巡视检查。在安全专项巡视检查中，发现搭设模板支撑体系存在安全事故隐患时，专业监理工程师应及时签发监理通知单，要求施工单位整改；情况严重时，总监理工程师应签发工程暂停令，并及时报告建设单位。施工单位拒不整改或不停止施工时，项目监理机构应及时向当地建设主管部门报送监理报告。

（五）模板支撑工程施工前，督促施工单位对相关管理人员、施工作业人员进行书面安全技术交底，项目监理机构应检查由交底人、被交底人、专职安全员签字确认的安全技术交底记录。

（六）督促施工单位专职安全员或相关专业人员对模板支撑工程安装及使用过程进行安全巡视检查，并填写检查记录。督促施工单位对检查中发现的安全事故隐患应定人、定时

间、定措施进行整改。项目监理机构应随时抽查施工单位的安全检查记录，并监督整改。

## 二、模板支撑体系安全巡视检查要点

对模板支撑体系的安装、使用及拆卸的安全检查，应符合《危险性较大的分部分项工程安全管理规定》（住建部令第37号）、《建设工程高大模板支撑系统施工安全监督管理导则》（建质［2009］254号）、现行国家标准《建筑施工模板安全技术规范》JGJ 162、《建筑施工扣件式钢管脚手架安全技术规范》JGJ 130、《建筑施工碗扣式钢管脚手架安全技术规范》JGJ 166和《建筑施工承插型盘扣式钢管支架安全技术规范》JGJ 231的规定。



依据《建筑施工安全检查标准》JGJ 59规定，模板支撑体系安全检查保证项目应包括：施工方案、支架基础、支架构造、支架稳定、施工荷载、交底与验收。一般项目应包括：杆件连接、底座与托撑、构配件材质、支架拆除。

项目监理机构应督促施工单位按照专项施工方案及规范要求，对模板支架体系的搭设、使用及拆除进行检查。项目监理机构的安全巡视检查也应符合安全检查标准的相关规定。

针对模板支架体系，项目监理机构应检查以下内容：

### （一）施工方案

1. 模板支撑架搭设前，应检查施工单位是否编制模板支撑体系专项施工方案，是否根据施工过程中的各种工况进行结构设计计算。专项施工方案应按规定进行审核、审批。监督施工单位严格按照专项施工方案组织施工，不得擅自修改专项施工方案。

2. 对搭设高度8m及以上，或搭设跨度18m及以上，或施工总荷载（设计值）15kN/m$^2$及以上，或集中线荷载（设计值）20kN/m及以上的混凝土模板支撑工程，以及用于钢结构安装等满堂支撑体系，承受单点集中荷载7kN及以上的承重支撑体系，应检查施工单位是否组织专家对专项施工方案进行论证。

### （二）支架基础

1. 项目监理机构应对模板支架基础进行巡视检查，支架立杆基础应坚实、平整，承载力应符合设计要求，并能承受支架上部全部荷载，回填土作为支架基础需进行分层夯实并浇筑混凝土垫层。对不能满足承载力要求的地基土层应签发监理通知单要求施工单位进行加固处理。

2. 当支架立柱支承部分安装在基土上时，巡视检查模板支架底部是否按规范要求设置底座、垫板，垫板规格应符合专项施工方案要求。垫板长度不小于2跨立杆纵距，宽度不小于200mm，厚度应不小于50mm。立杆垫板或底座地面标高宜高于自然地坪50～100mm。

3. 检查支架底部纵、横向扫地杆的设置。纵、横向扫地杆的设置应符合相应规范要求。

4. 巡视检查支架基础是否采取排水措施，排水是否通畅。对湿陷性黄土应有防水措施，对冻胀性土应采取防冻融措施。

5. 当模板支架设在楼面结构上时，应对楼面结构强度进行验算，必要时应对楼面结构采取加固措施。

### （三）支架构造

1. 巡视检查立杆间距和水平杆步距是否符合设计和规范要求，水平杆应按规范要求连续设置（图 3-4）。支撑架的立杆间距和步距应按设计计算确定。

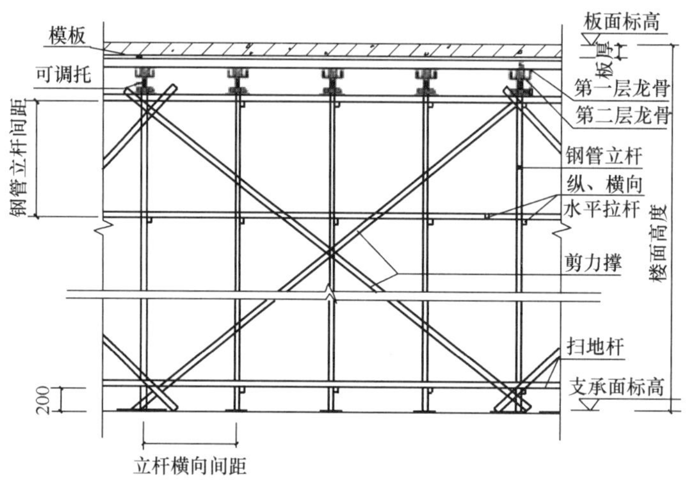


图 3-4 支撑体系搭设正立面图

满堂支撑架步距与立杆间距不宜超过《建筑施工扣件式钢管脚手架安全技术规范》JGJ 130 附表 C 规定的上限值（步距不宜超过 1.8m，立杆间距不宜超过 1.2m×1.2m），如图 3-5 所示。

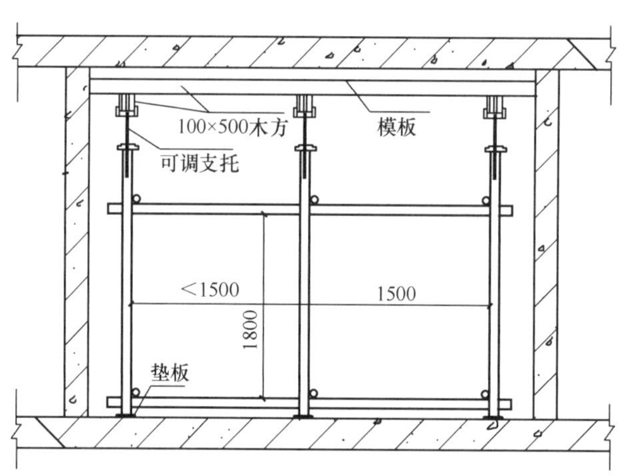


图 3-5 支撑架的立杆间距和步距

2. 巡视检查模板支撑架是否按照相关规范和专项施工方案要求设置竖向、水平剪刀撑或专用斜杆、水平斜杆。

满堂支撑架应根据架体的类型设置剪刀撑，并应符合下列规定：

（1）在架体外侧周边及内部纵、横向每 5～8m，应由底至顶设置连续竖向剪刀撑，剪刀撑的宽度因为 5～8m。

（2）在竖向剪刀撑顶部交点平面应设置连续水平剪刀撑。当支撑高度超过 8m，或施工总荷载大于 15kN/m$^2$，或集中线荷载大于 20kN/m 的支撑架，扫地杆的设置层应设置水平剪刀撑（图 3-6）。

（四）支架稳定

1. 检查支架稳定的构造措施。当支架高宽比大于规定值时，为保证支架的稳定，应按相应规范规定设置连墙件或采取增加架体宽度的加强措施。

2. 检查立杆伸出顶层水平杆中心线至支撑点的长度。碗扣式支架不应大于700mm；承插型盘扣式支架不应大于680m；扣件式支架不应大于500mm。

3. 在浇筑混凝土时，督促施工单位安排专职安全管理人员对架体基础沉降、架体变形进行监控，基础沉降、架体变形应在规定允许范围内。项目监理机构应在浇筑混凝土时进行旁站监理，发现安全隐患时及时制止并签发监理通知单。

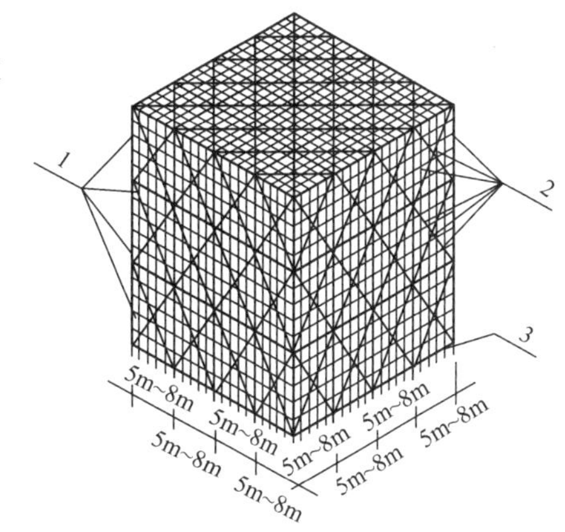


图3-6　普通型满堂支撑架水平、竖向剪刀撑布置图

1—水平剪刀撑；2—竖向剪刀撑；3—扫地杆设置层

（五）施工荷载

1. 按照专项施工方案巡视检查施工均布荷载、集中荷载是否在设计允许范围内。支撑结构作业层上的施工荷载不得超过设计允许荷载。

2. 巡视检查混凝土的堆积高度。当浇筑混凝土时，监督施工单位对混凝土堆积高度进行控制。当施工单位违反相关规定时，项目监理机构应及时签发监理通知单或工程暂停令要求施工单位进行整改。

（六）交底与验收

1. 在模板支架搭设、拆除作业前，督促施工单位工程技术人员应以书面形式向作业班组进行施工操作的安全技术交底，并由双方和项目专职安全生产管理人员共同签字确认。项目监理机构应检查施工单位的安全技术交底记录。

2. 支架搭设完成后，项目监理机构应与施工单位按照专项施工方案及有关规定组织相关人员验收，验收应有量化内容，并经施工单位技术负责人及总监理工程师签字确认后，方可进入下一道工序。项目监理机构应核查相关验收资料并纳入档案管理。

3. 危大工程验收合格后，督促施工单位在施工现场明显位置设置验收标识牌，公示验收时间及责任人员。

（七）杆件连接

1. 巡视检查支架立杆的连接方式。支架立杆接长严禁搭接，应采用对接、套接或承插式连接方式，并应符合规范要求。采用对接扣件连接时，相邻两个立杆的对接接头不得在同一步距内，且对接接头沿竖向错开的距离不宜小于500mm，各接头中心距主节点不宜大于步距的1/3。严禁将上段钢管立柱与下端钢管立柱错开固定在水平拉杆上（图3-7）。

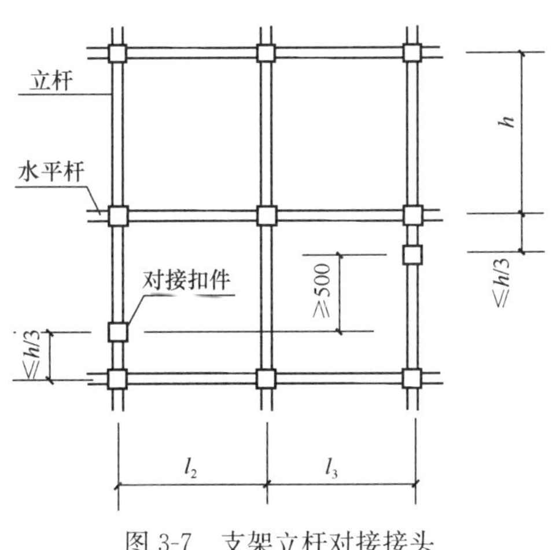


图3-7　支架立杆对接接头

2. 检查支架水平杆的连接方式，水平杆的连接应符合规范要求。钢管扫地杆、水平拉杆应采用对接连接，水平杆的对接扣件应交错布置，两相邻水平杆的接头不宜设置在同步或跨度内。所有水平拉杆端部应与四周已浇筑好的混凝土构件顶紧顶牢或抱接。

3. 检查支架剪刀撑斜杆的连接方式。当剪刀撑斜杆采用搭接时，搭接长度不应小于1m，并应采用2个旋转扣件分别在离杆端不小于100mm处进行固定。竖向剪刀撑斜杆应用旋转扣件固定在与相交的水平杆的伸出端或立杆上，底端应与地面顶紧，夹角宜为45°～60°。



4. 对杆件各连接点的紧固进行检查，杆件各连接点的紧固应符合相关规范要求。采用钢管扣件搭设模板支架时，督促施工单位对扣件螺栓的紧固力矩进行抽查，抽查数量应符合安全技术规范的规定，对梁底扣件紧固应进行100%的检查。

（八）底座与托撑

1. 对可调托座、托撑螺杆直径进行检查。可调托座、托撑螺杆直径应与立杆内径匹配，配合间隙应符合规范要求。

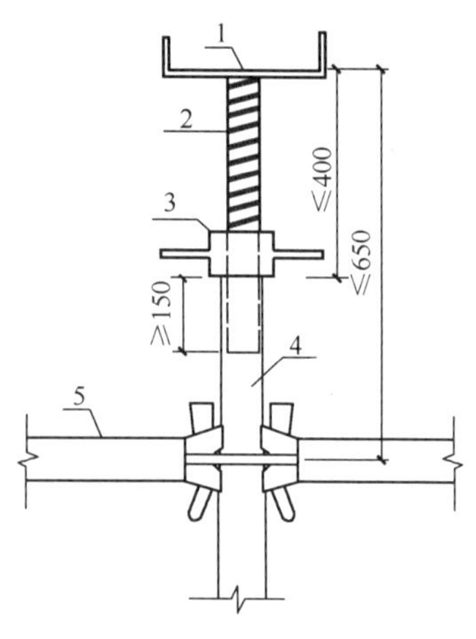


图3-8 可调托撑伸出顶层水平杆的悬臂长度

1—可调托撑；2—螺杆；3—调节螺母；4—立杆；5—水平杆

2. 检查螺杆旋入螺母内的长度，不应小于5倍螺距。巡视检查时应注意，当现场采用承插盘扣式模板支撑架时，应根据《建筑施工承插盘扣式钢管脚手架安全技术标准》JGJ/T 231—2021规定，支撑架可调托撑伸出顶层水平杆或双槽托梁中心线的悬臂长度不应超过650mm，且丝杆外露长度不应超过400mm，可调托撑插入立杆或可调底座和可调托座插入立杆或双槽托梁长度不得小于150mm。（图3-8）支撑架可调底座丝杆插入立杆长度不得小于150mm，丝杆外露长度不宜大于300mm，作为扫地杆的最底层水平杆中心线距离可调底座的底板不应大于550mm。

（九）构配件材质

1. 督促施工单位检查钢管壁厚、构配件规格、型号、材质是否符合规范要求；杆件弯曲、变形、锈蚀量是否在相应规范允许范围内。项目监理机构应对钢管壁厚、构配件规格、型号等进行现场抽查。

2. 项目监理机构应对模板支架体系使用的钢管、型钢、连接件和支托、铸铁或铸钢制作的购配件等材料的产品合格证、生产许可证、检测报告等进行核验和现场检查，检查出厂合格证或检验报告。

（十）支架拆除

1. 模板拆除前，应督促施工单位完成拆除方案的审批手续，模板及支架拆除前结构的混凝土强度应达到设计要求。监督施工单位将拆除手续报送项目监理机构审核同意后方可实施拆除作业。

2. 模板支架拆除时，项目监理机构应巡视检查施工单位是否按照拆除方案规定的顺序实施拆除。应先支的后拆，先拆非承重部分。同层杆件和构配件应按先外后内的顺序拆除，剪刀撑、斜撑杆等加固杆件应拆卸至该杆件所在部位时再拆除。巡视检查时应注意以

下事项：

（1）当立柱的水平拉杆超出2层时，应首先拆除2层以上的拉杆。当拆除最后一道水平拉杆时，应和拆除立柱同时进行。

（2）在拆除4～8m跨度的梁下立柱时，督促施工单位应先从跨中开始向两端对称进行。拆除时，严禁采用连梁底板向旁侧一片拉倒的拆除方法。

（3）对于多层楼板的模板的立柱，当上层及以上楼板正在浇筑混凝土时，下层楼板立柱的拆除，应根据下层楼板结构混凝土强度的实际情况经过计算确定。

（4）拆除平台、楼板下的立柱时，作业人员应站在安全处。

3. 监督施工单位在模板支架系统拆除前设置警戒区，在地面设置围栏和警戒标志，并设专人监护，严禁非操作人员进入作业范围。



## 第四节　模板支撑工程监理实施细则示例

（工程项目名称）工程

**地下室负二层混凝土模板支撑工程**

**监理实施细则**

**编制人：（专业监理工程师签字）**

**审批人：（总监理工程师签字）**

××××××监理公司

××××××项目监理部（项目机构章）

年　月　日

# 目　　录

## 1. 专业工程特点

本工程拟建建筑由 6 幢高层住宅楼组成，地上总建筑面积 73699m²。设计为两层地下室，地下室相连为一整体，总建筑面积为 23070m²，负一层层高为 4.50m，负二层层高为 5.40m。

地下室负二层结构层高 5.40m；最大梁截面 820mm×1250mm，最大跨度 8.70m，最大板厚 300mm；混凝土强度等级 C35。地下室负二层梁、板的模板支撑体系属于危险性较大的分部分项工程。

本项目混凝土模板工程采用扣件式钢管支撑体系。

本工程施工由××××建筑安装工程有限公司承包，其中模板支撑体系搭设与拆除工程由××××公司分包。



## 2. 监理工作流程

### 2.1 实施阶段监理工作程序

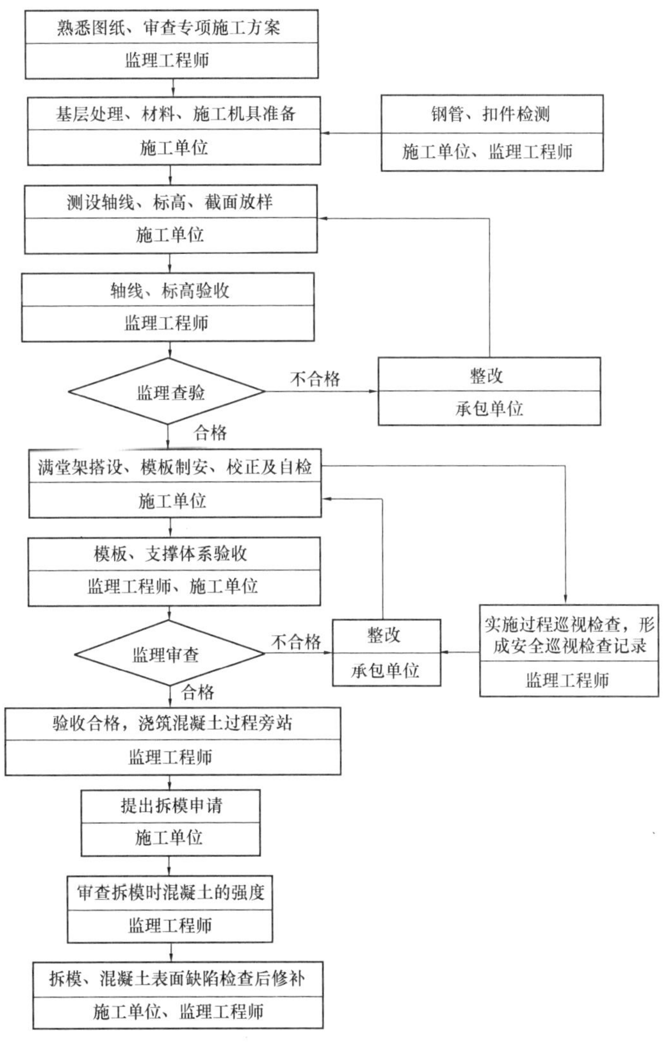

## 2.2 施工安全隐患处理程序

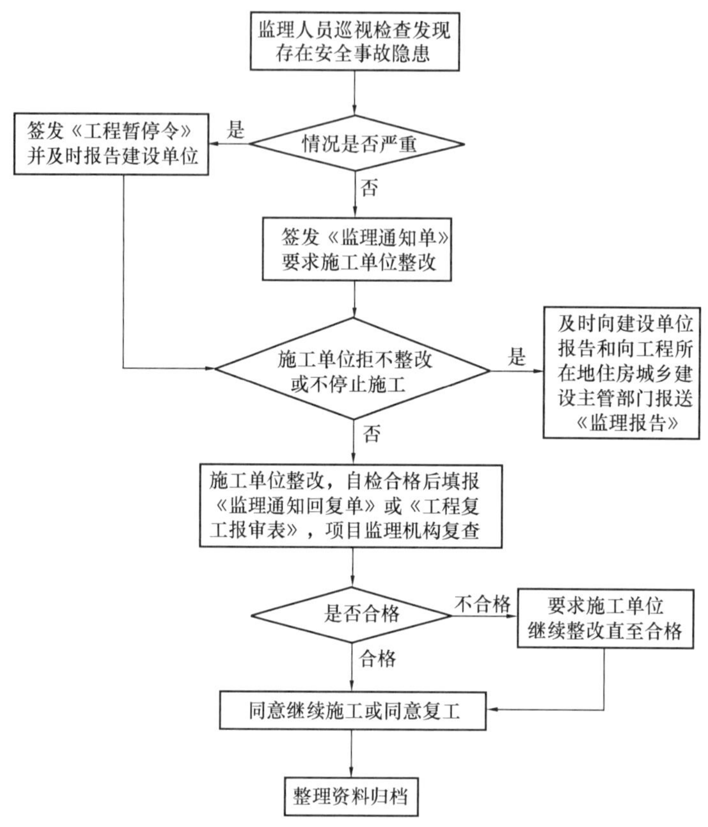


## 2.3 工程暂停及复工监理程序

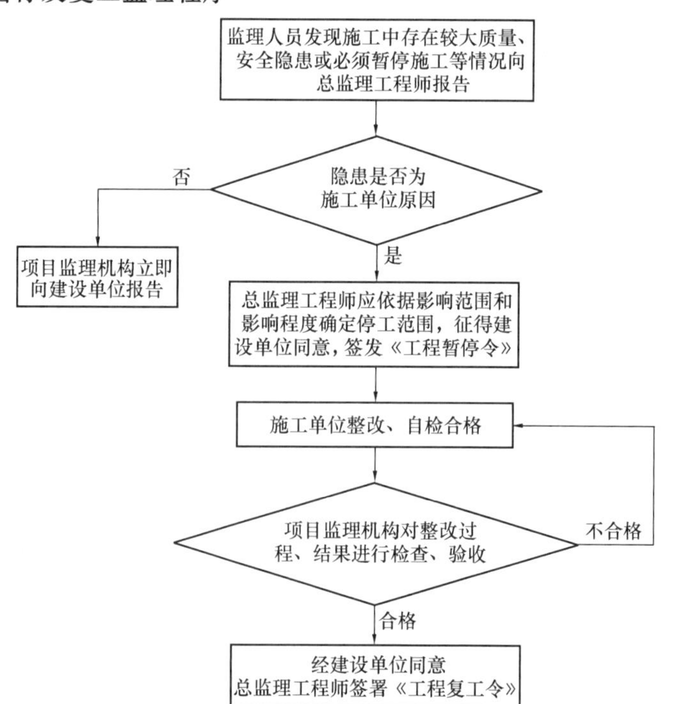

## 3. 监理工作要点

### 3.1 现场施工人员资格的核查及监督

（1）督促施工单位项目负责人在施工现场履职。

（2）检查项目经理和其他项目管理人员是否具备合法资格，是否到岗履职。

（3）督促施工单位对混凝土模板支撑工程施工作业人员进行登记。

（4）核查特种作业人员的特种作业操作资格证书是否合法有效，人、证是否相符。

### 3.2 督促施工单位对专项施工方案及安全技术进行交底

（1）督促专项施工方案的编制人员或项目技术负责人向现场管理人员进行地下室负二层混凝土模板支撑工程专项方案进行交底。

（2）督促施工单位现场管理人员向施工作业班组、作业人员进行安全技术交底，并由交底人、被交底人、专职安全员签字确认。项目监理机构应核查安全技术交底记录。

### 3.3 安全专项巡视检查

（1）项目监理机构应督促施工单位严格按照专项方案组织施工，不得擅自修改专项方案。

（2）督促施工单位按专项方案中确定的安全生产管理人员对模板支撑工程实施情况进行安全自查，发现现场作业人员不按专项方案实施的，要立即整改；发现有危及人身安全情况的，立即组织人员撤离。现场监理人员要对施工单位自查情况进行抽查。

（3）模板支撑系统的搭设过程中，专业监理工程师应进行专项巡视检查，并如实填写安全专项巡视检查记录。

（4）在安全专项巡视检查中，发现施工单位未按专项施工方案施工时，应及时签发监理通知单，要求施工单位按专项施工方案实施。

（5）在安全专项巡视检查中，发现搭设模板支撑体系存在安全事故隐患时，专业监理工程师应及时签发监理通知单，要求施工单位整改；情况严重时，总监理工程师应签发工程暂停令，并及时报告建设单位。施工单位拒不整改或不停止施工时，项目监理机构应及时向当地建设主管部门报送监理报告。

### 3.4 模板支撑系统验收

（1）模板支撑系统搭设完成后，督促施工单位进行自检，自检合格后应向项目监理机构报验。项目监理机构应与施工单位按照专项施工方案及有关规定组织相关人员验收，验收应有量化内容，并经施工单位技术负责人及总监理工程师签字确认后，方可进入下一道工序。项目监理机构应核查相关验收资料并纳入档案管理。

（2）模板支撑系统验收人员包括：

总承包单位和分包单位技术负责人或授权委派的专业技术人员、项目负责人、项目技术负责人、专项施工方案编制人员、项目专职安全生产管理人员及相关人员。监理单位项目总监理工程师及专业监理工程师。

（3）验收合格后，应在模板支撑系统所在区域设置验收标识牌，公示验收时间及责任人。

### 3.5 混凝土浇筑过程控制

（1）混凝土浇筑过程中，督促施工单位应当按照规定进行监测和安全巡视，严禁非操作人员进入模板支撑系统施工作业范围。

（2）督促施工单位安排专职安全管理人员对专项施工方案实施情况进行现场监督，观察模板及其支撑系统的变形情况，发现危及人身安全紧急情况时应立即暂停施工，迅速组织作业人员撤离危险区域，待排除险情并经施工单位安全责任人检查，报项目监理机构同意后方可复工。

（3）项目监理机构应安排监理人员对混凝土浇筑质量进行旁站。监理人员应巡查模板支撑系统变形情况，发现异常时应立即要求施工单位暂停施工并组织人员撤离危险区域，及时向总监理工程师及建设单位报告，总监理工程师应及时签发工程暂停令。



（4）督促施工单位对混凝土下料振捣必须按照“分层、分段、连续不断地薄层浇筑”的原则进行，严格按施工方案的浇筑顺序实施。

（5）混凝土输送立管严禁与模板支撑体系相连。

## 3.6 监理检查要点

### 3.6.1 模板支撑系统搭设

（1）模板支架应搭设在混凝土底板上，钢管立柱底部应设垫板和底座，垫板规格应符合专项施工方案要求。垫板长度应不小于2跨立杆纵距，宽度不小于200mm，厚度应不小于50mm。立杆垫板或底座地面标高宜高于自然地坪50～100mm。

（2）在立杆底部距地面200mm高处，沿纵横水平杆方向应按纵上横下的程序设置扫地杆。可调支托底部的立柱顶端应沿纵横向设置一道水平拉杆。

（3）立杆顶部应设置U形可调支托，U形可调支托主梁应对称放置，U形可调支托与楞梁两侧间如有间隙，必须楔紧，其螺杆伸出钢管顶部不得大于200mm，螺杆外径与立柱钢管内径的间隙不得大于3mm，安装时用哪个保证上下同心。

（4）支架立杆接长严禁搭接，应采用对接、套接或承插式连接方式，并应符合规范要求。采用对接扣件连接时，相邻两个立杆的对接接头不得在同一步距内，且对接接头沿竖向错开的距离不宜小于500mm，各接头中心距主节点不宜大于步距的1/3。

（5）当剪刀撑斜杆采用搭接时，搭接长度不应小于1m，并应采用2个旋转扣件分别在离杆端不小于100mm处进行固定。竖向剪刀撑斜杆应用旋转扣件固定在与相交的水平杆的伸出端或立杆上，底端应与地面顶紧，夹角宜为45°～60°。

（6）模板支撑系统所选用的钢管、扣件材质，必须符合规范、标准要求，严禁使用锈蚀、变形、断裂、脱焊、螺栓松动或其他影响使用性能构造缺陷的材料。所有进场材料需进行复检。

（7）搭设支架前应确定支架定位线，根据现场情况确定支架搭设高度及顶托高度。

（8）支架搭设应按专项施工方案的支架图、支撑平面图、立面图和剖面图及节点大样施工图连接，并连接牢靠。

（9）混凝土输送立管严禁与模板支撑体系相连。

### 3.6.2 模板安装

（1）督促施工单位根据设计图纸提供的梁底标高，对支架上托进行找平测量，梁的预拱度按专项施工方案要求调整好纵坡、横坡，再报专业监理工程师进行复核。

（2）督促施工单位应按设计施工图纸及工期要求制作相应的模板数量，模板制作、安装质量应符合专项施工方案及相关规范要求。

（3）当梁截面净高达到 500mm 以上的，梁侧模必须设拉结螺杆；截面净高在 1000mm 以上的，必须设不少于两排的拉结螺杆。

（4）当梁截面净高达到 500mm 以上的，梁底模须加设顶撑，顶撑立杆与满堂架纵横向可靠连接。

### 3.6.3　模板及支撑系统拆除

（1）监督施工单位对梁板构件的模板拆除执行拆模申请制度，根据同条件试块强度判断能否拆模。模板拆除前，督促施工单位完成拆除方案的审批手续，模板支撑系统拆除前结构的混凝土强度应达到设计要求。督促施工单位应将拆除手续报送项目监理机构审核同意后方可实施拆除作业。

（2）支撑系统拆除应设置警戒区，督促施工单位派专人负责警戒。

（3）模板支架拆除时，项目监理机构应巡视检查施工单位是否按照拆除方案规定的顺序实施拆除。应先支的后拆，先拆非承重部分。同层杆件和构配件应按先外后内的顺序拆除，剪刀撑、斜撑杆等加固杆件应拆卸至该杆件所在部位时再拆除。

（4）在拆除 4～8m 跨度的梁下立柱时，督促施工单位应先从跨中开始向两端对称进行。拆除时，严禁采用连梁底板向旁侧一片拉倒的拆除方法。

（5）拆除模板时应逐块拆卸，不得成片松动、撬落或拉倒，防止模板坠落伤人。

（6）严禁站在悬臂结构上敲拆底模，严禁在同一垂直面上操作。

（7）模板拆除时不应对楼层形成冲击荷载。拆除的模板和支架宜分散堆放并及时清运，严禁杆件和垃圾物从高处坠落。

## 4. 监理工作方法及措施

### 4.1　监理工作方法

项目监理机构通过审查、巡视检查、旁站、验收、见证取样和平行检验等对工程质量实施主动控制。

（1）现场对模板支撑体系搭设所采用材料质量包括钢管、扣件、模板、对拉螺栓等进行检查验收，材料质量应符合相关规范规定。

（2）现场复核定位放线和高程控制线。检查测量验收楼板主、次梁放线定位及标高控制应符合工程设计要求。

（3）现场用量尺检查立杆布置、横杆布置及剪刀撑设置是否符合专项施工方案要求。

（4）巡视检查立杆下垫块布置情况，立杆、横杆连接、剪刀撑（斜撑）与立杆、横杆连接，所有交接点均应设扣件连接。

（5）现场抽查连接扣件紧固力矩。检查剪刀撑接长搭接长度，剪刀撑架设与水平面夹角等。

（6）现场复测确认轴线、标高控制线、起拱度。

（7）安排监理人员在混凝土浇筑过程进行旁站，除监控混凝土浇筑质量外，督促施工单位监控模板支撑系统在浇筑过程中的安全状况。

（8）施工单位提出拆模申请后，核查混凝土同条件养护试块试压报告，符合拆模条件的，督促施工单位按照专项施工方案实施。

### 4.2 监理工作措施

(1) 组织措施(略)

(2) 技术措施(略)

(3) 经济措施(略)

(4) 合同措施(略)

# 第四章　脚 手 架 工 程

随着建设规模的扩大和建筑技术的提高，脚手架在建设工程中的作用也越来越重要。同时，因脚手架的搭设或使用不当造成的安全事故也大大增加，由于脚手架的特殊性，脚手架失稳倒塌及超过允许的变形、倾斜、摇晃、扭曲等容易造成安全事故。为此，保证脚手架体系的施工安全是施工现场安全管理的重要工作之一，项目监理机构应高度重视施工现场脚手架面临的安全隐患和安全风险，监督施工单位在脚手架的搭设、使用、拆除的全过程中，采取有效措施加强安全生产管理，防止安全事故发生。

## 第一节　脚手架工程施工安全风险

建筑工程中使用的脚手架种类很多。按照节点形式可分为扣件式、碗扣式、门式、承插型盘扣式等；按照搭设方式可分为落地作业脚手架、悬挑脚手架、附着式升降脚手架等。

危险性较大的脚手架工程主要具有如下安全风险：

### 一、构配件材质对脚手架安全影响很大

搭设脚手架所用的各类材料，如型钢、钢管、扣件等，生产厂家多，供应渠道复杂，而工程中用量一般较大，各类材料的规格及材质常常不符合规范要求；周转使用的型钢、钢管、构配件经常出现弯曲、变形和锈蚀现象；如不按规定对进场的各类架料、扣件进行检测和验收，将难以保证用于工程施工的各类脚手架材料的技术性能符合标准，势必给脚手架的搭设、使用和拆除过程带来极大的安全风险。

### 二、脚手架安装拆卸操作人员的技能、素质十分重要

脚手架搭设作业的质量直接影响脚手架的安全。脚手架安装和拆除作业往往需要高处作业，作业人员自身安全也需要保障。因此脚手架安装拆卸操作人员的技能、素质，对于施工安全十分重要。若脚手架安装和拆除作业，未由持特种作业操作证的专业架子工承担，或作业前未按规定进行安全生产教育和安全技术交底，均会给施工安全造成严重隐患。

### 三、脚手架架体的结构设计计算

脚手架在施工中承受多种荷载，不同类型的脚手架，不同的材料其工程力学性能指标差异也很大，脚手架在安装、使用和拆除过程中将处于不同的状态。因此，脚手架施工方案中须包括架体的结构设计计算，计算必须考虑到脚手架的各种工况。仅依靠经验来搭设脚手架将带来较大的安全风险。

### 四、立杆基础或悬挑脚手架的悬挑构件的承载能力

脚手架立杆基础不平、不实，立杆底部缺少底座、垫板或垫板的规格不符合规范要

求；未设置纵、横向扫地杆或扫地杆的设置和固定不符合规范要求；未采取排水措施；悬挑钢梁截面高度未按设计确定或截面型式、钢梁锚固处结构强度、锚固措施及钢梁固定段长度不符合设计和规范要求；钢梁外端未设置钢丝绳或钢拉杆与建筑结构拉结；钢梁间距未按悬挑架体立杆纵距设置等，均有可能导致脚手架坍塌。

### 五、杆件间距、连墙件、剪刀撑是架体杆件和架体整体稳定的重要保障

脚手架中的杆件间距、连墙件、剪刀撑、扫地杆等构造措施是脚手架长期使用经验的总结，是架体杆件和架体整体稳定的重要保障，也是保证脚手架受力计算模型可信性的物理基础。

脚手架在搭设使用中，若不按相关标准和规范采取措施，如：落地式脚手架架体与建筑结构拉结方式或间距不符合规范要求；架体底层第一步纵向水平杆处未设置连墙件或未采取其他可靠措施固定；搭设高度超过 24m 的双排脚手架未采用刚性连墙件与建筑结构可靠连接；悬挑式脚手架立杆底部与悬挑钢梁连接处未采取可靠固定措施；承插式立杆接长未采取螺栓或销钉固定；纵横向扫地杆的设置不符合规范要求；未在架体外侧设置连续式剪刀撑或设置横向斜撑；架体未按规定与建筑结构拉结等，均可能导致脚手架坍塌等事故发生。



### 六、脚手板、防护栏杆及防护网、层间防护和通道，是脚手架安全使用的必备条件

脚手架是供施工人员使用的工作平台，不仅需要保证架体的安全，还必须保障使用者和周边环境的安全。若脚手板未满铺或铺设不牢、不稳；脚手板规格或材质不符合规范要求；架体外侧未设置密目式安全网封闭或网间连接不严；作业层防护栏杆不符合规范要求、未设置挡脚板，作业层脚手板下未采用安全平网兜底或作业层以下每隔 10m 未采用安全平网封闭；作业层与建筑物之间未按规定进行封闭。悬挑式脚手架架体底层沿建筑结构边缘、悬挑钢梁与悬挑钢梁之间未采取封闭措施或封闭不严，架体底层未进行封闭或封闭不严，未设置人员上下专用通道或通道设置不符合要求等，都有可能导致高处坠落、物体打击等事故发生。

### 七、脚手架长期使用对安全有不利影响

脚手架在长期使用中，会受到各种因素的影响，可能遭遇各种损伤。为保证脚手架的使用安全，除了平时注意观察之外，必须定期和不定期地对脚手架进行检查，特别是在经历特殊情况（如地震、暴雨、大风、凝冻等）以后或较长时间停用重新启用之前，必须对脚手架进行全面的安全检查。

### 八、脚手架拆除作业仍存在各种安全风险

脚手架拆除过程中，架体的整体性和稳定性会受到一定影响。拆除作业工人往往处于高处作业。拆除后的材料下运过程也会对周边环境安全造成一定影响。脚手架拆除作业中的安全风险不容忽视，必须制定周密的方案并严格按方案执行，特别要加强对拆除作业的监控和作业环境的警戒。

### 九、其他

在脚手架安装、使用和拆除过程中，还可能存在其他安全风险。如：施工人员在架空输电线路下面工作未停电、不能停电时也未采用隔离防护措施，与架空输电线路的最近距离不符合规定等，可能导致触电事故；操作人员违章操作，可能导致各类伤害事故发生，包括高处坠落、物体打击、火灾、触电等。

## 第二节 脚手架工程专项施工方案审查

### 一、脚手架工程专项施工方案的编审规定

（一）《住房城乡建设部办公厅关于实施〈危险性较大的分部分项工程安全管理规定〉有关问题的通知》（建办质［2018］31号）中，明确规定了脚手架工程属于危险性较大的分部分项工程的范围。

搭设高度24m及以上的落地式钢管脚手架工程（包括采光井、电梯井脚手架）；附着式升降脚手架工程；悬挑式脚手架工程；高处作业吊篮；卸料平台；操作平台工程和异型脚手架工程，属危大工程。项目监理机构应督促施工单位编制专项施工方案，并在脚手架工程施工前对该专项施工方案进行审查。

搭设高度50m及以上的落地式钢管脚手架工程、提升高度在150m及以上的附着式升降脚手架工程或附着式升降操作平台工程和分段架体搭设高度20m及以上的悬挑式脚手架工程，属于超过一定规模的危大工程。施工单位应根据安装、使用及拆除过程的危险源分析结果编制脚手架工程专项施工方案，并组织专家论证。项目监理机构应在专家论证前对方案进行审查。若专家论证意见为“修改后通过”，项目监理机构应审查施工单位按专家论证意见修改后的专项施工方案。

（二）住建部建办质［2021］48号文件印发的《危险性较大的分部分项工程专项施工方案编制指南》对脚手架工程的专项施工方案内容提出了以下明确的要求：

一）工程概况

1. 脚手架工程概况和特点：本工程及脚手架工程概况，脚手架的类型、搭设区域及高度等。

2. 施工平面及立面布置：本工程施工总体平面布置图及使用脚手架区域的结构平面、立（剖）面图，塔机及施工升降机布置图等。

3. 施工要求：明确质量安全目标要求，工期要求（开工日期、计划竣工日期），脚手架工程搭设日期及拆除日期。

4. 施工地的气候特征和季节性天气。

5. 风险辨识与分级：风险辨识及脚手架体系安全风险分级。

6. 参建各方责任主体单位。

二）编制依据

1. 法律依据：脚手架工程所依据的相关法律、法规、规范性文件、标准、规范等。

2. 项目文件：施工合同（施工承包模式）、勘察文件、施工图纸等。

3. 施工组织设计等。

三）施工计划

1. 施工进度计划：总体施工方案及各工序施工方案，施工总体流程、施工顺序及进度。

2. 材料与设备计划：脚手架选用材料的规格型号、设备、数量及进场和退场时间计划安排。

3. 劳动力计划。

四）施工工艺技术

1. 技术参数：脚手架类型、搭设参数的选择，脚手架基础、架体、附墙支座及连墙件设计等技术参数，动力设备的选择与设计参数，稳定承载计算等技术参数。

2. 工艺流程：脚手架搭设和安装、使用、升降及拆除工艺流程。

3. 施工方法及操作要求：脚手架搭设、构造措施（剪刀撑、周边拉结、基础设置及排水措施等），附着式升降脚手架的安全装置（如防倾覆、防坠落、安全锁等）设置，安全防护设置，脚手架安装、使用、升降及拆除等。

4. 检查要求：脚手架主要材料进场质量检查，阶段检查项目及内容。

五）施工保证措施

1. 组织保障措施：安全组织机构、安全保证体系及相应人员安全职责等。

2. 技术措施：安全保证措施、质量技术保证措施、文明施工保证措施、环境保护措施、季节性施工保证措施等。

3. 监测监控措施：监测组织机构，监测范围、监测项目、监测方法、监测频率、预警值及控制值、巡视检查、信息反馈，监测点布置图等。

六）施工管理及作业人员配备和分工

1. 施工管理人员：管理人员名单及岗位职责（如项目负责人、项目技术负责人、施工员、质量员、各班组长等）。

2. 专职安全人员：专职安全生产管理人员名单及岗位职责。

3. 特种作业人员：脚手架搭设、安装及拆除人员持证人员名单及岗位职责。

4. 其他作业人员：其他人员名单及岗位职责（与脚手架安装、拆除、管理有关的人员）。

七）验收要求

1. 验收标准：根据脚手架类型确定验收标准及验收条件。

2. 验收程序：根据脚手架类型确定脚手架验收阶段、验收项目及验收人员（建设、施工、监理、监测等单位相关负责人）。

3. 验收内容：进场材料及构配件规格型号、构造要求、组装质量，连墙件及附着支撑结构，防倾覆、防坠落、荷载控制系统及动力系统等装置。

八）应急处置措施

1. 应急处置领导小组组成与职责、应急救援小组组成与职责，包括抢险、安保、后勤、医救、善后、应急救援工作流程、联系方式等。

2. 应急事件（重大隐患和事故）及其应急措施。

3. 救援医院信息（名称、电话、救援线路）。

4. 应急物资准备。

九）计算书及相关施工图纸

1. 脚手架计算书

（1）落地脚手架计算书：受弯构件的强度和连接扣件的抗滑移、立杆稳定性、连墙件的强度、稳定性和连接强度；落地架立杆地基承载力；悬挑架钢梁挠度；

（2）附着式脚手架计算书：架体结构的稳定计算（厂家提供）、支撑结构穿墙螺栓及螺栓孔混凝土局部承压计算、连接节点计算；

（3）吊篮计算：吊篮基础支撑结构承载力核算、抗倾覆验算、加高支架稳定性验算。

2. 相关设计图纸

（1）脚手架平面布置、立（剖）面图（含剪刀撑布置），脚手架基础节点图，连墙件布置图及节点详图，塔机、施工升降机及其他特殊部位布置及构造图等。

（2）吊篮平面布置、全剖面图，非标吊篮节点图（包括非标支腿、支腿固定稳定措施、钢丝绳非正常固定措施），施工升降机及其他特殊部位（电梯间、高低跨、流水段）布置及构造图等。



## 二、审查脚手架工程专项施工方案的准备工作

项目监理机构对施工单位报审的脚手架工程专项施工方案进行审查，应熟悉与脚手架工程有关情况，包括：

（一）工程建设项目的基本情况

通过阅读施工图了解工程建设项目的基本情况，包括平面图、立面图、总高及主要结构形式。

通过阅读施工组织设计了解工程建设项目的施工技术特点和工期安排。

（二）脚手架架设材料的规格和性能。

（三）脚手架工程的环境条件。

包括支架地基或支撑结构的基本情况（主要是承载能力）、施工期间的气候气象条件等。

（四）与脚手架工程施工有关的国家标准和行业标准，如：

《建筑施工脚手架安全技术统一标准》GB 51210

《建筑施工扣件式钢管脚手架安全技术规范》JGJ 130

《建筑施工承插型盘扣式钢管脚手架安全技术标准》JGJ/T 231

《建筑施工碗扣式钢管脚手架安全技术规范》JGJ 166

《建筑施工门式钢管脚手架安全技术标准》JGJ/T 128

《建筑施工工具式脚手架安全技术规范》JGJ 202

《建筑施工高处作业安全技术规范》JGJ 80 等。

（五）该工程施工单位的基本情况

包括工程项目施工承包合同结构体系，施工承包单位及脚手架工程分包单位的工程经验和技术、管理能力。

### 三、脚手架工程专项施工方案的审查要点

项目监理机构对施工单位报审的脚手架工程专项施工方案的审查，应对报审材料的真实性、针对性、时效性和专项施工方案内容的完整性以及编审程序进行审查。应审查专项施工方案的编制内容及编制深度是否符合《危险性较大的分部分项工程专项施工方案编制指南》的规定。还应该重点审查以下内容：

（一）编制依据的技术标准

编制依据的技术标准是否涵盖专项方案的全部内容，所依据的技术标准是否是现行有效版本。

（二）脚手架工程施工工艺

1. 应认真核对脚手架架体类型、材料规格性能参数、立杆纵横向间距、水平杆步距、连墙件、剪刀撑、附墙支座、竖向主框架、水平支撑桁架等技术参数，核对提升设备的规格型号及性能参数，核对脚手架杆件的计算长度、长细比等参数。

2. 审查脚手架搭设与安装、升降与拆除的工艺流程是否符合《建筑施工脚手架安全技术统一标准》GB 51210 及与脚手架架体材料相应的安全技术标准（规范）的相关规定。

3. 脚手架工程施工是否满足以下构造和技术要求：

（1）脚手架的搭设场地应平整、坚实，场地排水应顺畅不应有积水。脚手架附着于建筑结构处的混凝土强度应满足安全承载要求。

（2）脚手架的构造和组架工艺应能满足施工需求，并应保证架体牢固、稳定。

（3）脚手架杆件连接节点应满足其强度和转动刚度要求，应确保架体在使用期内安全，节点无松动。

（4）脚手架的竖向和水平剪刀撑应根据其种类、荷载、结构和构造设置，剪刀撑斜杆应与相邻立杆连接牢固。可采用斜撑杆、交叉拉杆代替剪刀撑。门式钢管脚手架设置的纵向交叉拉杆可替代纵向剪刀撑。

（5）作业脚手架的宽度不应小于 0.8m，且不宜大于 1.2m。作业层高度不应小于 1.7m，且不宜大于 2.0m。

（6）作业脚手架应按设计计算和构造要求设置连墙件，并应符合《建筑施工脚手架安全技术统一标准》GB 51210 第 8.2.2 条及与架体材料相应的专门安全技术规范（标准）的相关规定。

（7）作业脚手架的纵向外侧立面上所设置的竖向剪刀撑，符合《建筑施工脚手架安全技术统一标准》GB 51210 第 8.2.3 条及与架体材料相应的专门安全技术规范（标准）的相关规定。

（8）当采用竖向斜撑杆、竖向交叉拉杆替代作业脚手架竖向剪刀撑时，应符合下列规定：

① 在作业脚手架的端部、转角处应各设置一道；

② 搭设高度在 24m 以下时，应每隔 5～7 跨设置一道；搭设高度在 24m 及以上时，应每隔 1～3 跨设置一道；相邻竖向斜撑杆应朝向对称呈八字形设置（图 4-1）；

③ 每道竖向斜撑杆、竖向交叉拉杆应在作业脚手架外侧相邻纵向立杆间由底至顶按

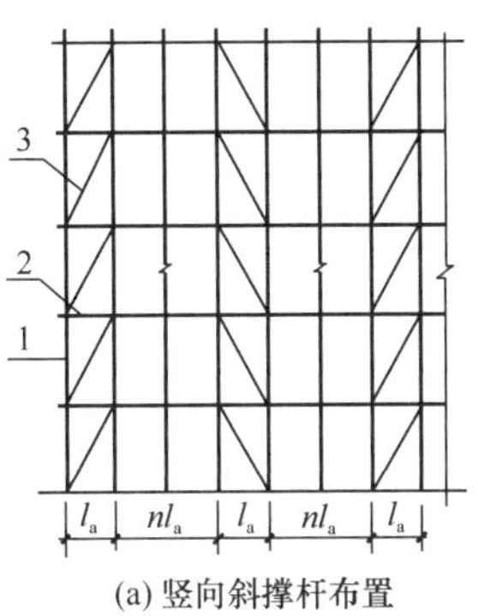

(a) 竖向斜撑杆布置

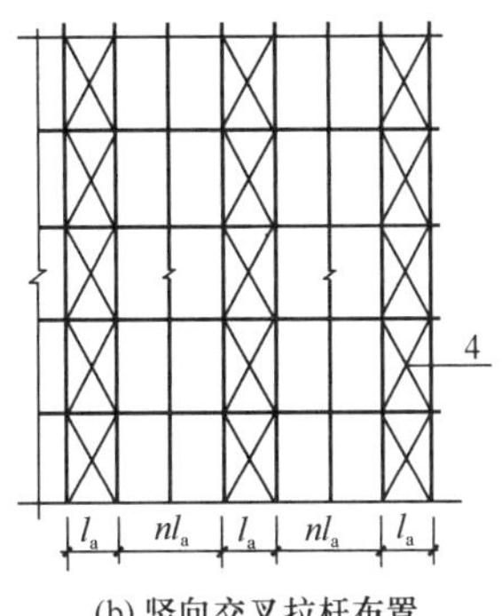

(b) 竖向交叉拉杆布置

图 4-1　作业脚手架竖向斜撑杆布置示意

1—立杆；2—水平杆；3—斜撑杆；4—交叉拉杆



步连续设置。作业脚手架底部立杆上应设置纵向和横向扫地杆。

(9) 悬挑脚手架立杆底部应与悬挑支承结构可靠连接；应在立杆底部设置纵向扫地杆，并应间断设置水平剪刀撑或水平斜撑杆。

(10) 脚手架的作业层上应满铺脚手板，并采取可靠的连接方式与水平杆固定。当作业层边缘与建筑物间隙大于 150mm 时，应采取防护措施。作业层外侧应设置栏杆和挡脚板。

4. 附着式升降脚手架应符合下列规定：

(1) 竖向主框架、水平支承桁架应采用桁架或刚架结构，杆件应采用焊接或螺栓连接；

(2) 应设有防倾、防坠、超载、失载、同步升降控制装置，各类装置应灵敏可靠；

(3) 在竖向主框架所覆盖的每个楼层均应设置一道附墙支座；每道附墙支座应能承担该机位的全部荷载；在使用工况时，竖向主框架应与附墙支座可靠固定；

(4) 当采用电动升降设备时，电动升降设备连续升降距离应大于一个楼层高度，并应有可靠的制动和定位功能；

(5) 防坠落装置与升降设备的附着固定应分别设置，不得固定在同一附着支座上。

5. 脚手架应按顺序搭设，并应符合下列规定：

(1) 落地作业脚手架、悬挑脚手架的搭设应与工程施工同步，一次搭设高度不应超过最上层连墙件两步，且自由高度不应大于 4m；

(2) 剪刀撑、斜撑杆等加固杆件应随架体同步搭设，不得滞后安装；

(3) 构件组装类脚手架的搭设应自一端向另一端延伸，自下而上按步架设，并应逐层改变搭设方向；

(4) 每搭设完一步架体后，应按规定校正立杆间距、步距、垂直度及水平杆的水平度。

6. 作业脚手架连墙件的安装必须符合下列规定：

(1) 连墙件的安装必须随作业脚手架搭设同步进行，严禁滞后安装；

(2) 当作业脚手架操作层高出相邻连墙件 2 个及以上步距时，在上层连墙件安装完毕前，必须采取临时拉结措施。

7. 悬挑脚手架、附着式升降脚手架在搭设时，其悬挑支承结构、附着支座的锚固和固定应牢固可靠。

8. 附着式升降脚手架组装就位后，应按规定进行检验和升降调试，符合要求后方可投入使用。

9. 脚手架的拆除作业应符合下列规定：

（1）架体的拆除应从上而下逐层进行，严禁上下同时作业；

（2）同层杆件和构配件应按先外后内的顺序拆除；剪刀撑、斜撑杆等加固杆件应拆卸至该杆件所在部位时再拆除；

（3）作业脚手架连墙件应随架体逐层拆除，严禁先将连墙件整层或数层拆除后再拆架体。拆除作业过程中，当架体的自由端高度超过 2 个步距时，必须采取临时拉结措施。

10. 脚手架的拆除作业不得重锤击打、撬、别。拆除的杆件、构配件应采用机械或人工运至地面，严禁抛掷。

11. 当在多层楼板上连续搭设支撑脚手架时，应分析多层楼板间荷载传递对支撑脚手架、建筑结构的影响，上下层支撑脚手架的立杆宜对位设置。

12. 脚手架在使用过程中应分阶段进行检查、监护、维护、保养。

（三）施工安全保证措施

专项施工方案应明确以下施工安全保证措施：

1. 脚手架的搭设和拆除作业应由专业架子工担任，并应持证上岗。

2. 搭设和拆除脚手架作业应有相应的安全设施，操作人员应佩戴个人防护用品，穿防滑鞋。

3. 制定脚手架在使用过程中定期检查计划，明确检查项目及标准。

4. 明确规定当脚手架遇有下列情况之一时，应进行检查，确认安全后方可继续使用：

（1）遇有 6 级及以上强风或大雨过后；

（2）冻结的地基土解冻后；

（3）停用超过 1 个月；

（4）架体部分拆除；

（5）其他特殊情况。

5. 明确脚手架作业层上的设计允许荷载，规定不得超载使用，作业脚手架同时满载作业的层数不应超过 2 层。

6. 严禁将支撑脚手架、缆风绳、混凝土输送泵管、卸料平台及大型设备的支承件等固定在作业脚手架上。严禁在作业脚手架上悬挂起重设备。

7. 雷雨天气、6 级及以上强风天气应停止架上作业；雨、雪、雾天气应停止脚手架的搭设和拆除作业；雨、雪、霜后上架作业应采取有效的防滑措施。

8. 作业脚手架外侧栏杆应采用密目式安全网或其他措施全封闭防护。密目式安全网应为阻燃产品。

9. 作业脚手架临街的外侧立面、转角处应采取硬防护措施，硬防护的高度不应小于 1.2m，转角处硬防护的宽度应为作业脚手架宽度。

10. 在脚手架作业层上进行电焊、气焊和其他动火作业时，应采取防火措施，并应设专人监护。

11. 脚手架使用期间立杆基础下及附近不宜进行挖掘作业。当因施工需要进行挖掘作业时，应对架体采取加固措施。

12. 在搭设和拆除脚手架作业时，应设置安全警戒线、警戒标志，并应派专人监护，严禁非作业人员入内。

13. 脚手架与架空输电线路的安全距离、工地临时用电线路架设及脚手架接地、防雷措施，应按现行标准《施工现场临时用电安全技术规范》JGJ 46 执行。

14. 当脚手架在使用过程中出现安全隐患时应及时排除；当出现可能危及人身安全的重大隐患时，应停止架上作业，撤离作业人员，并由工程技术人员组织检查、处置。

（四）验收要求

专项施工方案应明确下列验收环节的验收内容、验收标准、验收要求以及验收程序。

1. 脚手架搭设之前，对搭设场地、支承结构或附着结构进行检查、验收。

2. 搭设脚手架的材料、构配件和设备应按进入施工现场的批次分品种、规格进行检验，检验合格后方可搭设施工，并应符合下列规定：

（1）新产品应有产品质量合格证，工厂化生产的主要承力杆件、涉及结构安全的构件应具有型式检验报告；

（2）材料、构配件和设备质量应符合本标准及国家现行相关标准的规定；

（3）按规定应进行施工现场抽样复验的构配件，应经抽样复验合格；

（4）周转使用的材料、构配件和设备，应经维修检验合格。

3. 对脚手架材料、构配件和设备进行现场检验时，应采用随机抽样的方法抽取样品进行外观检验、实量实测检验、功能测试检验。

抽样比例应符合下列规定：

（1）按材料、构配件和设备的品种、规格应抽检 1%～3%；

（2）安全锁扣、防坠装置、支座等重要构配件应全数检验；

（3）经过维修的材料、构配件抽检比例不应少于 3%。

4. 脚手架在搭设过程中和阶段使用前，应进行阶段施工质量检查，确认合格后方可进行下道工序施工或阶段使用，在下列阶段应进行阶段施工质量检查：

（1）搭设场地完工后及脚手架搭设前；附着式升降脚手架支座、悬挑脚手架悬挑结构固定后；

（2）首层水平杆搭设安装后；

（3）落地作业脚手架和悬挑作业脚手架每搭设一个楼层高度，阶段使用前；

（4）附着式升降脚手架在每次提升前、提升就位后和每次下降前、下降就位后。

5. 在落地作业脚手架、悬挑脚手架达到设计高度后，附着式升降脚手架安装就位后，应对脚手架搭设施工质量进行完工验收。脚手架搭设施工质量合格判定应符合下列规定：

（1）所用材料、构配件和设备质量应经现场检验合格；

（2）搭设场地、支承结构件固定应满足稳定承载的要求；

（3）阶段施工质量检查合格，符合与脚手架相关的国家现行标准及专项施工方案的要求；

（4）观感质量检查应符合要求；

（5）专项施工方案、产品合格证及型式检验报告、检查记录、测试记录等技术资料应完整。

（五）计算书及相关施工图纸

1. 脚手架设计应采用以概率理论为基础的极限状态设计方法，分别按承载能力极限状态和正常使用极限状态进行设计计算。

2. 脚手架应根据架体构造、搭设部位、使用功能、荷载等因素确定设计计算内容，落地式作业脚手架计算应包括下列内容：

（1）水平杆件抗弯强度、挠度，节点连接强度；

（2）立杆稳定承载力；

（3）地基承载力；

（4）连墙件强度、稳定承载力、连接强度；

（5）缆风绳承载力及连接强度。



3. 脚手架结构设计时，应先对脚手架结构进行受力分析，明确荷载传递路径，选择具有代表性的最不利杆件或构配件作为计算单元。计算单元的选取应符合下列要求：

（1）应选取受力最大的杆件、构配件；

（2）应选取跨距、间距增大和几何形状、承力特性改变部位的杆件、构配件；

（3）应选取架体构造变化处或薄弱处的杆件、构配件；

（4）当脚手架上有集中荷载作用时，尚应选取集中荷载作用范围内受力最大的杆件、构配件。

4. 对于计算书的审核，应将重点放在以下五个方面：

（1）应依据《建筑施工脚手架安全技术统一标准》GB 51210 第 6 章的规定，完成水平杆件抗弯强度、挠度，节点连接强度，立杆稳定承载力，地基承载力，连墙件强度、稳定承载力、连接强度，缆风绳承载力及连接强度的计算，每项计算列出计算简图和截面构造大样图，注明材料尺寸、规格等。

（2）脚手架上的各类荷载取值及其组合、模板及支架的最大变形限值均应符合《建筑施工脚手架安全技术统一标准》GB 51210 第 5 章的规定。

（3）承载能力的极限状态和正常使用的极限状态计算应满足《建筑施工脚手架安全技术统一标准》GB 51210 第 6.2 节和第 6.3 节的有关规定。

（4）各类材料的截面几何参数应考虑工程使用材料的实际情况。如当前市场上供应的钢管壁厚与规范要求的壁厚往往有很大的负偏差，验算所使用的截面积和尺寸应符合实际。

（5）如采用计算机辅助设计，应使用经过住房和城乡建设部鉴定过的施工安全设施计算软件。

5. 除依据《建筑施工脚手架安全技术统一标准》GB 51210 对计算书及图纸进行审核之外，尚应根据脚手架类型分别依据相关安全技术规范、标准对计算书和脚手架施工图纸进行审核。

6. 项目监理机构应认真审查相关施工图纸，核对立杆、纵横水平杆平面布置图，支撑系统立面图、剖面图，脚手架监测平面布置图及连墙件布置及节点大样图等。如发现有错漏，应要求施工单位整改后重新报审。

### 四、其他类型的脚手架工程

按照住房和城乡建设部办公厅《关于实施〈危险性较大的分部分项工程安全管理规定〉有关问题的通知》的规定，高处作业吊篮、卸料平台、操作平台工程和异型脚手架工程，均属于危险性较大的脚手架工程，应编制专项施工方案。

项目监理机构应充分了解高处作业吊篮、卸料平台、操作平台工程和异型脚手架的使用环境，在分析搭设、使用和拆除过程中存在安全风险的基础上，依据住建部建办质〔2021〕48号文件印发的《危险性较大的分部分项工程专项施工方案编制指南》，《高处作业吊篮》GB/T 19155、《高处作业吊篮安装、拆卸、使用技术规程》JB/T 11699、《建筑施工高处作业安全技术规范》JGJ 80、《建筑施工工具式脚手架安全技术规范》JGJ 202及其他有关国家标准、行业标准对专项施工方案进行审查。

## 第三节　脚手架工程安全巡视检查



根据《建筑施工脚手架安全技术统一标准》GB 51210的定义，施工现场常用的作业脚手架是由杆件或结构单元、配件通过可靠连接而组成，支承于地面、建筑物上或附着于工程结构上，为建筑施工提供作业平台和安全防护的脚手架，包括以各类不同杆件（构件）和节点形式构成的落地作业脚手架、悬挑脚手架、附着式升降脚手架等，简称作业架。

本节所称脚手架，仅指作业脚手架。

项目监理机构应高度重视作业脚手架施工中的安全检查工作，应监督施工单位安排专人对作业脚手架施工进行安全检查，对属于危大工程的脚手架施工进行施工监测和安全巡视。现场监理人员应按有关规定对施工单位的安全自查情况进行抽查，对属于危大工程的高大模板支撑体系施工进行专项巡视检查。

### 一、各类脚手架工程安全巡视检查的基本要求

1. 作业脚手架搭设前，项目监理机构应检查施工单位是否编制脚手架工程专项施工方案，是否根据施工过程中的各种工况进行结构设计计算，并应按规定进行审核、审批。监督施工单位不得擅自修改专项施工方案。

2. 督促施工单位按照现行行业标准《建筑施工安全检查标准》JGJ 59的相关规定及专项施工方案要求，对各类脚手架工程的安装、拆除及使用过程进行安全巡视检查。项目监理机构应对施工单位的安全检查情况进行抽查。

3. 对超过一定规模的脚手架工程，应核查施工单位是否组织专家对专项施工方案进行论证。是否按专家论证意见对专项施工方案进行了修改并经过总监理工程师签认。

4. 各类脚手架工程施工前，应督促施工单位专项施丅方案编制人员或项目技术负责人应当向施工现场管理人员进行方案交底。施工现场管理人员应向施工作业人员进行安全技术交底，并应由交底双方和专职安全生产管理人员共同签字确认。项目监理机构应检查施工单位的方案交底及安全技术交底记录并按规定进行归档保存。

5. 督促施工单位的项目专职安全生产管理人员对（专项）施工方案实施情况进行现

场监督检查。项目监理机构对未按照（专项）施工方案施工的应当签发监理通知单要求施工单位立即整改。

6. 监督施工单位按照相关规定进行逐项检查验收。当架体分段搭设、分段使用时，应进行分段验收。督促施工单位办理验收手续，验收应有量化内容并经责任人签字确认。项目监理机构应当核查施工单位的验收手续，并将有关验收资料按规定进行归档保存。对于危大工程，项目监理机构应按规定参加验收。

7. 督促施工单位对构配件材质进行检查验收，包括型钢、钢管、脚手板、扣件等配件材质、规格应符合相应安全技术标准的要求。项目监理机构应按照现行相关国家标准规定对脚手架架体型钢、钢管直径、壁厚、材质等进行抽查。巡视检查钢管弯曲、变形、锈蚀是否在规范允许范围内，钢管是否出现开裂、弯折、锈斑等情况。

8. 项目监理机构应对各类脚手架架体基础进行巡视检查。



（1）立杆基础应按施工方案要求平整、夯实，承载力应满足设计荷载要求。对不能满足承载力要求的地基土层应要求施工单位进行加固处理，并应采取排水措施。脚手架应在地基基础验收合格后搭设。

（2）巡视检查立杆底部是否设置底座、垫板。立杆垫板或底座地面标高宜高于自然地坪 50～100mm。每根立杆底部宜设置垫板，在立杆与垫板之间宜设置底座，不得将立杆直接置于垫板上。垫板长度应不少于 2 跨，厚度不小于 50mm，宽度不小于 200mm。

9. 督促施工单位对各类脚手架架体设置供人员上下的专用通道。通道应附着于外脚手架或建筑物设置。高度不大于 6m 的脚手架，宜采用一字形斜道；高度大于 6m 的脚手架，宜采用之字形斜道。项目监理机构应对通道设置进行抽查。专用通道的设置应符合规范要求：

（1）人行专用通道宽度不应小于 1m，坡度不应大于 1∶3；运料斜道宽度不应小于 1.5m，坡度不应大于 1∶6；通道应设间距不大于 300mm 的防滑条。

（2）人行通道拐弯处应设平台，其宽度不应小于通道宽度，通道及平台应设置防护栏杆及挡脚板。栏杆高度应为 1.2m，挡脚板高度不应小于 180mm。

（3）运料斜道两端、平台外围均应按规范规定设置连墙件，每两步应加设水平斜杆，并应按规范规定设置剪刀撑和横向斜撑。

10. 项目监理机构对各类脚手架工程施工及使用过程应进行安全巡视检查，对属于危大工程的脚手架工程施工，应按照有关规定进行专项巡视检查，并填写检查记录。对检查中发现的事故隐患应下达监理通知单，要求施工单位定人、定时、定措施进行整改。

11. 督促施工单位对属于危大工程的脚手架施工作业人员进行登记，项目负责人应当在施工现场履职。

12. 项目监理机构应随时动态核查项目经理和专职安全生产管理人员是否具备合法资格，是否在岗履职。随时动态核查特种作业人员的特种作业操作资格证书是否合法有效。

13. 监督施工单位应当按照规定对危大工程进行施工监测和安全巡视，发现危及人身安全的紧急情况，应当立即组织作业人员撤离危险区域。

14. 督促施工单位在遇有 6 级及以上强风或大雨过后、冻结的地基土解冻后、停用超过 1 个月、架体部分拆除等特殊情况时应对脚手架工程进行安全检查。

## 二、扣件式钢管脚手架的巡视检查项目及检查要点

扣件式钢管脚手架是指为建筑施工搭设的、承受荷载的由扣件和钢管等构成的脚手架，有单排扣件式钢管脚手架、双排扣件式钢管脚手架和满堂扣件式钢管脚手架三种。

扣件式钢管脚手架的安全检查应符合现行行业标准《建筑施工扣件式钢管脚手架安全技术规范》JGJ 130 的规定，项目监理机构应监督施工单位按照《建筑施工安全检查标准》JGJ 59 规定的检查项目及技术规范对扣件式钢管脚手架施工进行安全检查。

扣件式钢管脚手架安全检查项目应包括保证项目：施工方案；立杆基础；架体与建筑结构拉结；杆件间距与剪刀撑；脚手板与防护栏杆；交底与验收。一般项目：横向水平杆设置；杆件连接；层间防护；构配件材质；通道。

项目监理机构对扣件式钢管脚手架的安全巡视检查也应符合安全检查标准和相关技术规范的规定。巡视检查要点为：

(一) 架体与建筑结构拉结

1. 检查脚手架架体与建筑结构的拉结是否符合规范及专项方案的要求。

2. 巡视检查连墙件的设置。连墙件的设置的位置、数量应符合相关规范及专项施工方案规定：

(1) 连墙件应从架体底层第一步纵向水平杆处开始设置，当该处设置有困难时应采取其他可靠措施固定。连墙件应靠近主节点设置，偏离主节点的距离不应大于 300mm；双排脚手架连墙件应与内、外排立杆相连接。

(2) 连墙件的垂直间距不应大于建筑物的层高，并且不应大于 4m，水平距离不应超过 6m。开口型脚手架的两端必须设置连墙件。

(3) 连墙件中的连接杆应呈水平设置，当不能水平设置时，应向脚手架一端下斜连接。

3. 对搭设高度超过 24m 的双排脚手架，应采用刚性连墙件与建筑结构可靠连接，当脚手架下部暂不能设连墙件时应采取防倾覆措施。

脚手架连墙件数量的设置除应满足上述要求外，还应符合表 4-1 的规定。

**连墙件布置最大间距**　　**表 4-1**

| 搭设方法 | 高度 | 竖向间距 $h$ | 水平间距 $l_a$ | 每根连墙件覆盖面积 ($m^2$) |
|---|---|---|---|---|
| 双排落地 | ≤50m | $3h$ | $3l_a$ | ≤40 |
| 双排悬挑 | >50m | $2h$ | $3l_a$ | ≤27 |
| 单排 | ≤24m | $3h$ | $3l_a$ | ≤40 |

注：$h$—步距；$l_a$—纵距。

(二) 杆件间距与剪刀撑

1. 检查架体立杆、纵向水平杆、横向水平杆间距是否符合设计和规范要求。

(1) 单、双排脚手架底层步距均不应大于 2m。脚手架立杆顶端栏杆宜高出女儿墙上端 1m，宜高出檐口上端 1.5m。

(2) 纵向水平杆应设置在立杆内侧，单根杆长度不应小于 3 跨；纵向水平杆应采用直

角扣件固定在横向水平杆上，并应等间距设置，间距不应大于 400mm。

（3）作业层上非主节点处的横向水平杆，宜根据支承脚手板的需要等间距设置，最大间距不应大于纵距的 1/2。

2. 检查架体剪刀撑及横向斜撑的设置是否符合规范规定。

（1）双排脚手架应设置剪刀撑与横向斜撑，单排脚手架应设置剪刀撑。

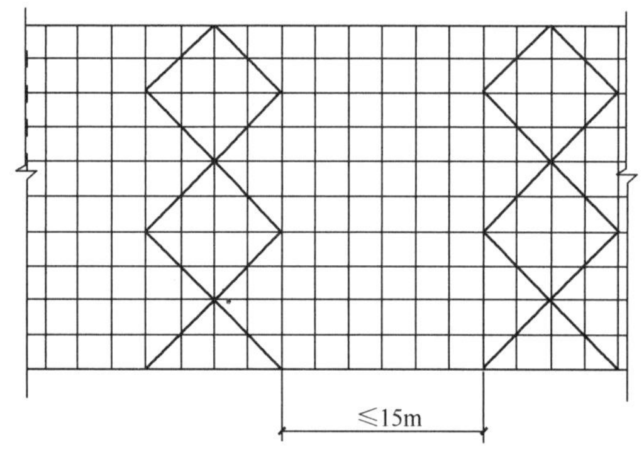


图 4-2　高度 24m 以下剪刀撑布置

（2）高度在 24m 及以上的双排脚手架应在外侧全立面上由底至顶连续设置剪刀撑；高度在 24m 以下的单、双排脚手架，均必须在外侧立面的两端、转角及中间间隔不超过 15m 的立面上各设置一道剪刀撑，并由底至顶连续设置（图 4-2）。

（3）每道剪刀撑的宽度不应小于 4 跨，且不应小于 6m，斜杆与地面的倾角应在 45°～60°之间。

（4）横向斜撑应在同一节间，由底至顶呈之字形连续布置，宜采用旋转扣件固定在与之相交的横向水平杆的伸出端上，旋转扣件中心线至主节点的距离不宜大于 150mm。

（5）高度在 24m 以下的封闭型双排脚手架可不设横向斜撑，高度在 24m 以上的封闭型双排脚手架，除拐角应设置横向斜撑外，中间应每隔 6 跨距设置一道横向斜撑。

3. 检查剪刀撑杆件的接长、剪刀撑斜杆与架体杆件的固定。剪刀撑杆件的接长应采用搭接或对接，当采用对接接长时，对接扣件应交错布置，错开距离不宜小于 500mm。当采用搭接接长时，搭接长度不应小于 1m，并应采用不少于 2 个旋转扣件固定。端部扣件盖板的边缘至杆端距离不应小于 100mm。

4. 剪刀撑斜杆应用旋转扣件固定在与之相交的横向水平杆的伸出端或立杆上，旋转扣件中心线至主节点的距离不应大于 150mm。

（三）脚手板与防护栏杆

1. 检查脚手板的材质、规格，作业层脚手板应满铺、铺稳、铺实。

（1）当使用冲压钢脚手板、木脚手板、竹串片脚手板时，纵向水平杆应作为横向水平杆的支座，用直角扣件固定在立杆上；当使用竹笆脚手板时，纵向水平杆应采用直角扣件固定在横向水平杆上，并应等间距设置，间距不应大于 400mm。

（2）脚手板对接平铺时，接头处应设两根横向水平杆，脚手板外伸长度应取 130～150mm，两块脚手板外伸长度之和不应大于 300mm；脚手板搭接平铺时，接头应支在横向水平杆上，搭接长度不应小于 200mm，其伸出横向水平杆的长度不应小于 100mm。

2. 检查脚手架架体外侧是否采用密目式安全网封闭，网间连接是否严密。密目式安全网宜设置在脚手架外立杆的内侧，并应与架体绑扎牢固。

3. 检查作业层是否按照规范要求设置防护栏杆及挡脚板。防护栏杆的高度应为 1.2m，挡脚板的设置高度应不小于 180mm。

（四）横向水平杆及扫地杆设置

1. 检查横向水平杆的设置是否符合相关规范及专项施工方案规定。

（1）横向水平杆应设置在纵向水平杆与立杆相交的主节点处，两端应采用直角扣件固定在纵向水平杆上。作业层非主节点处的横向水平杆，宜根据支承脚手板的需要等间距设置，最大间距不应大于纵距的1/2。

（2）横向水平杆伸出扣件盖板不应小于100mm，且不宜大于200mm。

（3）单排脚手架横向水平杆插入墙内不应小于180mm。

2. 作业层应按铺设脚手板的需要增加设置横向水平杆。当使用竹笆脚手板时，横向水平杆的两端应用直角扣件固定在立杆上。

3. 检查架体扫地杆的设置是否符合现行有关技术标准规定。脚手架架体应在距立杆底端高度不大于200mm处应设置纵、横向扫地杆，并应用直角扣件固定在立杆上，横向扫地杆应设置在纵向扫地杆的下方。

脚手架立杆基础不在同一高度上时，必须将高处的纵向扫地杆向低处延长两跨与立杆固定，高低差不应大于1m。靠边坡上方的立杆轴线到边坡的距离不应小于500mm。

（五）杆件连接

1. 检查脚手架杆件的连接。纵向水平杆杆件接长应采用对接扣件连接，若采用搭接，其搭接长度不应小于1m，应等间距设置3个旋转扣件固定；端部扣件盖板边缘至搭接纵向水平杆杆端的距离不应小于100mm。

2. 检查立杆除顶层顶步外，不得采用搭接。

3. 检查杆件对接扣件的布置，杆件的对接扣件应交错布置。

（1）纵向水平杆接长应采用对接扣件连接或搭接，两根相邻纵向水平杆的接头不应设置在同步或同跨内；不同步或不同跨两个相邻接头在水平方向错开的距离不应小于500mm；各接头中心至最近主节点的距离不应大于纵距的1/3。

（2）当立杆采用对接接长时，立杆的对接扣件应交错布置，两根相邻立杆的接头不应设置在同步内，同步内隔一根立杆的两个相隔接头在高度方向错井的距离不宜小于500mm；各接头中心至主节点的距离不宜大于步距的1/3。

4. 检查扣件紧固力矩。扣件紧固力矩不应小于40N・m，且不应大于65N・m。

（六）层间防护

1. 在脚手架使用过程中，巡视检查脚手架作业层层间防护措施。作业层脚手板下应采用安全平网兜底，以下每隔10m应采用安全平网封闭。

2. 作业层里排架体与建筑物之间应采用脚手板或安全平网封闭。

## 三、门式钢管脚手架的安全检查要点

门式钢管脚手架是指以门架、交叉支撑、连接棒、水平架、锁臂、底座等组成基本结构，再以水平加固杆、剪刀撑、扫地杆加固，能承受相应荷载，具有安全防护功能，为建筑施工提供作业条件的一种定型化钢管脚手架。包括门式作业脚手架和门式支撑架。

门式作业脚手架，是指采用连墙件与建筑物主体结构附着连接，为建筑施工提供作业平台和安全防护的门式钢管脚手架。包括落地作业脚手架、悬挑脚手架、架体构架以门架搭设的建筑施工用附着式升降作业安全防护平台。

门式作业脚手架的搭设高度除应满足设计计算条件外，不宜超过表 4-2 规定。

门式作业脚手架搭设高度 表 4-2

| 序号 | 搭设方式 | 施工荷载标准值（$kN/m^2$） | 搭设高度（m） |
|---|---|---|---|
| 1 | 落地、密目式安全立网全封闭 | ≤2.0 | ≤60 |
| 2 | | >2.0 且≤4.0 | ≤45 |
| 3 | 悬挑、密目式安全立网全封闭 | ≤2.0 | ≤30 |
| 4 | | >2.0 且≤4.0 | ≤24 |

门式作业脚手架与门式支撑架最大的不同是门式作业脚手架需采用连墙件与建筑主体结构拉结。其构造如图 4-3 所示。

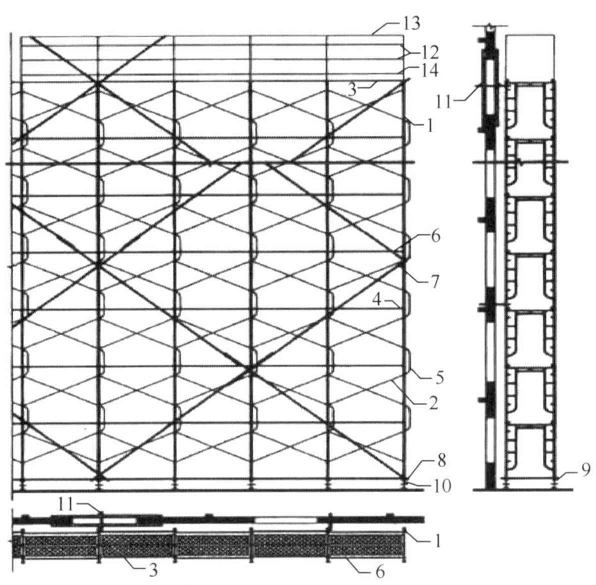


图 4-3 门式作业脚手架构造

1—门架；2—交叉支撑；3—水平架（挂扣式脚手板）；4—连接棒；5—锁臂；6—水平加固杆；7—剪刀撑；8—纵向扫地杆；9—横向扫地杆；10—底座；11—连墙件；12—栏杆；13—扶手；14—挡脚板

对门式钢管脚手架进行安全检查应符合现行行业标准《建筑施工门式钢管脚手架安全技术标准》JGJ/T 128 的规定。项目监理机构应监督施工单位按照《建筑施工安全检查标准》JGJ 59 规定的检查项目及技术规范对门式钢管脚手架施工进行安全检查。

门式钢管脚手架安全检查项目应包括保证项目：施工方案、架体基础；架体稳定；杆件锁臂；脚手板；交底与验收。一般项目：架体防护；构配件材质；荷载；通道。

项目监理机构对门式钢管脚手架的安全巡视检查也应符合安全检查标准和相关技术规范的规定。巡视检查要点为：

（一）构配件材质

1. 巡视检查门架是否有严重的弯曲、锈蚀和开焊问题。发现门架有严重的弯曲、锈蚀等问题应要求施工单位及时整改。

2. 检查门架与配件的性能、质量、型号是否符合现行行业标准《门式钢管脚手架》

JG 13 的规定，并应满足下列要求：

（1）门架与配件规格、型号应统一，应具有良好的互换性，应有生产厂商的标志。不得使用带有裂纹、折痕、表面明显凹痕、严重锈蚀的钢管；冲压件不得有毛刺、裂纹、明显变形、氧化皮等缺陷；焊接件的焊缝应饱满，焊渣应清除干净，不得有未焊透、夹渣、咬肉、裂纹等缺陷。

（2）门架钢管不得接长使用，当门架钢管壁厚存在负偏差时，宜选用热镀锌钢管。门架立杆、横杆钢管壁厚的负偏差不应超过 0.2mm。

（3）门架立杆加强杆的长度不应小于门架高度的 70%，门架宽度外部尺寸不宜小于 800mm，门架高度不宜小于 1700mm。

（4）加固杆钢管宜选用 Φ42×2.5mm 或 Φ48×3.5mm 钢管，相应的扣件应配套，并能与门架进行可靠连接。

（5）底座和托座应经设计计算后加工制作，其材质应符合相关现行国家标准中 Q235 级钢或 Q345 级钢的规定。底座的钢板厚度不应小于 6mm，托座 U 形钢板厚度不应小于 5mm，钢板与螺杆应采用焊接，焊缝高度不应小于钢板厚度，并宜设置加劲板。

（6）可调托座和可调底座螺杆直径应与门架立杆钢管直径配套，插入门架立杆钢管内的间隙不应大于 2mm；可调托座和可调底座螺杆宜采用实心螺杆；当采用空心螺杆时，壁厚不应小于 6mm，并应进行承载力试验。

（二）架体稳定

1. 巡视检查架体与建筑物结构拉结。架体与建筑物结构拉结方式和间距应符合专项方案和技术规范要求（图 4-4）。

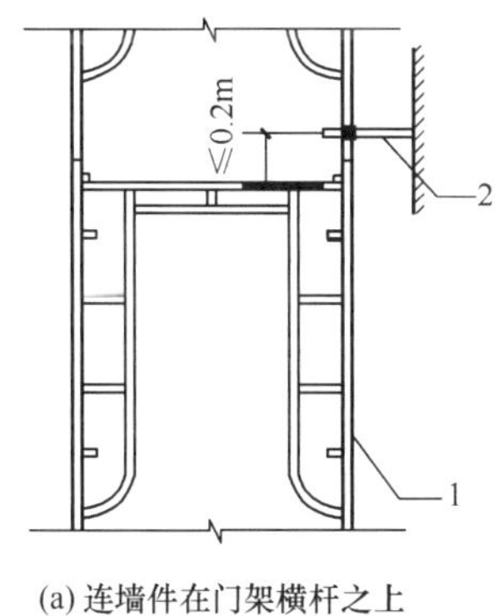

(a) 连墙件在门架横杆之上

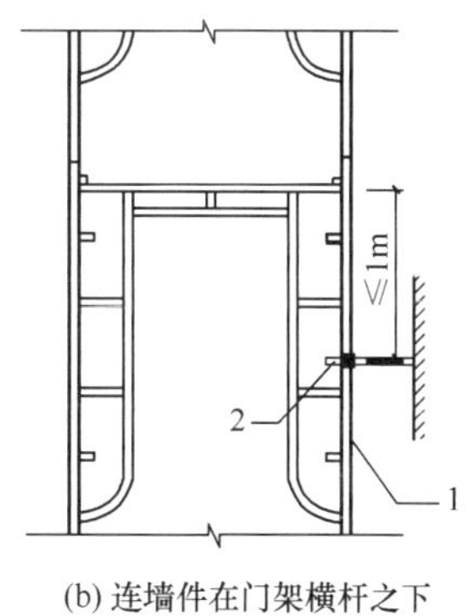

(b) 连墙件在门架横杆之下

图 4-4　连墙件与门架连接示意

1—门架；2—连墙件

（1）门式作业脚手架应按设计计算和构造要求设置连墙件与建筑结构拉结，连墙件的位置和数量应按专项施工方案要求进行检查，并应检查是否设置预埋件。连墙件最大间距或最大覆盖面积应满足门式钢管脚手架安全技术标准的要求。

（2）连墙件应从作业脚手架的首层首步开始设置，连墙点之上架体的悬臂高度不应超过 2 步。连墙件应采用能承受压力和拉力的构造，并应与建筑结构和架体连接牢固。

（3）连墙件应靠近门架的横杆设置，并应固定在门架的立杆上。连墙件宜水平设置，当不能水平设置时，与门式作业脚手架连接的一端应低于建筑结构连接的一端，连接杆的坡度宜小于1∶3。

(4) 门式脚手架的转角处和开口型脚手架端部应增设连墙件，连墙件的竖向间距不应大于建筑物的层高，且不应大于4.0m。

2. 检查门式作业脚手架架体剪刀撑的设置是否符合相关规范要求。

(1) 每道剪刀撑的宽度不应大于6个跨距，且不应大于9m；也不宜小于4个跨距，且不宜小于6m；每道竖向剪刀撑均应由底至顶连续设置；架体剪刀撑斜杆与地面夹角应为45°～60°，剪刀撑应采用旋转扣件与门架立杆及相关杆件扣紧。

(2) 当作业脚手架安全等级为Ⅰ级时，宜在作业脚手架的转角处、开口型端部及中间间隔不超过15m的外侧立面上各设置一道剪刀撑。当作业脚手架的外侧立面上不设剪刀撑时，应沿架体高度方向每间隔2～3步在门架内外立杆上分别设置一道水平加固杆；当脚手架安全等级为Ⅱ级时，门式作业脚手架外侧立面可不设剪刀撑。



(3) 剪刀撑斜杆的接长应采用搭接，搭接长度不宜小于1000mm，搭接处宜采用2个及以上旋转扣件扣紧。

3. 门式作业脚手架外侧立面上剪刀撑的设置应符合下列规定：

(1) 当作业脚手架安全等级为Ⅰ级时，剪刀撑应按下列要求设置：

宜在作业脚手架的转角处、开口型端部及中间间隔不超过15m的外侧立面上各设置一道剪刀撑；当在作业脚手架的外侧立面上不设剪刀撑时，应沿架体高度方向每间隔2～3步在门架内外立杆上分别设置一道水平加固杆。

(2) 当作业脚手架安全等级为Ⅱ级时，门式作业脚手架外侧立面可不设置剪刀撑。

4. 检查门架立杆的垂直偏差，门架立杆的垂直偏差应符合规范要求。上下榀门架立杆应在同一轴线位置上，门架立杆轴线的对接偏差不应大于2mm。

5. 巡视检查交叉支撑的设置。门式作业脚手架的外侧应按步满设交叉支撑，内侧宜设置交叉支撑。当内测不设置交叉支撑时，应按步设置水平加固杆。当按步设置挂扣式脚手板或水平架时，可在内测的门架立杆上每2步设置一道水平加固杆。门式脚手架设置的交叉支撑应与门架立杆上的锁销锁牢，交叉支撑、水平架或脚手板应紧随门架的安装及时设置。

(三) 杆件锁臂

1. 检查架体杆件、锁臂的组装是否符合规范要求。门式脚手架支架上下榀门架间应设置锁臂，连接门架与配件的锁臂、搭钩应处于锁住状态。上下榀门架的组装应设置连接棒，连接棒直径应小于立杆内径1～2mm。

2. 巡视检查架体是否按规定要求设置纵向水平加固杆。每道纵向水平加固杆均应通长连续设置，水平加固杆应靠近门架横杆设置，并应采用扣件与相关门架立杆扣紧。水平杆的接长应采用搭接，搭接长度不宜小于1000mm，搭接处宜采用2个及以上旋转扣件扣紧。

3. 检查架体使用的扣件规格是否与连接杆件相匹配。架体使用的扣件质量和性能应符合现行国家标准的规定。

(四) 脚手板

1. 检查脚手板的材质、规格。其材质和规格是否符合相关规范要求。

2. 巡视检查脚手板的铺设是否严密、平整、牢固。门式作业脚手架作业层应连续满铺挂扣式脚手板，并应有防止脚手板松动或脱落的措施。当脚手板上有孔洞时，孔洞的内切圆直径不应大于 25mm。

3. 挂扣式钢脚手板的挂扣必须完全挂扣在水平杆上，挂钩应处于锁住状态。

（五）交底与验收

1. 搭设前，督促施工单位对门式脚手架的地基与基础进行检查，经检验合格后方可搭设；门式作业脚手架每搭设 2 个楼层高度或搭设完毕，督促施工单位对搭设质量及安全进行一次检查，经检验合格后方可交付使用或继续搭设。

2. 项目监理机构应检查施工现场使用的门架与配件是否具有产品质量合格证，标志应清晰。对门架及其构配件的验收应符合下列规定：

（1）门架与配件表面应平直光滑，焊缝应饱满，不应有裂缝、开焊、焊缝错位、硬弯、凹痕、毛刺、锁柱弯曲等缺陷；

（2）门架与配件表面应涂刷防锈漆或镀锌；

（3）门架与配件上的止退和锁紧装置应齐全、有效。

3. 对加固杆、连接杆等所用钢管和扣件的质量检查验收应符合下列规定：

（1）当钢管壁厚的负偏差超过−0.2mm 时，不得使用；

（2）不得使用有裂缝、变形的扣件，出现滑丝的螺栓应进行更换；

（3）钢管和扣件宜涂有防锈漆。

4. 监督施工单位对门式脚手架的搭设质量验收进行现场检验，在进行全数检查的基础上，对下列项目进行重点检验，并记入搭设质量验收记录。

（1）构配件和加固杆的规格、品种应符合设计要求，质量应合格，构造设置应齐全，连接和挂扣应紧固可靠；

（2）基础应符合设计要求，应平整坚实；

（3）门架跨距、间距应符合设计要求；

（4）连墙件设置应符合设计要求，与建筑结构、架体连接应可靠；

（5）加固杆的设置应符合设计要求；

（6）门式作业脚手架的通道口、转角等部位搭设应符合构造要求；

（7）架体垂直度及水平度应经检验合格；

（8）悬挑脚手架的悬挑支承结构及与建筑结构的连接固定应符合设计要求，U 形钢筋拉环或锚固螺栓的隐蔽验收应合格；

（9）安全网的张挂及防护栏杆的设置应齐全、牢固。

5. 门式脚手架搭设完毕后，应督促施工单位办理验收手续，验收应有量化内容并经责任人签字确认。项目监理机构应检查施工单位的相关验收资料并归档保存。

（六）架体防护

1. 巡视检查作业层防护栏杆的设置。在脚手架施工作业层外侧周边应设置 180mm 高的挡脚板和两道防护栏杆，上道栏杆的高度应为 1.2m，下道栏杆高度应居中设置。挡脚板和栏杆均应设置在门架立杆的内侧。

2. 检查架体外侧是否采用密目式安全网进行封闭，网间连接是否严密。

3. 督促施工单位随时检查架体作业层脚手板下是否采用安全平网兜底，以下每隔 10m 是否采用安全平网封闭，项目监理机构应进行抽查。

（七）施工荷载

1. 督促施工单位巡视检查门架架体上的施工荷载。项目监理机构也应按有关规定进行巡查。

（1）门式脚手架作业层上的荷载不得超过设计荷载，同时满载作业的层数不应超过2层。

（2）严禁将支撑架、缆风绳、混凝土输送泵管、卸料平台及大型设备的支承件等固定在作业脚手架上；严禁在门式作业脚手架上悬挂起重设备。

2. 监督施工单位对门式脚手架与模板支架进行日常性的检查和维护，架体上的建筑垃圾或杂物应及时清理。

3. 督促施工单位严格控制施工均布荷载、集中荷载在设计允许范围内。避免装卸物料对门式脚手架产生偏心、振动和冲击荷载。



（八）通道

1. 督促施工单位对门架架体设置供人员上下的专用通道。

2. 巡视检查专用通道的设置是否符合专项施工方案及规范要求。

（1）门式作业脚手架通道口高度不宜大于2个门架高度，对门式作业脚手架通道口应采取加固措施。

（2）当通道口宽度为1个门架跨距时，在通道口上方的内外侧应设置水平加固杆，水平加固杆应延伸至通道口两侧各一个门架跨距。当通道口宽度为多门架跨距时，在通道口上方应设置托架梁，并应加强两侧的门架立杆，托架梁及洞口两侧的加强杆应经专门设计和制作。应在通道口内上角设置斜撑杆。

## 四、碗扣式钢管脚手架的安全巡视检查要点

碗扣式钢管脚手架的组成，参见图4-5。

碗扣式钢管脚手架是指采用碗扣方式连接的钢管脚手架。立杆的碗扣节点应由上碗扣、下碗扣、横杆接头和上碗扣限位销等构成（图4-6）。

碗扣式钢管脚手架的安全检查应符合现行行业标准《建筑施工碗扣式钢管脚手架安全技术规范》JGJ 166的规定。项目监理机构应监督施工单位按照《建筑施工安全检查标准》JGJ 59规定的检查项目及技术规范对碗扣式钢管脚手架施工进行安全检查。

碗扣式钢管脚手架安全检查项目应包括保证项目：施工方案；架体基础；架体稳定；杆件锁臂；脚手板；交底与验收。一般项目：架体防护；构配件材质；荷载；通道。

项目监理机构对碗扣式钢管脚手架的安全巡视检查也应符合安全检查标准和相关技术规范的规定。巡视检查要点为：

（一）架体稳定

1. 检查架体与建筑结构拉结及连墙件的设置是否符合规范要求。连墙件应从架体底层第一步纵向水平杆处开始设置，当该处设置有困难时应采取其他可靠措施固定。

（1）连墙件应呈水平设置，当不能呈水平设置时，与脚手架连接的一端应下斜连接；每层连墙件应在同一平面，其位置应由建筑结构和风荷载计算确定，且水平间距不应大于4.5m。

（2）连墙件应设置在靠近有横向水平杆的碗扣节点处。当采用钢管扣件做连墙件时，

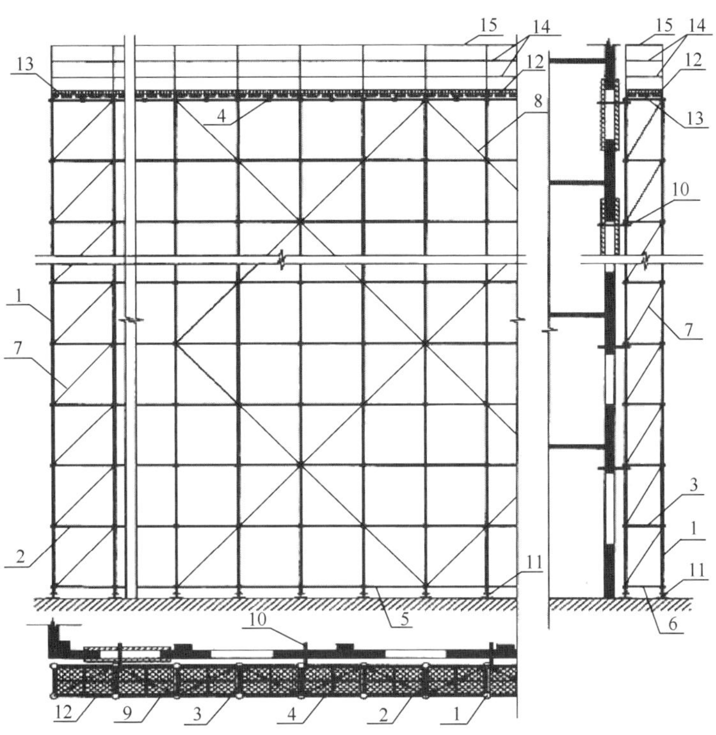


图 4-5 碗扣式钢管脚手架的组成

1—立杆；2—纵向水平杆；3—横向水平杆；4—间水平杆；5—纵向扫地杆；6—横向扫地杆；7—竖向斜撑杆；8—剪刀撑；9—水平斜撑杆；10—连墙件；11—底座；12—脚手板；13—挡脚板；14—栏杆；15—扶手

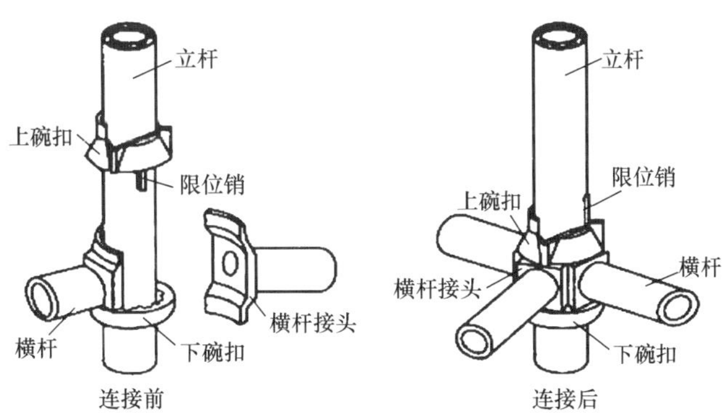


图 4-6 碗扣节点构造图

连墙件应与立杆连接，连接点距碗扣节点距离不应大于 150mm。

(3) 连墙件应采用可承受拉、压荷载的刚性结构，连接应牢固可靠。

(4) 当脚手架高度大于 24m 时，顶部 24m 以下所有的连墙件层必须设置水平斜杆，水平斜杆应设置在纵向横杆之下。

(5) 检查连墙件设置坡度，应满足图 4-7 要求。

2. 巡视检查架体拉结点。脚手架架体拉结点应牢固可靠。

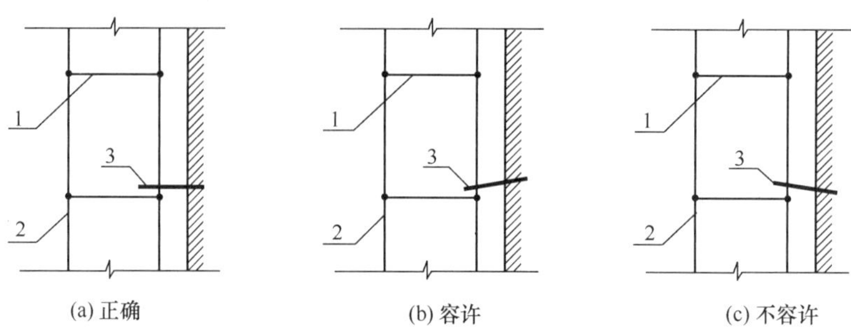


图 4-7 连墙件设置坡度方向示意
1—横向水平杆；2—立杆；3—连墙件



3. 碗扣式脚手架连墙件应采用刚性杆件，双排脚手架连墙件应随架体升高及时在规定位置处设置，严禁任意拆除。

4. 检查架体竖向是否沿高度方向连续设置专用斜杆或八字撑。

（1）专用斜杆应设置在有纵、横向横杆的碗扣节点上；在封圈的脚手架拐角处及一字型脚手架端部应设置竖向通高斜杆。

（2）当架体搭设高度不大于 24m 时，每隔 5 跨应沿高度由底至顶连续设置一组竖向通高斜杆；当架体搭设高度大于 24m 时，应每隔 3 跨沿高度由底至顶连续设置一组竖向通高斜杆；各组斜杆应对称设置。

5. 检查专用斜杆两端的固定。专用斜杆两端应固定在有纵向及横向水平杆的碗扣节点处。

6. 专用斜杆或八字形斜撑的设置角度应符合规范要求。

7. 脚手架的水平杆应按步距沿纵向和横向连续设置，不得缺失。在立杆底部的碗扣处应设置一道纵向和横向水平杆作为扫地杆，扫地杆距离地面高度不应超过 400mm，水平杆和扫地杆应与相邻立杆连接牢固。

（二）架体杆件锁件

1. 巡视检查架体立杆间距、水平杆步距是否符合设计和规范要求。

2. 检查施工单位是否按照专项施工方案设计的步距在立杆连接碗扣节点处设置纵、横向水平杆。

3. 当架体搭设高度超过 24m 时，检查顶部 24m 以下的连墙件是否按照规范要求设置水平斜杆，水平斜杆应设置在纵向水平杆之下。

4. 监督施工单位按照规范及专项施工方案规定对碗扣式脚手架架体进行组装及碗扣紧固。架体组装及碗扣紧固应符合下列规定：

（1）立杆的上碗扣应能上下串动转动灵活，不得有卡滞现象；碗扣节点上应在安装 1～4 个横杆时，上碗扣均能锁紧；立杆与立杆的连接孔处应能插入 ϕ10mm 连接销；

（2）当搭设不少于二步三跨 1.8m×1.8m×1.2m（步距×纵距×横距）的整体脚手架时，每一框架内横杆与立杆的垂直度偏差应小于 5mm；

（3）当双排脚手架按曲线布置进行组架时，应按曲率要求采用不同长度的横杆组架，曲率半径应按几何尺寸计算确定；

（4）当双排脚手架转角为直角时，宜将垂直两方向的架体用横杆直接组架搭设；当双排脚手架转角为非直角或者受尺寸限制不能直接用横杆组架时，应将两架体中间以杆件斜向连接，连接钢管应扣接在碗扣式钢管脚手架的立杆上。

（三）脚手板

1. 检查脚手板的材质、规格是否符合有关规范要求。脚手板可以使用与碗扣式钢管脚手架配套设计的钢制脚手板，当采用竹、木脚手板时，其材质应符合规范要求。

2. 巡视检查脚手板的铺设是否严密、平整、牢固，是否按脚手架的宽度满铺，板与板之间应紧靠，与墙面的距离不应大于 150mm。冲压钢脚手板、木脚手板、竹串片脚手板两端应与横杆绑牢，作业层相邻两根横杆间应加设间横杆，脚手板探头长度应小于或等于 150mm。

3. 检查挂扣式钢脚手板的挂扣。挂扣式钢脚手板的挂扣应带有自锁装置，必须完全挂扣在水平杆上，挂钩应处于锁住状态。

（四）架体防护

1. 检查脚手架架体外侧是否采用密目式安全网进行封闭，网间连接是否严密。安全网应设置在外排立杆的里面，应用符合要求的系绳将密目网周边每隔 450mm 系牢在钢管上。

2. 检查作业层防护栏杆的设置。脚手架架体外侧应在大横杆与脚手板之间设置 1200mm 高的两道防护栏杆。

3. 作业层外侧应设置高度不小于 180mm 的挡脚板，栏杆和挡脚板均应设在外立杆的内侧。检查脚手架架体作业层脚手板下是否按规定采用安全平网兜底，且以下每隔 10m 是否采用安全平网封闭。

（五）施工荷载

1. 巡视检查脚手架架体上的施工荷载。项目监理机构应督促施工单位对脚手架进行日常性的检查和维护，对架体上的建筑垃圾或杂物应及时清理。架体作业层上严禁超载，严禁将缆风绳、混凝土泵管、卸料平台等固定在脚手架上。

2. 督促事故单位检查施工均布荷载、集中荷载是否在设计允许范围内。应避免装卸物料对脚手架或模板支架产生偏心、振动和冲击荷载。

### 五、承插型盘扣式钢管脚手架的安全检查要点

承插型盘扣式钢管脚手架，系指立杆之间采用外套管或内插管连接，水平杆和斜杆采用杆端扣接头卡入连接盘，用楔形插销连接，能承受相应的荷载，并具有作业安全和防护功能的结构架体。根据立杆外径大小，承插型盘扣式钢管脚手架可分为标准型（B 型）和重型（Z 型）。

承插型盘扣式钢管脚手架构件、材料及其制作质量应符合现行行业标准《承插型盘扣式钢管支架构件》JG/T 503 的规定。

盘扣节点应由焊接于立杆上的连接盘、水平杆杆端扣接头和斜杆杆端扣接头组成，详见图 4-8。

施工单位对承插型盘扣式钢管脚手架的安全检查应符合现行行业标准《建筑施工承插型盘扣式钢管脚手架安全技术标准》JGJ/T 231 的规定。项目监理机构应监督施工单位按照《建筑施工安全检查标准》JGJ 59 规定的检查项目及技术规范对承插型盘式钢管脚手架施工进行安全检查。

承插型盘扣式钢管脚手架安全检查项目应包括保证项目：施工方案、架体基础；架体

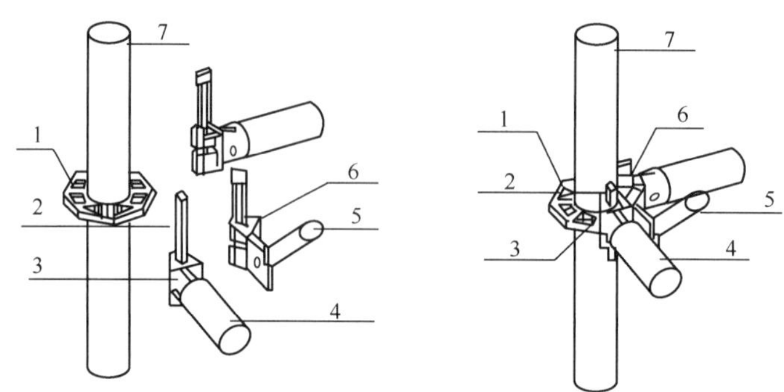


图 4-8 盘扣节点

1—连接盘；2—插销；3—水平杆杆端扣接头；
4—水平杆；5—斜杆；6—斜杆杆端扣接头；7—立杆



稳定；杆件设置；脚手板；交底与验收。一般项目：架体防护；杆件连接；构配件材质；通道。

项目监理机构对承插型盘扣钢管脚手架的安全巡视检查也应符合安全检查标准和相关技术规范的规定。巡视检查要点为：

（一）架体稳定

1. 检查架体与建筑结构拉结是否符合规范要求。架体与建筑结构应从架体底层第一步水平杆处开始设置连墙件，设置有困难时应采取其他可靠措施固定。

2. 检查架体拉结点，拉结点是否牢固可靠。

3. 巡视检查架体连墙件的设置，连墙件应采用刚性杆件。连墙件的设置应符合下列规定：

（1）连墙件应采用可承受拉、压荷载的刚性杆件，并应与建筑主体结构和架体连接牢固；

（2）连墙件应靠近水平杆的盘扣节点设置；

（3）同一层连墙件宜在同一水平面，水平间距不应大于 3 跨；连墙点之上架体的悬臂高度不得超过 2 步；

（4）在架体的转角处或开口型双排脚手架的端部应按楼层设置，且竖向间距不应大于 4m；

（5）连墙件宜从底层第一步水平杆处开始设置；

（6）连墙件宜采用菱形布置，也可采用矩形布置；

（7）连墙点应均匀分布；

（8）当脚手架下部不能搭设连墙件时，宜外扩搭设多排脚手架并设置斜杆，形成外侧斜面状附加梯形架。

4. 检查架体竖向斜杆、剪刀撑的设置是否符合规范规定。双排脚手架的外侧立面上应设置竖向斜杆并应符合下列规定：

（1）在脚手架的转角处、开口型脚手架端部应由架体底部至顶部连续设置斜杆；

（2）应每隔不大于 4 跨设置一道竖向或斜向连续斜杆；当架体搭设高度在 24m 以上时。应每隔不大于 3 跨设置一道竖向斜杆。

（3）竖向斜杆应在双排作业架外侧相邻立杆间由底至顶连续设置。

5. 竖向斜杆的两端应固定在纵、横向水平杆与立杆汇交的盘扣节点处。

（二）杆件设置

1. 检查立杆纵横向间距、水平杆步距是否符合设计和规范要求。当搭设双排外作业架时或搭设高度 24m 及以上时，应根据使用要求选择架体几何尺寸，相邻水平杆步距不宜大于 2m。

2. 督促施工单位检查架体是否按专项施工方案设计的步距在立杆连接插盘处设置纵、横向水平杆。

3. 当双排脚手架的水平杆未设挂扣式钢脚手板时，督促施工单位检查脚手架是否按规范要求设置水平斜杆。

（三）脚手板

1. 巡视检查脚手板材质、规格，其材质、规格是否符合规范要求。

2. 督促施工单位检查脚手板的铺设。脚手板的铺设严密、平整、牢固，并按脚手架的宽度满铺，板与板之间紧靠。项目监理机构应进行抽查。

3. 检查挂扣式钢脚手板的挂扣，挂扣式钢脚手板的挂钩应稳固扣在水平杆上，挂钩应处于锁住状态。

（四）作业架的检查和验收

1. 架体分段搭设、分段使用时，项目监理机构应督促施工单位按进度进行分段验收。当出现下列情况之一时，作业架应进行检查和验收。项目监理机构应检查施工单位的验收手续。对属于危大工程的，项目监理机构应参加验收。

（1）基础完工后及作业架搭设前；

（2）首段高度达到 6m 时；

（3）架体随施工进度逐层升高时；

（4）搭设高度达到设计高度后；

（5）停用 1 个月以上，恢复使用前；

（6）遇 6 级以上强风、大雨及冻结的地基土解冻后。

2. 监督施工单位按照下列规定对作业架检查和验收：

（1）搭设的架体应符合设计要求，斜杆或剪刀撑设置应符合相关规定；

（2）立杆基础不应有不均匀沉降，可调底座与基础面的接触不应有松动和悬空现象；

（3）连墙件设置应符合设计要求，应与主体结构、架体可靠连接；

（4）外侧安全立网、内侧层间水平网的张挂及防护栏杆的设置应齐全、牢固；

（5）周转使用的脚手架构配件使用前应进行外观检查，并应作记录；

（6）搭设的施工记录和质量检查记录应及时、齐全；

（7）水平杆扣接头、斜杆扣接头与连接盘的插销应销紧。

（五）架体防护

1. 检查架体外侧是否采用密目式安全网进行封闭。网间连接应严密，安全网设置在外排立杆的里面。密目网应用符合要求的系绳将网周边每隔 450mm 在钢管上系牢。

2. 检查作业层防护栏杆的设置。脚手架架体外侧应按规范要求在大横杆与脚手板之间设置 1200mm 高的两道防护栏杆。防护栏杆可在每层作业面立杆的 0.5m 和 1.0m 的连接盘处布置两道水平杆，并应在外侧满挂密目安全网。

作业架顶层的外侧防护栏杆高出顶层作业层的高度不应小于1500mm。

3. 检查作业层外侧应设置高度不小于180mm的挡脚板。

4. 督促施工单位随时巡查脚手架架体作业层脚手板下是否采用安全平网兜底，以下每隔10m是否采用安全平网封闭。

（六）杆件连接

1. 检查立杆的接长。立杆之间采用外套管或内插管连接。双排外作业架首层立杆宜采用不同长度的立杆交错布置。

2. 检查剪刀撑的接长，剪刀撑的接长应符合规范要求。

## 六、满堂脚手架的安全巡视检查要点



满堂扣件式钢管脚手架是指在纵、横方向，有不少于三排立杆并与水平杆、水平剪刀撑、竖向剪刀撑、露肩等构成的脚手架，简称满堂脚手架。用扣件式钢管搭设的满堂脚手架，广泛用于展览大厅、体育馆等层高、开间较大的建筑顶部的施工，是保证安全施工作业的重要支撑结构，直接影响施工作业的安全进行。因此，满堂脚手架必须有足够的承载力、刚度和稳定性，在施工过程中承受各种荷载时才不会发生失稳倒塌、变形倾斜、摇晃或扭曲现象。

满堂脚手架的安全检查应符合现行行业标准《建筑施工扣件式钢管脚手架安全技术规范》JGJ 130、《建筑施工门式钢管脚手架安全技术标准》JGJ/T 128、《建筑施工碗扣式钢管脚手架安全技术规范》JGJ 166和《建筑施工承插型盘扣式钢管脚手架安全技术标准》JGJ/T 231的规定。

项目监理机构应监督施工单位按照《建筑施工安全检查标准》JGJ 59规定的检查项目及相关技术规范对满堂脚手架工程进行安全检查。

对满堂脚手架的安全巡视检查项目应包括保证项目：施工方案；架体基础；架体稳定；杆件锁件；脚手板；交底与验收。一般项目：架体防护；构配件材质；荷载；通道。

项目监理机构对满堂脚手架的安全巡视检查也应符合安全检查标准和相关技术规范的规定。巡视检查要点为：

（一）架体稳定

1. 检查架体四周与中部是否按规范设置竖向剪刀撑或专用斜杆。用钢管扣件搭设满堂脚手架时，应在架体四周及内部纵横向每6～8m由底部至顶部连续设置竖向剪刀撑。

2. 检查架体是否按规范要求设置水平剪刀撑或水平斜杆。满堂脚手架应在架体外侧四周及内部纵、横向每6～8m由底至顶设置连续竖向剪刀撑。当架体搭设高度在8m以下时，应在架体顶部设置连续水平剪刀撑。当架体高度在8m及以上时，应在架体底部、顶部及竖向间隔不超过8m分别设置连续水平剪刀撑。水平剪刀撑设置在竖向剪刀撑斜杆相交平面内剪刀撑宽度应为6～8m。

3. 用钢管扣件搭设满堂脚手架时，架体高宽比不宜大于3，当架体高宽比大于2时，应在架体的外侧四周和内部水平间隔6～9m，竖向间隔4～6m设置连墙件与建筑结构拉结。当无法设置连墙件时，应采取增加架体宽度、设置钢丝绳张拉固定等稳定措施。

（二）杆件锁件

1. 督促施工单位按照设计和规范要求检查架体立杆件间距、水平杆步距。项目监理机构应进行抽查。

2. 按规范要求检查杆件的接长。满堂脚手架立杆接长除顶层顶步外，其余各层各步接头必须采用对接扣件连接。纵、横向水平杆接长应采用对接扣件连接或搭接，并应符合有关规范要求。

3. 架体搭设应牢固，巡视检查杆件节点是否按规范要求进行紧固。立杆接长、接头必须采用对接扣件连接，立杆的对接扣件应交错布置，两根相邻立杆的接头不应设置在同步内，同步内隔一根立杆的两个相隔接头，在高度方向错开的距离不宜小于 500mm。

（三）脚手板

1. 巡视检查施工现场满堂脚手架脚手板的铺设是否符合规范规定。

（1）作业层脚手板应满铺，铺稳、铺牢，离开墙面 120～150mm。满堂脚手架操作层支撑脚手板的水平杆间距不应大于 1/2 跨距，冲压钢脚手板、木脚手板、竹串片脚手板等应设置在 3 根横向水平杆上。

（2）脚手板的铺设应采用对接平铺或搭接铺设，脚手板对接平铺时接头处应设置两根横向水平杆。当脚手板长度小于 2m 时，可采用两根横向水平杆支撑，但应将脚手板两端与横向水平杆可靠固定，严防倾覆。

2. 检查脚手板的材质、规格。其材质和规格应符合规范要求。

3. 挂扣式钢脚手板的挂扣应完全挂扣在水平杆上，挂钩处应处于锁住状态。

（四）架体防护

1. 检查作业层外侧防护栏杆及挡脚板的设置。栏杆和挡脚板均应搭设在外立杆内侧，防护栏杆的高度应为 1.2m，挡脚板高度应不小于 180mm。

2. 巡视检查作业层脚手板下是否采用安全平网兜底，以下每隔 10m 应采用安全平网封闭。

（五）施工荷载

1. 督促施工单位巡视检查满堂脚手架架体上的施工荷载。满堂脚手架的施工荷载不应超过方案设计中的最大允许值，且应符合设计和规范要求。督促施工单位对架体上的各类荷载均匀布设，严禁物料集中堆放。

2. 监督施工单位严格控制施工均布荷载、集中荷载在设计允许范围内。

## 七、悬挑式脚手架的安全巡视检查要点

施工现场悬挑式脚手架一般有两种类型，一种为每层一挑，将立杆底部顶在楼板、梁或墙体等建筑部位，向外倾斜固定后，在其上部搭设横杆、铺设脚手板形成一个层高的施工层，转入上层后再重新搭设。另一种为多层悬挑，将全高脚手架分成若干段，每段搭设高度不宜超过 20m，利用悬挑梁或悬挑架作为脚手架基础分段搭设。

型钢悬挑梁宜采用双轴对称截面的型钢。悬挑钢梁型号及锚固件应按设计确定，钢梁截面高度不应小于 160mm。悬挑梁尾端应在两处及以上固定于钢筋混凝土梁板结构上。锚固型钢悬挑梁的 U 形钢筋拉环或锚固螺栓直径不宜小于 16mm。用于锚固的 U 形钢筋拉环或螺栓应采用冷弯成型。U 形钢筋拉环、锚固螺栓与型钢间隙应用钢楔或硬木楔楔

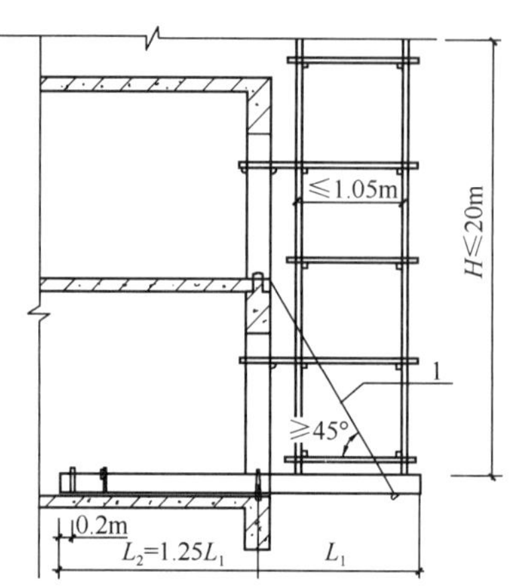

图 4-9 型钢悬挑脚手架构造
1—钢丝绳或钢拉杆

紧（图 4-9）。

对悬挑式脚手架的安全检查应符合现行行业标准《建筑施工扣件式钢管脚手架安全技术规范》JGJ 130、《建筑施工门式钢管脚手架安全技术标准》JGJ/T 128、《建筑施工碗扣式钢管脚手架安全技术规范》JGJ 166 和《建筑施工承插型盘扣式钢管脚手架安全技术标准》JGJ/T 231 的规定。

项目监理机构应监督施工单位按照《建筑施工安全检查标准》JGJ 59 规定的检查项目及相关技术规范对悬挑式脚手架工程进行安全检查。对悬挑式脚手架的安全巡视检查项目应包括保证项目：施工方案；架体基础；悬挑钢梁；架体稳定；脚手板；荷载；交底与验收。一般项目：杆件间距；架体防护；层间防护；构配件材质。



项目监理机构对悬挑式脚手架的安全巡视检查也应符合安全检查标准和相关技术规范的规定。巡视检查要点为：

（一）悬挑钢梁

1. 检查悬挑钢梁截面尺寸。悬挑梁宜采用双轴对称截面的型钢（18～20 号工字钢），悬挑钢梁型号、截面尺寸及锚固件应经设计计算确定，钢梁的截面高度不应小于 160mm，且截面形式应符合设计和规范要求。

2. 项目监理机构应重点检查悬挑钢梁锚固端长度是否符合规范要求，发现悬挑钢梁锚固端长度不符合规范要求，应及时签发监理通知单要求施工单位整改。悬挑钢梁的悬挑长度应按设计确定，不宜超过 1.5m，锚固端长度不应小于悬挑端长度的 1.25 倍。

3. 巡视检查钢梁锚固处结构强度、锚固措施是否符合设计和规范要求。

（1）型钢悬挑梁悬挑端应设置能使脚手架立杆与钢梁可靠固定的定位点，定位点离悬挑梁端部不应小于 100mm，当型钢悬挑梁与建筑物采用螺栓钢压板连接固定时，钢压板尺寸不应小于 100mm×10mm（宽×厚）；当采用螺栓角钢压板连接时，角钢的规格不应小于 63mm×63mm×6mm。锚固型钢悬挑梁的 U 形钢筋拉环螺栓直径不宜小于 160mm，应采用冷弯成型。

（2）锚固位置设置在楼板上时，楼板厚度不宜小于 120mm。如果楼板厚度小于 120mm，应采取加固措施。

4. 检查钢梁外端与上层建筑结构的拉结。钢梁外端应设置钢丝绳或钢拉杆与上层建筑结构拉结。建筑结构拉结吊环应使用 HPB235 级钢筋，直径不小于 20mm。

型钢悬挑脚手架构造见图 4-10，悬挑钢梁构造详见图 4-11。

5. 检查钢梁间距是否按悬挑架体立杆纵距设置，每一纵距设置一根。

（二）架体稳定

1. 检查立杆底部与钢梁连接柱固定措施，固定措施应确保底部不发生位移。

2. 检查承插式立杆接长是否采用螺栓或销钉固定。

3. 检查架体纵横向扫地杆的设置是否符合规范要求。

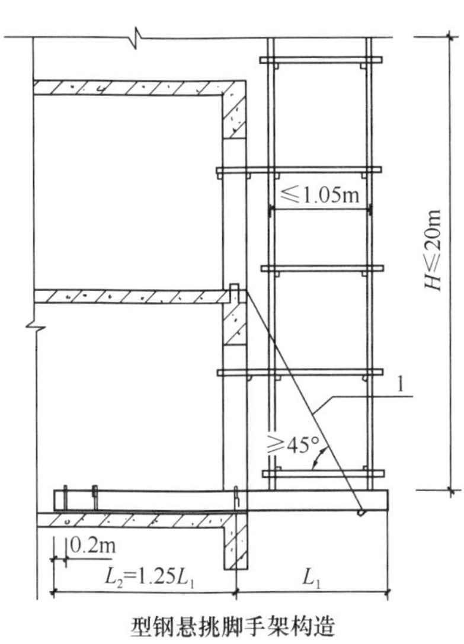

型钢悬挑脚手架构造

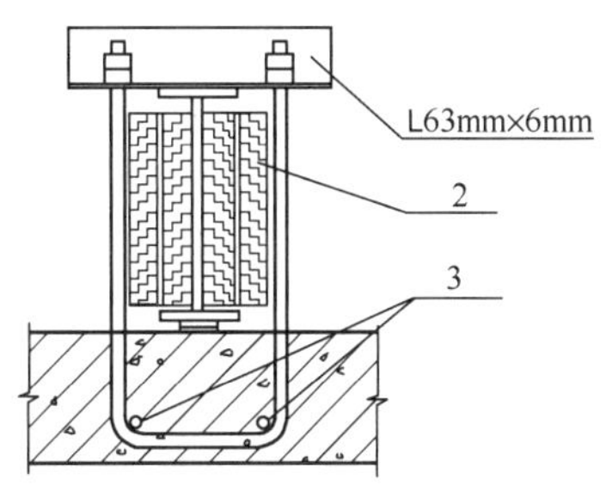

悬挑钢梁U形螺栓固定构造

图 4-10　悬挑脚手架构造

1—钢丝绳或钢拉杆；2—木楔侧向楔紧；3—两根 1.5m 长直径 18mm 的 HRB335 钢筋

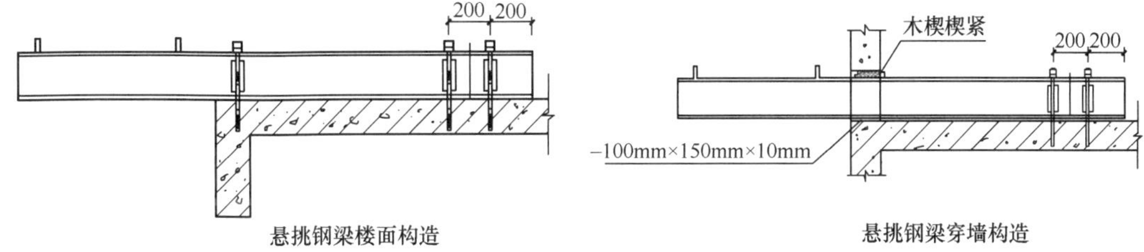

悬挑钢梁楼面构造　　悬挑钢梁穿墙构造

图 4-11　悬挑钢梁构造

4. 检查架体剪刀撑的设置，剪刀撑应沿悬挑架体高度连续设置，角度应为 45°～60°。

5. 检查架体是否按规定设置横向斜撑。

6. 多层悬挑每段搭设的脚手架，应按照落地式脚手架搭设规定，架体应采用刚性连墙件与建筑结构拉结，设置的位置、数量应符合设计和规范要求。

（三）脚手板

1. 检查脚手板材质、规格是否符合规范要求。

2. 巡视检查脚手板的铺设。脚手板的铺设应严密、牢固，须按照脚手架的宽度满铺脚手板，板与板之间紧靠，脚手板平接或搭接应符合相关要求，探出横向水平杆长度不应大于 150mm。

（四）施工荷载

督促施工单位检查脚手架的施工荷载。悬挑脚手架架体上的施工荷载应均匀，并不应超过设计和规范要求。悬挑架上不准存放大量材料、过重的设备，施工人员作业时，尽量分散脚手架的荷载。

（五）杆件间距

1. 检查立杆纵、横向间距、纵向水平杆步距是否按专项施工方案设置、是否符合设计和规范要求。

（1）立杆纵、横向间距、纵向水平杆步距应按施工方案的规定设置，立杆的间距及倾斜角度不得随意改变。

（2）单层悬挑脚手架的立杆应按照 1.5～1.8m 步距设置大横杆，并按照落地式脚手架作业层的要求设置小横杆。

（3）多层悬挑时，每段脚手架的搭设要求应按照落地式脚手架立杆、大横杆、小横杆及剪刀撑的规定设置。

2. 检查作业层脚手板的铺设。悬挑脚手架作业层应按脚手板铺设的需要增加横向水平杆。

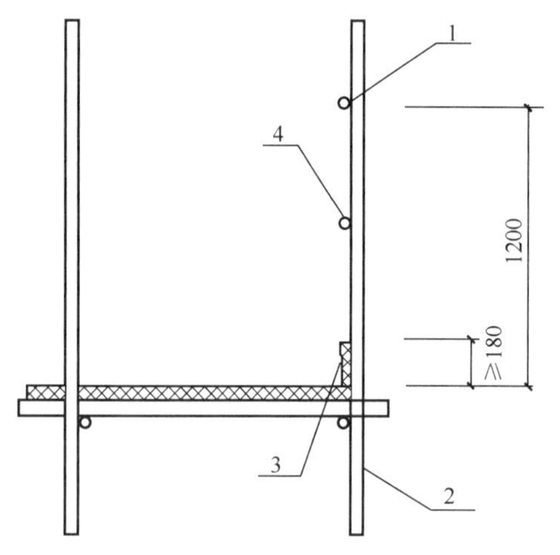


图 4-12　栏杆与挡脚板构造

1—上栏杆；2—外立杆；3—挡脚板；4—中栏杆

（六）架体防护

1. 巡视检查悬挑脚手架作业层外侧的防护栏杆及挡脚板。悬挑脚手架作业层外侧应按照临边防护的规定设置防护栏杆和设置挡脚板。

检查作业层、斜道的栏杆和挡脚板的搭设应符合下列规定（图 4-12）：

（1）栏杆和挡脚板均应搭设在外立杆的内侧；

（2）上栏杆上皮高度应为 1.2m；

（3）挡脚板高度不应小于 180mm；

（4）中栏杆应居中设置。

2. 巡视检查架体外侧是否采用密目式安全网封闭，网间连接是否严密。单层悬挑脚手架包括防护栏杆及斜立杆应全部用密目网封闭；多层悬挑脚手架仍按照落地式脚手架的要求，用密目网封闭。

（七）层间防护

1. 巡视检查悬挑脚手架架体作业层脚手板下的防护措施，脚手板的铺设应符合下列规定：

（1）脚手板应铺满、铺稳，离墙面的距离不应大于 150mm。

（2）采用对接或搭接时均应符合规范规定；脚手板探头应用直径 3.2mm 的镀锌钢丝固定在支承杆件上。

（3）在拐角、斜道平台口处的脚手板，应用镀锌钢丝固定在横向水平杆上，防止滑动。

（4）单层悬挑脚手架架体作业层脚手板下应采用安全平网兜底，以下每隔 10m 应采用安全平网封闭。

（5）多层悬挑脚手架应按照落地式脚手架的要求设置作业层防护，且应在作业层脚手板与建筑物墙体缝隙过大时增加防护，防止人员、物体坠落。

（6）安全网做防护层必须封挂严密牢靠，密目网用于立网防护，水平防护时必须采用平网，不允许用立网代替平网。

2. 检查作业层里排架体与建筑物之间是否采用脚手板或安全平网封闭。

3. 检查架体底层沿建筑结构边缘在悬挑钢梁与悬挑钢梁之间是否采取措施封闭。悬挑脚手架架体底层应进行封闭。

## 八、附着式升降脚手架的安全巡视检查要点

附着式升降脚手架是指搭设一定高度并附着于工程结构上，依靠自身的升降设备和装置，可随工程结构逐层爬升或下降，具有防倾覆、防坠落装置的外脚手架。附着式升降脚手架应由竖向主框架、水平支承桁架、架体构架、附着支承结构、防倾装置、防坠装置等组成。附着式升降脚手架在高层建筑主体施工及外装修作业中被广泛采用，主要形式有导轨式、悬挑式、吊拉式等。

附着式升降脚手架安装前，项目监理机构应要求施工单位根据工程结构、施工环境等特点编制专项施工方案，并应经总承包单位技术负责人审批、项目总监理工程师审核后实施。

项目监理机构应核查工具式脚手架的分包模式。当工具式脚手架必须分包时，总承包单位应将工具式脚手架专业工程发包给具有相应资质等级的专业队伍，并应签订专业承包合同，明确总包、分包或租赁等各方的安全生产责任。

由于附着式升降脚手架的使用具有较大的危险性，施工现场使用的附着式升降脚手架应由总承包单位统一监督，其安装、升降、使用、拆除等作业前，项目监理机构应督促施工单位向有关作业人员进行安全教育及安全技术交底，并应设专人随时进行巡视检查。

对附着式升降脚手架的安全检查应符合现行行业标准《建筑施工工具式脚手架安全技术规范》JGJ 202 的规定。项目监理机构应监督施工单位按照《建筑施工安全检查标准》JGJ 59 规定的检查项目及相关技术规范对附着式升降脚手架工程进行安全检查。

附着式升降脚手架的安全巡视检查项目应包括保证项目：施工方案；安全装置；架体构造；附着支座；架体安装；架体升降。一般项目：检查验收；脚手板；架体防护；安全作业。

项目监理机构对附着式升降脚手架的安全巡视检查也应符合安全检查标准和相关技术规范的规定。巡视检查要点为：

（一）安全装置

1. 巡视检查附着式升降脚手架是否按照规范要求安装防坠落装置。附着式升降脚手架必须具有防倾覆、防坠落和同步升降控制的安全装置。防坠落装置技术性能除应满足承载能力要求外，还应符合表 4-3 的规定。

**防坠落装置技术性能　　表 4-3**

| 脚手架类别 | 制动距离（mm） |
| --- | --- |
| 整体式升降脚手架 | ≤80 |
| 单跨式升降脚手架 | ≤150 |

2. 检查防坠落装置与升降设备是否分别独立固定在建筑结构上。

3. 检查防坠落装置是否设置在竖向主框架处并附着在建筑结构上，每一升降点不得少于一个防坠落装置，防坠落装置在使用和升降工况下都应起作用。

防坠落装置应采用机械式的全自动装置，应具有防尘、防污染的措施，并应灵敏可靠和运转自如。钢吊杆式防坠落装置，钢吊杆规格应由计算确定，且不应小于 Φ25mm。严禁使用每次都需重组的手动装置。

4. 为保障在升降时脚手架不发生倾斜、晃动，附着式升降脚手架应安装防倾覆装置，

检查安装防倾覆装置技术性能是否符合规范要求，并应符合下列规定：

（1）防倾覆装置中应包括导轨和两个以上与导轨连接的可滑动的导向件。在防倾导向件的范围内应设置防倾覆导轨，且应与竖向主框架可靠连接。应采用螺栓与附墙支座连接，其装置与导轨之间的间隙应小于5mm。

（2）防倾覆装置应具有防止竖向主框架倾斜的功能。

5. 在升降和使用两种工况下，检查两个导向件的间距是否符合规范规定。最上和最下两个导向件之间的最小间距不得小于2.8m或架体高度的1/4。

6. 检查附着式升降脚手架是否配备限制荷载或水平高差的同步控制装置，同步控制装置应符合规范规定。

同步控制装置应为自动显示、自动控制，从升降差和承载力两个方面进行控制。连续式水平支承桁架，应采用限制荷载自控系统；简支静定水平支承桁架，应采用水平高差同步自控系统；当设备受限时，可选择限制荷载自控系统。



（二）架体构造

督促施工单位从以下方面检查架体构造，项目监理机构应进行抽查。

1. 附着式升降脚手架架体应按落地式脚手架的要求进行搭设，架体高度不应大于5倍楼层高度，宽度不应大于1.2m。

2. 直线布置的架体支承跨度不得大于7m，折线、曲线布置的架体，相邻两主框架支撑点处的架体外侧距离不大于5.4m。

3. 架体水平悬挑长度不应大于2m，且不应大于跨度的1/2。

4. 架体悬臂高度不应大于架体高度的2/5，且不应大于6m。

5. 附着式升降脚手架架体高度与支承跨度的乘积不应大于110$m^2$。

6. 重点检查架体结构是否在以下部位采取可靠的加强构造措施：

（1）与附墙支座的连接处；

（2）架体上提升机构的设置处；

（3）架体上防坠、防倾装置的设置处；

（4）架体吊拉点设置处；

（5）架体平面的转角处；

（6）架体因碰到塔吊、施工升降机、物料平台等设施而需要断开或开洞处；

（7）其他有加强要求的部位。

（三）附着支座

1. 附着支座是附着式升降脚手架的主要承载传装置，附着支承结构应包括附墙支座、悬臂梁及斜拉杆。项目监理机构应按规范要求巡视检查附着支座数量、间距。竖向主框架所覆盖的每个楼层处应设置一道附墙支座。

2. 在使用工况时，应检查是否将竖向主框架与附墙支座固定。

3. 在升降工况时，应检查是否将防倾、导向装置设置在附墙支座上。

4. 巡视检查附着支座与建筑结构连接固定方式，固定方式应符合规范要求。附墙支座应采用锚固螺栓与建筑物连接，受拉螺栓的螺母不得少于两个或应采用弹簧垫圈加单螺母，螺杆露出螺母端部的长度不应少于3扣，并不得小于10mm，垫板尺寸应由设计确定，且不得小于100mm×100mm×10mm。

（四）架体安装

督促施工单位从以下方面对架体安装进行检查，项目监理机构应进行抽查。

1. 检查主框架和水平支承桁架的节点的连接。附着式升降脚手架主框架和水平支承桁架的节点应采用焊接或螺栓连接。桁架各杆件的轴线应相交于节点上，并宜采用节点板构造连接，节点板的厚度不得小于6mm。

2. 检查内外两片水平支承桁架的上弦和下弦之间是否设置水平支撑杆件，各节点应采用焊接或螺栓连接。

3. 检查架体立杆底端是否设置在水平桁架上弦杆的节点处。

4. 检查附着式升降脚手架竖向主框架组装高度是否与架体高度相等。

5. 检查附着式升降脚手架剪刀撑的设置。剪刀撑应沿架体高度连续设置，并应将竖向主框架、水平支承桁架和架体构架连成一体，剪刀撑斜杆水平夹角应为45°～60°。

（五）架体升降

1. 附着式升降脚手架每次升降前，项目监理机构应督促施工单位重点检查动力装置。两跨以上架体同时升降应采用电动或液压动力装置，不得采用手动装置。

2. 督促施工单位对附着式升降脚手架的升降操作按升降作业程序和操作规程进行作业；在架体升降时，检查所有妨碍升降的障碍物是否已拆除；所有影响升降作业的约束是否已解除。操作人员不得停留在架体上；各相邻提升点间的高差不得大于30mm，整体架最大升降差不得大于80mm。

3. 升降工况时检查架体上的施工荷载，升降工况时架体上不得有施工荷载。

4. 检查附着支座处建筑结构混凝土强度，升降工况附着支座处建筑结构混凝土强度应按设计要求确定，且不得小于C10。

（六）检查验收

1. 附着式提升脚手架在组装前，项目监理机构应督促施工单位应按规范要求对动力装置、安全装置及各种构配件进场按照规定进行验收。

2. 架体分区段安装、分区段使用时，项目监理机构应督促施工单位进行分区段验收。

架体安装完毕，应督促施工单位按规定进行整体验收，验收应有量化内容并经责任人签字确认。确认符合要求后，方可投入使用。项目总监理工程师和专业监理工程师应按有关规定参加验收。

附着式升降脚手架应在下列阶段进行检查与验收：

（1）首次安装完毕；

（2）提升或下降前；

（3）提升、下降到位，投入使用前。

3. 督促施工单位在脚手架架体每次升、降前应按规定进行检查，并应填写检查记录。项目监理机构应对架体的升降工况进行专项巡视检查。附着式升降脚手架和其他外挂式脚手架每提升一次，都应由项目分管负责人组织有关部门验收，经验收合格签字后，方可作业。项目监理机构应检查施工单位的验收手续并归档保存。

4. 督促施工单位在附着式升降脚手架使用、提升和下降阶段均应对防坠、防倾装置进行检查，合格后方可作业。

5. 督促施工单位对附着式升降脚手架所使用的电气设施和线路进行检查验收，验收应符合现行行业标准《施工现场临时用电安全技术规范》JGJ 46 的要求。

（七）脚手板

1. 巡视检查脚手的铺设是否铺设严密、平整、牢固。脚手板应按每层架体间距铺满铺严，无探头板并与架体固定绑牢。

2. 检查作业层里排架体与建筑物之间是否采用脚手板或安全平网封闭。

3. 按照规范要求检查脚手板材质、规格。脚手板应使用厚度不小于 50mm 的木板或专用钢制板网，不允许采用竹脚手板。

（八）架体防护

1. 巡视检查架体外侧是否按规范要求采用密目式安全网封闭，网间连接应严密并与脚手架绑牢。

2. 检查各作业层外侧是否按规范要求设置防护栏杆和高度不小于 180mm 的挡脚板。最底部作业层下方应同时采用密目网及平网挂牢封严，以防止人员坠落。



（九）安全作业

1. 督促施工单位在操作前对有关技术人员和作业人员进行安全技术交底，并应有文字记录。项目监理机构应检查施工单位的安全技术交底记录。

2. 作业人员应经培训并定岗作业，项目监理机构应检查作业人员的培训合格证。

3. 应检查安装拆除单位资质及种作业人员岗位证书是否合法有效。安装拆除单位资质应符合要求，特种作业人员应持证上岗，人员及证书应为同一人。

4. 架体安装、升降、拆除时，巡视检查在地面是否设置围栏和安全警戒标志，并应督促施工单位设置专人监护，非操作人员不得入内。

5. 检查作业层上的施工荷载，荷载分布应均匀，荷载最大值应在规范允许范围内。作业层上的施工荷载应符合设计要求，不得超载。

6. 附着式脚手架使用过程中，项目监理机构应随时进行巡视检查，监督施工单位不得利用架体调运物料、推车，不得在架体上拉结吊装缆绳，不得任意拆除结构件或松动连接件，不得随意拆除或移动架体上的安全防护设施，不得利用架体支撑模板或卸料平台不得进行影响架体安全的作业。

## 九、高处作业吊篮的安全巡视检查要点

高处作业吊篮是指悬挑机构架设于建筑物或构筑物上，利用提升机构驱动悬吊平台，通过钢丝绳沿建筑物或构筑物立面上下运行的施工设施，也是为操作人员设置的作业平台，主要用于高层建筑结构施工及外装修作业。高处作业吊篮应由悬挂机构、吊篮平台、提升机构、防坠落机构、电气控制系统、钢丝绳和配套附件、连接件组成。

高处作业吊篮的安全检查应符合现行行业标准《建筑施工工具式脚手架安全技术规范》JGJ 202 的规定。项目监理机构应监督施工单位按照《建筑施工安全检查标准》JGJ 59 规定的检查项目及相关技术规范对高处作业吊篮进行安全检查。

对高处作业吊篮的安全巡视检查项目应包括保证项目：施工方案；安全装置；悬挂机构；钢丝绳；安装作业；升降作业。一般项目：交底与验收；安全防护；吊篮稳定；荷载。

项目监理机构对高处作业吊篮的安全巡视检查也应符合安全检查标准和相关技术规范的规定。巡视检查要点为：

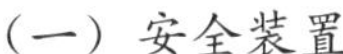

（一）安全装置

安全装置包括防坠安全锁、安全绳、上限位装置。安全锁扣的配件应完整齐全，规格和标识应清晰可辨；安全绳不得有松散、断股、打结现象，与建筑物固定位置应牢靠；上限位装置应能防止吊篮在上升过程出现冒顶现象。

1. 巡视检查高处作业吊篮的防坠安全锁。高处作业吊篮用的提升机、安全锁应有独立标牌，并应标明产品型号、技术参数、出厂编号、出厂日期、标定期、制造单位。

2. 检查防坠安全锁的标定期限，防坠安全锁不应超过标定期限。

3. 检查吊篮是否设置作业人员挂设安全带专用的安全绳和安全锁扣。安全绳应固定在建筑物可靠位置上，不得与吊篮上的任何部位连接。

4. 检查吊篮是否安装上限位装置，并应保证限位装置灵敏可靠。

（二）悬挂机构

1. 按照相关技术规范对吊篮的悬挂机构进行巡视检查。悬挂机构宜采用刚性连接方式进行拉结固定；悬挂机构前支架严禁支撑在女儿墙或建筑物外挑檐边缘等非承重结构上。

2. 按照高处作业吊篮使用说明书的规定检查悬挂机构前梁外伸长度。

3. 巡视检查悬挂机构支架安装情况。悬挂机构前支架应与支撑面保持垂直，脚轮不得受力。上支架应固定在前支架调节杆与悬挑梁连接的节点处。悬挂机构前支架严禁支撑在女儿墙上、女儿墙外或建筑物挑檐边缘。

4. 悬挂横梁应前高后低，前后水平高差不应大于横梁长度的2%。

5. 检查配重设置。配重件应稳定可靠地安放在配重架上，并应有防止随意移动的措施。巡查时发现施工单位使用破损的配重块或其他替代物应立即制止。巡视检查配重块的固定是否可靠，重量是否符合设计规定。

（三）吊篮钢丝绳

1. 巡视检查吊篮钢丝绳是否存在断丝、断股、松股、锈蚀、硬弯及油污和附着物情况，发现上述问题应及时要求施工单位整改。吊篮钢丝绳直径应与安全锁口的规格相一致。

2. 检查吊篮安全钢丝绳是否单独设置，型号规格是否与工作钢丝绳一致。

3. 吊篮运行时巡视检查安全钢丝绳是否张紧悬垂。

4. 督促施工单位在吊篮内进行电焊作业时，应对吊篮设备、钢丝绳、电缆采取保护措施。电焊作业时，巡视检查是否对钢丝绳采取保护措施，不得将电焊机放置在吊篮内，电焊缆线不得与吊篮任何部位接触，电焊钳不得搭挂在吊篮上。

（四）安装作业

1. 项目监理机构应督促施工单位进行高处作业吊篮安装时应按专项施工方案在专业人员的指导下实施。安装作业前，应划定安全区域，并应排除作业障碍。

2. 督促施工单位按照产品说明书和规范要求检查吊篮平台的组装长度。

3. 检查吊篮的构配件是否为同一厂家的产品。

4. 高处作业吊篮组装前，项目监理机构应督促施工单位确认结构件、紧固件已配套且完好，其规格型号和质量应符合设计要求。

5. 在建筑物屋面上进行悬挂机构的组装时，项目监理机构应要求施工单位作业人员应与屋面边缘保持2m以上的距离。组装场地狭小时应采取防坠落措施。安装时钢丝绳应沿建筑物立面缓慢下放至地面，不得抛掷。

6. 当使用两个以上的悬挂机构时，检查悬挂机构吊点水平间距与吊篮平台的吊点间距应相等，其误差不应大于 50mm。

7. 高处作业吊篮安装和使用时，在 10m 范围内如有高压输电线路，项目监理机构应要求施工单位按照现行行业标准《施工现场临时用电安全技术规范》JGJ 46 的规定，采取隔离措施。

（五）升降作业

1. 监督施工单位必须由经过培训合格的人员操作吊篮升降。项目监理机构应现场检查吊篮升降操作人员的培训合格证书。

2. 检查吊篮内的作业人员数量，不应超过 2 人。

3. 操作前应检查吊篮内作业人员是否佩戴安全帽，系安全带，并应将安全带用安全锁扣正确挂置在独立设置的专用安全绳上。

4. 吊篮正常工作时，应监督作业人员从地面进出吊篮内，不得从建筑物顶部、窗口等处或其他孔洞处出入吊篮。



（六）交底与验收

1. 按照《建筑施工工具式脚手架安全技术规范》JGJ 202 规定。高处作业吊篮在使用前必须经过施工、安装、监理等单位的验收，未经验收或验收不合格的吊篮不得使用。

2. 督促施工单位在吊篮安装完毕后，应按规范的规定逐台逐项进行验收，验收表应由责任人签字确认，并应经空载运行试验合格后方可使用。项目监理机构应按有关规定参加对吊篮的验收并检查施工单位的验收手续。

3. 督促施工单位班前、班后应按规定对吊篮进行检查。

4. 督促施工单位在吊篮安装、使用前对作业人员进行安全技术交底，并应有文字记录。项目监理机构应检查安全技术交底记录。

（七）安全防护

1. 巡视检查吊篮平台周边的防护栏杆、挡脚板的设置，设置应符合规范要求。

2. 检查上下立体交叉作业时吊篮是否设置顶部防护板。在吊篮下方可能造成坠落物伤害的范围，应按股规范规定设置安全隔离区和警告标志，人员和车辆不得停留、通行。

（八）吊篮稳定

1. 吊篮作业时，巡视检查施工单位是否采取防止吊篮摆动的措施。吊篮平台内应保持荷载均衡，不得超载运行。

2. 检查吊篮与作业面距离是否在规定要求范围内。

（九）吊篮荷载

1. 检查吊篮施工荷载，施工荷载应符合设计要求。

2. 吊篮作业时，巡视检查吊篮施工荷载是否均匀分布。监督施工单位不得将吊篮作为垂直运输设备，不得采用吊篮运送物料。

## 第四节　脚手架工程专项施工方案审查示例

### 一、专项施工方案报审情况

×××大厦工程由某工程监理公司监理。2021 年 2 月 10 日，项目监理机构收到施工项目经理部报来的《专项施工方案报审表》并附《×××大厦脚手架工程专项施工方案》。该专项施工方案由脚手架分包单位组织编写，分包单位和施工总包单位技术负责人均签署了审核通过的意见。该《专项施工方案报审表》由施工单位项目经理签字并加盖施工项目经理部印章，方案首页加盖了分包单位和施工总包单位的公章。

## 二、专项施工方案审查情况

项目监理机构专业监理工程师李××负责对该专项施工方案进行审查。经审查确认，专项施工方案的审核审批签字及印章均真实无误。

随后，专业监理工程师李××认真审阅了《××大厦脚手架工程专项施工方案》，发现存在专项施工方案的内容不完整、方案编制采用的标准规范版本错误、悬挑钢梁选用有误、引用数据不准确等问题。李××在《专项施工方案报审表》中签署了审查意见，总监理工程师王××据此签署了审核意见，要求施工单位修改后重新报审，详见下表。



**施工组织设计/（专项）施工方案报审表**　　　　表 B.0.1

工程名称：×××大厦工程　　　　编号：×××

| |
|---|
| 致：×××监理公司 ×××工程项目监理部（项目监理机构）<br>我方已完成×××大厦脚手架 工程~~施工组织设计~~/（专项）施工方案的编制和审批，请予以审查。<br>附件：□施工组织设计<br>☑专项施工方案<br>□施工方案<br><br>施工项目经理部（盖章）<br>项目经理（签字）×××<br>2021 年 2 月 10 日 |
| 审查意见：<br>经审查，专项施工方案存在以下问题：<br>1. 编制内容不完整，缺少脚手架平面布置图及转角处悬挑结构布置及相应计算；<br>2. 选用标准有误：《建筑结构荷载规范》GB 5009—2001（2006 版）和《钢结构设计规范》GB 50017—2003 均已作废，应使用现行规范和标准；<br>3. 引用标准和数据有误，虽注明编制依据为《建筑施工扣件式钢管脚手架安全技术规范》JGJ 130—2011，但方案引用的条文均为 JGJ 130—2001 的；虽注明钢管为 $\phi$48.3×3.6，但截面几何特征值均为原规范中 $\varphi$48×3.5 的；风载高度变化系数、挡风系数、风荷载体形系数取值均不正确；立杆结构自重标准值查自原规范 JGJ 130—2001，且因步距与方案不符而取值错误；<br>4. 悬挑钢梁选用 14 号工字钢有误，按《建筑施工扣件式钢管脚手架安全技术规范》JGJ 130 应选用 16 号工字钢；<br>5. 计算不准确，如悬挑脚手架高度取 20m 与实际不符。<br>施工单位应对该专项施工方案认真修改及审查。请总监理工程师审核。<br><br>专业监理工程师（签字）李××<br>2021 年 2 月 15 日 |
| 审核意见：<br>同意专业监理工程师审查意见，该方案不得用于指导施工。请施工单位修改后重新报审。<br><br>项目监理机构（盖章）<br>总监理工程师（签字、加盖执业印章）王××<br>2021 年 2 月 16 日 |
| 审批意见（仅对超过一定规模危险性较大分部分项工程专项方案）：<br><br>建设单位（盖章）<br>建设单位代表（签字）<br>年　　月　　日 |

注：本表一式三份，项目监理机构、建设单位、施工单位各一份。

附件：

# ×××大厦脚手架工程专项施工方案

一、工程概况

1. 工程项目基本情况

工程名称：×××大厦工程

建设地点：西海区南宁东路

主体结构：框架剪力墙结构。

建筑面积：地上建筑面积 19287.53m$^2$，地下建筑面积 1978.43m$^2$，总建筑面积 21265.96 m$^2$。

层数及功能：地上十三层，地下一层。其中 1～4 层为餐饮及宾馆配用套房，1 层层高 4.5m，2～4 层层高 3.9m；5～9 层为商务宾馆，10～13 层为写字楼，5～13 层层高均为 3.6m；地下一层为设备用房和小车车库。

工程工期：计划工期 550 日历天，计划开工工期 2021 年 03 月 25 日，计划竣工日期 2022 年 09 月 26 日。

2. 脚手架搭设基本信息

本工程外墙脚手架 1～4 层采用落地式脚手架，5～13 层采用悬挑脚手架。于五层楼面进行第一次悬挑脚手架搭设，于 10 层楼面进行第二次悬挑搭设。

本工程脚手架采用 $\phi$48.3×3.6 焊接钢管和扣件搭设成双排架，立杆采用单立管。悬挑部分脚手架采用 14 号工字钢做外伸钢梁承受上部脚手架荷载。

脚手架搭设横距为 1.05m，纵距为 1.5m，步距为 1.8m，内立杆距结构边 0.30m，连墙件为每层布置即竖向间距 3.6m，横向间距 4.5m。

施工作业层按 1 层计算，活荷载取值为 3.0kN/m$^2$，作业层设扶手栏杆和挡脚板并隔层铺设。脚手架外立杆内侧挂密目式安全网封闭施工。其余搭设要求按照 JGJ 130—2011 规定执行。

二、编制依据

1. 本工程施工图设计文件

2. 本工程施工组织设计

3. 相关工程建设标准、规范：

《建筑施工扣件式钢管脚手架安全技术规范》JGJ 130—2011；

《建筑施工脚手架安全技术统一标准》GB 51210—2016；

《建筑施工安全检查标准》JGJ 59—2011；

《建筑结构荷载规范》GB 50009—2001（2006 版）；

《钢结构设计规范》GB 50017—2003。

三、脚手架搭设与拆除施工计划

1. 脚手架搭设与拆除安排与主体结构、外墙装饰施工进度计划相衔接。具体进度安排详下表：（略）。

2. 脚手架材料分三批进场，具体进场时间与数量详下表：（略）。

3. 脚手架架设、使用维护及拆除劳动力安排详下表：（略）。

四、脚手架搭设工艺方案要求

1. 落地脚手架基础处理要求：

回填土基础处理：立杆要坐落在坚硬的地基上，分层夯实的地基上浇 150cm 厚 C20 混凝土并设排水措施，脚手架底座设通长厚 50mm 宽 10mm 垫木。

2. 悬挑钢梁的材质要求

1）悬挑梁采用 14 号热轧工字钢。

2）钢丝绳吊环采用 $\phi$20，悬挑梁锚环采用 $\phi$16，HRB235 钢筋。

3）钢丝绳采用 $\phi$16 直径 6×19 股。

3. 悬挑脚手架的搭设流程及要求

1）悬挑脚手架搭设的工艺流程为：水平悬挑梁→纵向扫地杆（连梁）→立杆→横向扫地杆→小横杆→大横杆（搁栅）→剪刀撑→连墙件→铺脚手板→扎防护栏杆→扎安全网。

2）悬挑架搭设要求：

外伸型钢梁一端悬挑，另一端固定在楼面结构上。悬挑梁末端用 1Φ16 钢丝绳悬挂在预埋上一层的楼外墙面结构边梁的 1Φ20 钢筋拉环上，钢丝绳和钢梁在同一垂直平面内。如采用 1Φ16 钢丝绳施工不方便，也可用 2Φ14 钢丝绳代替分别系在悬挑梁上内外立杆位置。

钢梁的锚固采用Φ16 钢筋预埋在楼面结构，上部用压板及螺栓将钢梁固定，其中一点固定在外侧边梁上，里侧固定在现浇板上时，锚固钢筋应固定在现浇板筋下部。

3）悬挑脚手架立杆搭设要求

支承结构型钢的纵向间距与上部脚手架立杆的纵向间距相同，立杆直接支承在悬挑的支承结构上。脚手架立杆与支承结构应有可靠的定位连接措施，以确保上部架体的稳定。采用在挑梁上焊接一根长 150～200mm、直径Φ25mm 的钢筋，立杆套在钢筋上，并同时在立杆下部设置扫地杆。因在型钢悬挑端部拉钢丝绳，为防止滑移在型钢端部下部也焊接钢筋桩。

4. 搭设立杆应符合下列要求：

立杆间距不大于 1.5m，横距 1.05m，内立杆距墙或凸窗 0.30m。立杆必须采用不同长度的钢管，立杆的连接必须交错布置，相邻立杆的连接不应在同一高度上，其错开高差不得少于 500mm，并布置于不同的楼层。

立杆接头除顶层可采用搭设连接外，其余接头均采用对接扣件连接。搭接连接长度于不小 1m，不少于 2 个旋转扣件固定。周边脚手架应从一个角开始向两边延伸交圈搭设。在设置第一排连墙杆前，每六跨应暂设一根抛撑，与立杆的夹角呈 45°～60°，上部杆件搭设后方可视其情况拆除。

5. 搭设纵向水平杆应符合下列要求：

纵向水平杆应水平设置，钢管的长度不宜小于三跨；纵向水平杆步高均为每 1.8m 一道。接头采用对接扣件连接，内外两根相临纵向水平杆的接头，不宜在同步跨内，上下两个相临接头应错开一跨，其错开的水平距离不应小于 500mm，各接头中心距立杆轴心距离应小于纵距的 1/3；纵向水平杆与立杆相交处必须用直角扣件与立杆固定；沿建筑物周围搭设的脚手架应采用闭合形式，脚手架的同一步纵向水平杆必须四周交圈。

6. 搭设横向水平杆应符合下列要求：

水平杆设在纵向水平的下方，凡立杆与纵向水平杆相交处必须设置一根横向水平杆，严禁任意拆除；搭设纵横向扫地杆应符合下列要求：每根立杆的底座向上 200mm 处应设置纵横向扫地杆，用直角扣件与立杆固定。

7. 搭设剪刀撑应符合下列要求：

剪刀撑的布置应均匀，剪刀撑钢管应拉线搭设，与外立杆交接处均用旋转扣件与立杆连接。剪刀撑设置在脚手架立杆外侧，杆件接头采用搭接连接，其搭接长度为 1000mm，3 个悬转扣件固定，固定间距 800mm。每付剪刀撑跨越立杆应为 4～6 根，与纵向水平杆呈 45°～60°夹角。每道剪刀撑宽度不应小于 4 跨，且不应小于 6m，剪刀撑沿脚手架由底至顶连续设置，其间距不大于 200mm。

8. 连墙杆件安装应符合下列要求：

在楼层混凝土上预埋钢管，连墙杆件用短钢管一头与预埋钢管扣件固定，另一头与内立杆节点处连接，连墙杆垂直方向布置即 3.6m ，水平间距 3 跨，脚手架上部未设置连墙杆的自由高度不大于 2 步。连墙杆与脚手架搭设同步设置。脚手架的最上部，因承受较大风力，拉撑连杆应加密设置。连墙杆应尽可能设在立杆与大小横杆的连接处，如在规定的位置上设置有困难，应在邻近点处补足。

9. 搭设栏杆应符合下列要求：

上栏杆的高度 1.2m，下栏杆高度 0.25m，防护栏杆要刷红白相间的境界色。挡脚板采用多夹板制成，并加以油漆分色，高度 0.2m；上栏杆、下栏杆、挡脚板均设在外立杆的内侧。

10. 竹笆铺设：每片竹笆必须四周固定，内外大横杆间必须加两道颈杆后再铺竹笆。竹笆每隔一层满铺一道。竹笆脚手板应按其主竹筋垂直纵向水平杆方向铺设，且采用对接平铺，四个角应用直径 1.2mm 的镀锌钢丝固定在纵向水平杆上。作业层端部脚手板探头长度应取 150mm，其板长两端均应与支承杆可靠地固定。

11. 安全网的设置：从脚手架底部开始全部用密目式安全网全封闭，密目网要设在外排立杆的里侧。密目网的绑扎要用尼龙绳环形绑扎或用短绳每孔一绑。

12. 人行斜道的设计：人行斜道的宽度为 1.2m，坡度为 1∶3（高∶长）。斜道拐弯平台面积为 $9m^2$，宽度为 1.5m。斜道两侧及拐弯平台外围，设置 1.2m 的防护栏杆及高 180mm 的挡脚板。人行斜道的脚手板上钉防滑木条，其厚度为 30mm，间距为 250mm。

13. 外脚手全封闭要求：脚手起步层与建筑物间的间隙必须用硬质材料设置一道内封闭。

14. 防护棚的设置：在棚上要满铺木脚手板，棚边要设置 1m 高的挡板，在棚上再挂一层安全网，以防止高空坠落物反弹出防护棚外伤人。

五、施工安全保证措施

（一）脚手架搭设的安全技术措施

1. 外脚手架立杆基础外侧应挖排水沟，以防雨水浸泡地基。不得在脚手架基础及相邻处挖掘作业。

2. 钢管架设置避雷针，分置于主楼外架四角立杆之上，并连通大横杆，形成霹雷网络，并检测接地电阻不大于 30Ω。外脚手架不得搭设在距离外电架空线路的安全距离内，并做好可靠的安全接地处理。

3. 外脚手架严禁钢竹、钢木搭设，禁止扣件、绳索、铁丝等混用。严禁脚手板存在探头板，铺设脚手板以及多层作业时，应尽量使施工荷载内、外传递平衡。

4. 控制扣件螺栓拧紧力矩，采用扭力扳手，扭力矩应控制在40～65N·m范围内。

5. 严格控制施工荷载，脚手板不得集中堆料施荷，施工荷载不得大于3kN/m$^2$。

6. 保证脚手架的整体性，不得与井架、升降机一并拉接，不得截断架体。在脚手架的使用期间严禁拆除主节点处的纵、横向水平杆、扫地杆及连墙件。

7. 在脚手架上进行电焊、气焊作业时，必须有防火措施和专人看守。

8. 搭拆脚手架时，地面应设围栏和警戒标志，并派专人看守，严禁非操作人员入内。

9. 外脚手架搭设人员必须持证上岗，并正确使用安全帽、安全带、穿防滑鞋。

10. 本工程设立脚手架安全防护检查小组，应定期检查杆件的设置的连接，连墙件、支撑等的构造是否符合要求，地基是否有积水，底座是否有松动，立杆是否悬空，扣件是否松动，脚手架的垂直度偏差，安全防护措施是否符合要求，是否超载。

11. 架子工操作时必须注意下列事项：安全带应高挂低用；工具及小零件必须放在工具袋内；六级以上大风、大雾、暴雨、雷击天气或夜间照明不足时，严禁在架子上操作；脚手架搭拆过程中，若杆件尚未扣紧或扣件已拆除或松动时，严禁中途停止作业；不得单人进行搭设较重配件和其他易发生失衡脱手、碰撞、滑跌等不安全物作业；搭设中不得随意改变构架尺寸和减少数量，当需要对构件作调整时，应经过项目工程师批准。

12. 脚手架必须配合施工进度搭设，脚手架必须高出操作层1.5m，立杆顶部应高出屋面1.5m；并且一次搭设高度不应大于相邻连墙件以上两步。

（二）外脚手架拆除的安全技术措施

1. 拆架前，全面检查拟拆脚手架，根据检查结果，拟定出作业计划，报请批准，进行技术交底后才准工作。拆架时应划分作业区，周围设绳绑围栏或竖立警戒标志，地面应专人指挥，禁止非作业人员进入。

2. 拆架程序应遵守由上而下，并按一步一清原则依次进行。脚手架拆除顺序一般为：脚手笆→栏杆→剪刀撑→横杆→立杆，自上而下逐步拆除，一步一清，不得采用踏步式拆法，不准上下同时作业，脚手架分段拆除时高差不应大于2步。

3. 拆立杆时，要先抱住立杆再拆开最后两个扣。拆除大横杆、斜撑、剪刀撑时，应先拆中间扣件，然后托住中间，再解端头扣。

4. 连墙杆应随拆除进度逐层拆除，拆抛撑时，应用临时撑支住，然后才能拆除。

5. 拆除时要统一指挥，上下呼应，当解开与另一人有关的结扣时，应先通知对方，以防坠落。

6. 拆架时严禁碰撞脚手架附近电源线，以防触电事故。

7. 拆下的材料要徐徐下运，严禁抛掷。运至地面的材料应按指定地点随拆随运，分类堆放，当天拆当天清，拆下的扣件和铁丝要集中回收处理。

8. 吊运竹笆及脚手架钢管等须专用的保险吊钩，钢管严禁单点起吊，要堆放平稳，并严格控制脚手架上的施工荷载。

9. 固定件随脚手架逐层拆除，当拆除至最后一节立柱时，应搭设临时支撑加固后，方可拆除固定件与支撑件。

10. 拆架的高处作业人员应戴安全帽、系好好全带、扎裹图腿、穿软底防滑鞋。在拆架时，不得中途换人，如必须换人时，应将拆除情况交代清楚后方可离开。

11. 架子工上岗操作必须符合下列条件：架子工必须经过培训合格，并取得架子工上岗操作证方可上岗操作；架子工应每年体检，凡有高血压、心脏病、癫痫病、年老体弱，不适合于高处作业的人，禁止从事架子工作业；架子工生病未愈或酒后不得上架子操作；架子工上岗应将袖口扎紧，不得穿硬底鞋及其他易滑鞋；架子工操作时必须戴安全帽，系安全带。

（三）钢管脚手架的防电避雷措施

1. 钢脚手架架设和使用期间，要严防与带电体接触。

2. 在脚手架上施工的电焊机和混凝土振动器等，要放在干燥木板上。操作者要戴绝缘手套，经过钢脚手架的电线要严格检查并采取安全措施。



3. 避雷措施：在脚手架上设置避雷针，采用直径 30mm，壁厚 3mm 的镀锌钢管。接地极：采用直径为 25mm 的圆钢。按照脚手架每 40m 设置一根。接地线：采用截面为 $12mm^2$ 铜导线。接地线的连接保证接触可靠。

4. 防雷击措施：钢管脚手架每 40m 设一处接地装置。如果最远点到接地装置脚手架上的过渡电阻超过 10Ω 相应缩小接地装置的间距；接地件利用建筑物主体钢筋，采用导线连接脚手架钢管和主体钢筋；接地线与脚手架用两道螺栓连接，接触面不小于 $1000mm^2$，连接时应将接触表面的漆清除干净，并涂以中性凡士林。有振动的地方，螺栓上应弹簧垫圈；防雷措施施工完毕后应测量接地电阻，合格后方可正常使用。

六、施工管理及作业人员配备和分工

（略）

七、脚手架验收要求

脚手架材料进场、脚手架基础、脚手架搭设及使用过程中，按照《建筑施工扣件式钢管脚手架安全技术规范》JGJ 130—2011 第 8 章的要求进行检查和验收。具体检查验收的安排和验收标准如下：（略）

八、应急处置措施

（一）高坠、触电、消防应急措施按施工组织设计执行。

（二）脚手架坍塌应急处置措施（略）

九、计算书及相关施工图纸

（一）设计参数

1. 脚手架参数

本工程外墙脚手架除一至四层采用普通落地搭设，竖向从五层楼面开始进行第一次悬挑脚手架搭设，第二次于 10 层楼面进行悬挑搭设。

外墙脚手架采用 14 号工字型钢作为外伸钢梁悬挑搭设，外墙转角部位及多立杆作用处采用 $\phi16$ 钢丝绳吊拉与外伸钢梁共同作用承受上部脚手架竖向荷载。

本工程脚手架最大搭设高度 49.8m，风荷载按实际搭设高度即 50m 取值为最不利工况取值，双排脚手架主要受力杆件的结构验算按悬挑搭设最大高度 3.6×5＝18m 取值。

脚手架搭设尺寸为：立杆的纵距为 1.50m，立杆的横距为 1.05m，横杆的步距为

1.80m；内排架距离墙距离为 0.3m；

大横杆在上，搭接在小横杆上的大横杆根数为 2 根；

采用的钢管类型为 Φ48.3×3.6，截面积 $A$=4.89cm$^2$；截面模量 $W$=5.08 cm$^3$；回转半径 $i$ =1.58cm；

横杆与立杆连接方式为单扣件；取扣件抗滑承载力系数 0.80；

连墙件布置竖向间距 3.6m，水平间距 4.50m，采用双扣件连接；

2. 活荷载参数

施工均布荷载标准值（kN/m$^2$）：3.000；

脚手架用途：结构脚手架；

同时施工层数：1 层。

3. 风荷载参数

本工程地处××省××市，查《建筑结构荷载规范》GB 50009—2012 基本风压为 0.40，风荷载高度变化系数按 C 类插入法取 $\mu_z$ 为 1.34，查《建筑施工扣件式钢管脚手架安全技术规范》JGJ 130—2011 双排架挡风系数 $\varphi$=0.089，风荷载体型系数 $\mu_s$ 为 0.8。计算中考虑风荷载作用；



4. 静荷载参数

查《建筑施工扣件式钢管脚手架安全技术规范》JGJ 130—2011（以下简称《扣规》）附表得：

每米立杆承受的结构自重荷载标准值（kN/m$^2$）：0.117；

安全设施与安全网自重标准值（kN/m$^2$）：0.005；

脚手板类别：竹笆片脚手板，脚手板自重标准值（kN/m$^2$）：0.30，每个悬挑段脚手板按隔层铺设，层数为 4 层。

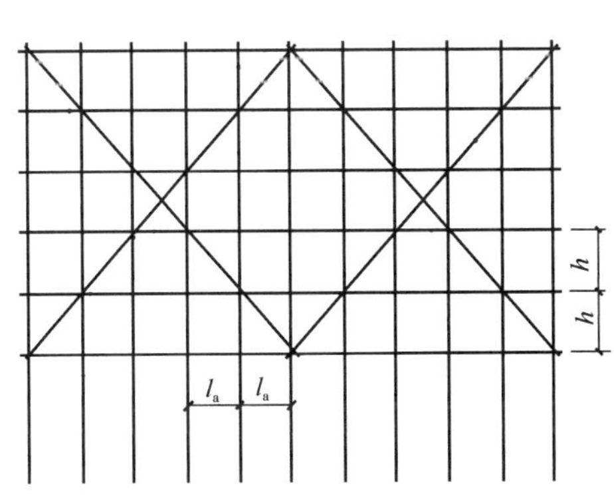


悬挑架正立面图

$l_a$—立杆纵距；$h$—立杆步距

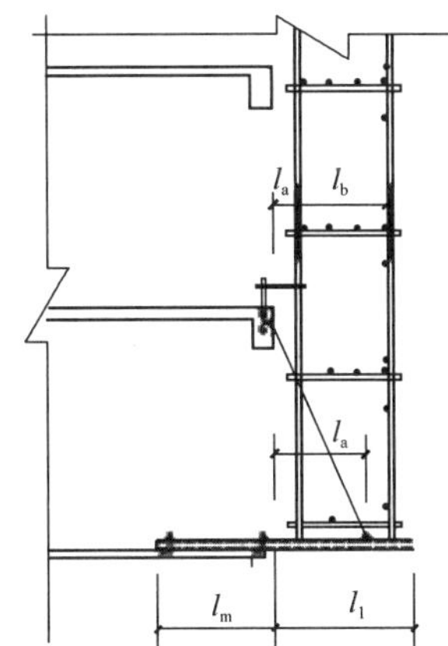


悬挑脚手架侧面图

a—内排架距离墙长度；$l_b$—立杆的横距或排距

$l_a$　第一道支撑距离墙的距离；$l_m$—悬挑梁锚固长度；

$l_z$—悬挑梁悬挑长度

栏杆挡板类别：栏杆、冲压钢脚手板挡板，栏杆挡脚板自重标准值（kN/m$^2$）：0.110。

（二）大横杆的计算（略）

（三）小横杆的计算（略）

（四）扣件抗滑力的计算

按《扣规》表5.1.7，直角、旋转单扣件承载力取值为8.00kN，按照扣件抗滑承载力系数0.80，该工程实际旋转单扣件承载力取值为：

纵向或横向水平杆与立杆连接时，扣件的抗滑承载力按照下式计算（《扣规》5.2.5）：

$$R \leqslant R_c = 8.00\text{kN} \times 0.80 = 6.40\text{kN}$$

其中 $R_c$——扣件抗滑承载力设计值，取6.40kN；

$R$——纵向或横向水平杆传给立杆的竖向作用力设计值；

大横杆的自重标准值：$P_1 = 0.038 \times 1.50 \times 2/2 = 0.057\text{kN}$；

小横杆的自重标准值：$P_2 = 0.038 \times (1.0 + 0.1 + 0.2)/2 = 0.0494\text{kN}$；

脚手板的自重标准值：$P_3 = 0.350 \times 1.0 \times 1.50/2 = 0.263\text{kN}$；

活荷载标准值：$Q = 3.000 \times 1.0 \times 1.50/2 = 2.25\text{kN}$；

荷载的设计值：$R = 1.2 \times (0.057 + 0.0494 + 0.263) + 1.4 \times 2.25 = 3.093\text{kN}$；

$R < 6.40$ kN，单扣件抗滑承载力的设计计算满足要求。

（五）脚手架立杆荷载的计算

1. 作用于脚手架的荷载包括静荷载、活荷载和风荷载。静荷载标准值包括以下内容：

(1) 每米立杆承受的结构自重标准值（kN/m），为0.117kN/m（查《扣规》表A-1），高度按20m计算。

$N_{G1} = 0.117 \times 20 = 2.34\text{kN}$；

(2) 脚手板的自重标准值（kN/m$^2$），采用竹笆片脚手板铺4层，标准值为0.30kN/m$^2$

$N_{G2} = 0.30 \times 4 \times 1.500 \times (1.05 + 0.2)/2 = 1.21\text{kN}$；

(3) 栏杆与挡脚手板自重标准值（kN/m）；采用栏杆、冲压钢脚手板挡板，标准值为0.11

$N_{G3} = 0.110 \times 4 \times 1.50/2 = 0.33\text{kN}$；

(4) 吊挂的安全设施荷载，包括安全网（kN/m$^2$）；取0.005。

$N_{G4} = 0.005 \times 1.50 \times 20 = 0.15\text{kN}$；

经计算得到，静荷载标准值

$N_G = N_{G1} + N_{G2} + N_{G3} + N_{G4} = 2.34 + 1.21 + 0.33 + 0.15 = 4.03\text{kN}$；

2. 活荷载为施工荷载标准值产生的轴向力总和，内、外立杆按一纵距内施工荷载总和的1/2取值。经计算得到，活荷载标准值：

$$N_Q = 3.000 \times 1.05 \times 1.50 \times 1/2 = 2.36\text{kN};$$

3. 风荷载标准值按照以下公式计算

$$w_k = 0.7\mu_z\mu_s w_0$$

其中 $w_0$——基本风压（kN/m$^2$），按照《建筑结构荷载规范》GB 50009—2001的规定采用：本工程按××省××市基本风压为：

$$w_0 = 0.40\ \text{kN/m}^2;$$

$\mu_z$——风荷载高度变化系数，按照《建筑结构荷载规范》GB 50009—2001第7.2节的规定按C类插入法取$\mu_z$为1.34；查《建筑施工扣件式钢管脚手架安全技术规范》JGJ 130—2011 风荷载体型系数 $\mu_s$ 为 0.8；

经计算得到，风荷载标准值

$w_k = 0.7 \times 1.34 \times 0.8 \times 0.40 = 0.3 kN/m^2$；

4. 不考虑风荷载时，立杆的轴向压力设计值计算公式

$N = 1.2N_G + 1.4N_Q = 1.2 \times 4.03 + 1.4 \times 2.36 = 8.14kN$；

5. 考虑风荷载时，立杆的轴向压力设计值为

$N = 1.2\ N_G + 0.85 \times 1.4N_Q = 1.2 \times 4.03 + 0.85 \times 1.4 \times 2.36 = 7.64kN$；

风荷载设计值产生的立杆段弯矩 $M_w$ 为：

$M_w = \dfrac{0.85 \times 1.4 w_k l_a h^2}{10} = 0.850 \times 1.4 \times 0.3 \times 1.50 \times 1.802/10 = 0.195kN \cdot m$。

（六）立杆的稳定性计算

1. 不组合风荷载时，立杆的稳定性计算公式为：

$$\frac{N}{\varphi A} \leqslant f$$

立杆的轴向压力设计值 ：$N = 8.14kN$；

计算立杆的截面回转半径：$i = 1.58cm$；

计算长度附加系数按《扣规》第 5.3.3 条：$k = 1.155$；

计算长度系数参照《扣规》表 5.3.3 取：$\mu = 1.50$；

计算长度，$l_o = k\mu h = 1.155 \times 1.50 \times 1.800 = 3.119m$；

长细比 $L_o/i = 311.9/1.58 = 197.40$；

轴心受压立杆的稳定系数 $\varphi$，由长细比查《扣规》附录 C 得到：$\varphi = 0.186$；

立杆净截面面积 ：$A = 4.89cm^2$；

立杆净截面模量（抵抗矩）：$W = 5.08cm^3$；

钢管立杆抗压强度设计值 ：$[f] = 205.000N/mm^2$

$\dfrac{N}{\varphi A} = \dfrac{8140}{0.186 \times 489} = 89.5N/mm^2 < [f] = 205N/mm^2$

满足要求。

2. 考虑风荷载时，立杆的稳定性计算公式

$\dfrac{N}{\varphi \cdot A} + \dfrac{M_w}{W} \leqslant f$（《扣规》5.3.1-2）

立杆的轴心压力设计值：$N = 7.64kN$

$$\frac{N}{\varphi A} + \frac{M_w}{W} = \frac{7640}{0.186 \times 489} + \frac{195000}{5080} = 122.4N/mm^2 < [f] = 205N/mm^2$$

满足要求。

（七）连墙件的计算：

1. 连墙件的轴向力设计值应按照下式计算：

$N_l = N_{lw} + N_0$　　　　（《扣规》5.4.1）

风荷载标准值　$w_k = 0.30kN/m^2$；每个连墙件的覆盖面积内，脚手架外侧的迎风面积 ：$A_w = 3.6 \times 1.5 \times 3$ 跨 $= 16.2m^2$；

按《扣规》5.4.1 条 $N_0 = 5.000kN$；风荷载产生的连墙件轴向力设计值（kN），按

照下式计算：$N_{lw}=1.4\times W_k\times A_w=1.4\times0.3\times16.2=6.80$kN；

连墙件的轴向力设计值 $N_l=N_{lw}+N_0=5.0+6.80=11.8\text{kN}>8.0\times0.8=6.4$ kN，单扣件不能满足，须采用双扣件固定才能满足，即 $N_l=11.8\text{kN}<2\times8.0\times0.8=12.8$kN。

2. 连墙件承载力设计值按下式计算：$N_f=\varphi\cdot A\cdot[f]$

采用普通 $\varphi$48×3.0 焊接钢管，其中 $\varphi$—轴心受压立杆的稳定系数；由长细比 $l_0/i=300.0/16.80=17.86$ 的结果查表得到 $\varphi=0.973$，$l_0$ 为内排架距离墙的长度；$A=4.24\text{cm}^2$；$[f]=205.00\ \text{N/mm}^2$；

连墙件轴向承载力设计值为 $N_f=0.973\times4.24\times10^{-4}\times205.000\times10^3=84.57$kN；

$N_l=11.8<N_f=84.57$，连墙件的设计计算满足要求！

（八）悬挑梁的受力计算

普通热轧 14 号工字的截面惯性矩 $I=712.00\text{cm}^4$，截面抵抗矩 $W=102\text{cm}^3$，质量为 16.9kg/m，截面积 $A=21.5\text{cm}^2$；受脚手架集中荷载 $N=8.19$kN；水平钢梁自重荷载 $q=1.2\times0.169=0.189$kN/m。

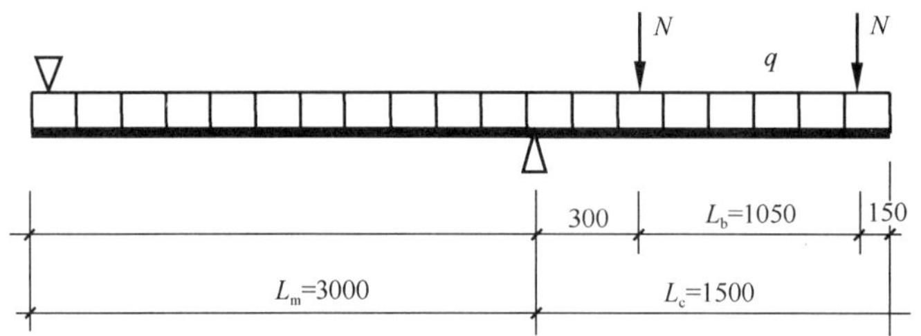


脚手架悬挑型钢梁计算简图

1. 抗弯强度验算

$M/\gamma_x W_{nx}\leqslant f$（《钢结构设计规范》GB 50017—2003 第 4.2.1 条）

其中截面塑性发展系数，对工字钢截面 $\gamma_x=1.05$

最大弯矩 $M_{max}=PL_a+P(L_a+L_b)+1/2qL_{c2}=8.14\times0.3+8.14\times(0.3+1.05)+0.189\times(0.3+1.05+0.15)^2/2=13.64\text{kN}\cdot\text{m}$

支座反力 $R=(M_{max}-0.5ql_m^2)/l_m=(13.64-0.5\times0.189\times3.0^2)/3.0=4.26$kN

最大应力 $\sigma=M/1.05W=13.64\times10^6/(1.05\times102000.0)=127.4\text{N/mm}^2<f=215.00\text{N/mm}^2$，满足要求。

为确保安全，从构造出发本工程悬挑钢梁前段用 1 根 $\varphi$16 钢丝绳吊拉保护。

2. 整体稳定性计算

水平钢梁稳定性计算公式如下

$\dfrac{M_x}{\varphi_b W_x}\leqslant f$（《钢结构设计规范》GB 50017—2003 第 4.2.2）

其中 $\varphi_b$——整体稳定系数，查《钢规》GB 50017—2003 附录 B：$\varphi_b=1.3$ $\varphi_b$ 大于 0.6 时，应用 $\varphi_b'$ 代替 $\varphi_b$ 值；

$\varphi_b'=1.07-\dfrac{0.282}{\varphi_b}\leqslant1$（《钢结构设计规范》GB 50017—2003 附录 B，B.1-2）

$$\varphi_b'=1.07-\frac{0.282}{\varphi_b}=1.07-\frac{0.282}{1.3}=0.853<1$$

经过计算得到最大应力

$M_x/(\varphi_b W_x)=13.64\times10^6/(0.853\times102000)=156.8\leqslant f=215\text{N/mm}^2$；水平钢梁稳定性满足要求。

3. 锚固段与楼板连接的计算：

水平钢梁与楼板压点采用预埋 $2\phi16$ 钢筋 U 形螺栓并用压板固定钢梁，强度计算如下：

水平钢梁与楼板压点的拉环受力 $R=4.23\text{kN}$；水平钢梁与楼板压点的拉环强度计算公式为：$\pi D^2/4=A_s\geqslant N/f_y$，$[f]=50\text{N/mm}^2$；所需要的水平钢梁与楼板压点的 U 形螺栓最小直径

$$D=\sqrt{\frac{4N}{2\pi f}}=\sqrt{\frac{4\times4260}{2\times3.14\times50}}=7.36\text{mm}<16\text{mm}$$，满足要求。

U 形螺栓及连接构造详见附图。

（九）附图

1. 脚手架布置图；（略）
2. 连墙件做法示意图；（略）
3. 剪刀撑示意图；（略）
4. 悬挑梁安装图。（略）

（编者注：限于篇幅，本专项施工方案省略了部分内容）

# 第五章　建筑起重机械及施工机具

建筑施工中起重机械的安装拆卸工程是起重机械使用中的重要环节。由于安装和拆卸需要掌握相应的安全技术标准、使用特定的设备和工具，安装、拆卸过程中起重机械往往未处于整体稳定状态，操作人员处于高处作业等诸多因素，导致建筑起重机械及作业人员存在较多安全事故隐患。近年来，各地起重机械在安装、使用、拆卸过程中发生倒塌，造成人员伤亡的事故时有发生。项目监理机构应高度重视起重机械及施工机具在安装、使用、拆卸过程中安全生产管理的监理工作，切实履行安全生产监理职责。

在建筑施工起重机械中，施工升降机、塔式起重机占有重要地位，尤其是塔式起重机的安装、使用、拆卸在起重机械中具有代表性，本章主要阐述项目监理机构对塔式起重机安装、拆卸工程专项施工方案的审查工作，以及在施工现场对建筑起重机械机具的安装、使用、拆卸进行巡视检查的监理工作。

## 第一节　起重机械安装拆卸及施工机具安全风险

在施工现场，建筑施工机械尤其是起重机械如施工升降机、塔式起重机等的使用越来越多，起重机械及施工机具的安装、使用和拆卸过程存在着较大的安全风险。项目监理机构应督促施工单位加强对起重机械及各类施工机械机具的安全监管，防止机械失稳倒塌及超过允许的变形、倾斜、摇晃、扭曲等安全事故的发生。

### 一、起重机械安装拆卸工程的安全风险

（一）塔式起重机坍塌、倾倒事故多发

1. 塔式起重机基础地基承载力不足或排水措施不到位而致使地基承载能力下降。

2. 安装前未对塔式起重机基础进行验收，预埋件安装尺寸偏差超限未处理。

3. 塔式起重机标准节、吊臂节、配重臂、塔帽等结构件存在裂纹、塑性变形或其他缺陷，安装前未被发现或未处理。

4. 未按照所使用机型的技术参数要求随搭设高度安装附墙件，或附墙框架、拉杆、拉杆连接预埋件存在裂纹、塑性变形等缺陷。

5. 安装拆卸时未按照规定的技术要求、步骤、程序进行作业。误用普通标节代替加强标节作为第一节，螺栓紧固力矩不符合要求等操作缺陷。

6. 恶劣天气（六级以上大风、雷雨天气）强行安装、拆卸作业。

（二）机械伤害事故常见

1. 安装、调试塔式起重机时，安装人员以手工代替工具靠近或深入塔机旋转、运动部位（吊钩滑轮、回转皮带轮、钢绳卷筒、减速机开式齿轮、电机轴、制动轮等）进行作业。

2. 在安装调试作业中，其他人员擅自启动设备导致作业人员身体被绞入、打击、挤压等。

（三）高处坠落事故时有发生

1. 安装人员在塔头、吊臂、平衡臂、升降工作台等高处且临边场所作业，未按规定使用安全带导致坠落。

2. 安装人员高处作业被阵风吹倒坠落或攀登高处失足坠落。

3. 高处作业未按规定设置临边防护或临边防护失效。

（四）起重伤害事故及物体打击事故往往和其他类型的事故一同发生

1. 安装拆卸过程中，辅助安装的起重机违反操作规程导致重物坠落或倒塌伤人；搬运材料时乱抛、乱摔导致人员受伤。高处作业人员工具或材料下落砸伤下方人员。

2. 安装作业人员或其他人员违规在起吊重物下停留。

3. 重物在吊运过程中碰撞、挤压作业人员。其他物品碰撞伤害作业人员。

4. 吊钩、吊具、钢丝绳损坏导致重物坠落伤人。

5. 辅助安装起重机保护装置失灵、失效或因地基松软等原因倾覆等。

（五）存在触电事故风险

1. 安装场地附近有高压输电线路，塔机安装过程中未能保持安全距离。

2. 外电源配电箱漏电保护器失效；配电箱进水或淋雨。

3. 电源线老化、破损、裸露，与钢结构接触，安装前未进行处理，未对塔吊安装有效接地。

4. 电源插头插座、开关损坏、带电部位裸露搭铁。

5. 电器元件、电源带电以及安装、拆卸时，作业人员未使用电工绝缘工具和劳动保护用品。

（六）存在火灾事故风险

1. 安装塔机电源和电器元件时，连接不牢靠，电源和电器元件接触不良，导致电源线和电器元件发热燃烧。

2. 电源线、电器元件安装错误，电气部分短路引起电源线发热燃烧。

3. 在安装、拆卸塔机使用电焊、氧焊时作业现场存在易燃易爆物品。

## 二、施工机械机具的安全风险

施工机械机具是保证工程施工顺利进行的重要技术装备，同时也是施工安全生产的重要技术保障。施工机械机具的选型、进场、安装、使用、拆卸、退场各个环节都对施工安全有影响。施工机械机具的安全风险主要有以下方面：

（一）施工机械机具本身

施工机械机具不合格或不合法的产品或本身的安全装置失效，施工机械机具中的重要部件因各种原因导致的损坏等，都可能导致施工现场发生机械伤害、重物打击、坍塌及触电等类型的生产安全事故。

（二）施工机械的安装过程及安装工作质量

部分施工机械需要现场安装，安装过程中的施工机械常处于不稳定的状态，安装工程本身也可能需要起重吊装、高处作业，需要使用辅助安装机械机具，需要用电等，在这个过程中存在重物打击、机械伤害、起重伤害、高处坠落、触电等生产安全事故风险。施工机械安装工作中的缺陷，将导致使用中的生产安全事故风险。

（三）施工机械机具的安全检查和维修保养工作

施工机械机具须定期维修保养才能保证其良好的工作状态和使用安全。使用单位应定期对施工机械机具进行安全检查。如果安全检查和维修保养工作存在瑕疵，则必然导致使用中发生各类生产安全事故的风险。

（四）施工机械机具的安全管理

各种施工机械机具的安全管理制度，包括进场检验、安装后的检验检测和验收、登记备案、安全技术交底等，是施工机械机具安全生产的保障。如果未能很好地落实执行，也是安全生产的隐患。

（五）施工机械机具操作人员的技能和素质

施工机械机具的操作人员需要具备相应的技能，并且需要经过安全生产教育培训。很多施工机械操作岗位须由取得相应资格证书的特种作业人员持证上岗。操作人员不具备相应的操作技能和安全生产的基本知识，没有安全生产的意识和素质，是施工机械机具发生生产安全事故的最大风险。

（六）施工机械机具的作业环境

施工机械机具作业环境方面，需要关注两方面的风险。

一是作业环境对施工机械机具安全生产可能造成的影响。如：机械施工作业场地或设备地基基础的稳定性，多台施工机械作业范围的重叠与冲突，作业范围内的障碍物及危险管线的影响等。

二是施工机械机具作业对环境安全的影响。处于施工机械机具作业影响范围内的安全防护和警示警戒不到位，将会造成相关人员的伤害或财产的损失。



## 第二节　起重机械安装拆卸工程专项施工方案审查

### 一、塔式起重机安装拆卸工程专项施工方案的编审规定

（一）《住房城乡建设部办公厅关于实施〈危险性较大的分部分项工程安全管理规定〉有关问题的通知》中，明确规定了“起重机械安装拆卸工程”属于危险性较大的分部分项工程。项目监理机构应督促施工单位编制专项施工方案，并应在起重机械安装拆卸前对专项施工方案进行审查。

通知中明确起重量 300kN 及以上，或搭设总高度 200m 及以上，或搭设基础标高在 200m 及以上的起重机械安装和拆卸工程属于超过一定规模的危大工程，施工单位应组织专家对其专项施工方案进行论证。项目监理机构应在专家论证前对方案进行审查。若专家论证意见为“修改后通过”的，项目监理机构应审查施工单位按专家论证意见修改后的专项施工方案。

（二）住建部建办质［2021］48 号文件印发的《危险性较大的分部分项工程专项施工方案编制指南》对起重吊装及安装拆卸工程的专项施工方案内容提出了以下明确的要求：

一）工程概况

1. 起重吊装及安装拆卸工程概况和特点：

（1）项目工程概况、起重吊装及安装拆卸工程概况。

(2) 工程所在位置、场地及其周边环境（包括邻近建（构）筑物、道路及地上地下管线、高压线路、基坑的位置关系）、装配式建筑构件的运输及堆场情况等。

(3) 邻近建（构）筑物、道路及地下管线的现况（包括基坑深度、层数、高度、结构型式等）。

(4) 项目所在地的气候特征和季节性天气。

2. 施工平面布置：

(1) 施工总体平面布置：临时施工道路及材料堆场布置，施工、办公、生活区域布置，临时用电、用水、排水、消防布置，起重机械配置，起重机械安装拆卸场地等。

(2) 地下管线（包括供水、排水、燃气、热力、供电、通信、消防等）的特征、埋置深度等。

(3) 道路的交通负载。

3. 施工要求：明确质量安全目标要求，工期要求（本工程开工日期和计划竣工日期），起重吊装及安装拆卸工程计划开工日期、计划完工日期。

4. 风险辨识与分级：风险因素辨识及起重吊装、安装拆卸工程安全风险分级。

5. 参建各方责任主体单位。

二）编制依据

1. 法律依据：起重吊装及安装拆卸工程所依据的相关法律、法规、规范性文件、标准、规范等。

2. 项目文件：施工图设计文件，吊装设备、设施操作手册（使用说明书），被安装设备设施的说明书，施工合同等。

3. 施工组织设计等。

三）施工计划

1. 施工进度计划：起重吊装及安装、加臂增高起升高度、拆卸工程施工进度安排，具体到各分项工程的进度安排。

2. 材料与设备计划：起重吊装及安装拆卸工程选用的材料、机械设备、劳动力等进出场明细表。

3. 劳动力计划。

四）施工工艺技术

1. 技术参数：工程的所用材料、规格、支撑形式等技术参数，起重吊装及安装、拆卸设备设施的名称、型号、出厂时间、性能、自重等，被吊物数量、起重量、起升高度、组件的吊点、体积、结构形式、重心、通透率、风载荷系数、尺寸、就位位置等性能参数。

2. 工艺流程：起重吊装及安装拆卸工程施工工艺流程图，吊装或拆卸程序与步骤，二次运输路径图，批量设备运输顺序排布。

3. 施工方法：多机种联合起重作业（垂直、水平、翻转、递吊）及群塔作业的吊装及安装拆卸，机械设备、材料的使用，吊装过程中的操作方法，吊装作业后机械设备和材料拆除方法等。

4. 操作要求：吊装与拆卸过程中临时稳固、稳定措施，涉及临时支撑的，应有相应的施工工艺，吊装、拆卸的有关操作具体要求，运输、摆放、胎架、拼装、吊运、安装、拆卸的工艺要求。

5. 安全检查要求：吊装与拆卸过程主要材料、机械设备进场质量检查、抽检，试吊作业方案及试吊前对照专项施工方案有关工序、工艺、工法安全质量检查内容等。

五）施工保证措施

1. 组织保障措施：安全组织机构、安全保证体系及人员安全职责等。

2. 技术措施：安全保证措施、质量技术保证措施、文明施工保证措施、环境保护措施、季节性及防台风施工保证措施等。

3. 监测监控措施：监测点的设置，监测仪器、设备和人员的配备，监测方式、方法、频率、信息反馈等。

六）施工管理及作业人员配备和分工

1. 施工管理人员：管理人员名单及岗位职责（如项目负责人、项目技术负责人、施工员、质量员、各班组长等）。

2. 专职安全人员：专职安全生产管理人员名单及岗位职责。

3. 特种作业人员：机械设备操作人员持证人员名单及岗位职责。

4. 其他作业人员：其他人员名单及岗位职责。



七）验收要求

1. 验收标准：起重吊装及起重机械设备、设施安装，过程中各工序、节点的验收标准和验收条件。

2. 验收程序及人员：作业中起吊、运行、安装的设备与被吊物前期验收，过程监控（测）措施验收等流程（可用图、表表示）；确定验收人员组成（建设、设计、施工、监理、监测等单位相关负责人）。

3. 验收内容：进场材料、机械设备、设施验收标准及验收表，吊装与拆卸作业全过程安全技术控制的关键环节，基础承载力满足要求，起重性能符合，吊、索、卡具完好，被吊物重心确认，焊缝强度满足设计要求，吊运轨迹正确，信号指挥方式确定。

八）应急处置措施

1. 应急处置领导小组组成与职责、应急救援小组组成与职责，包括抢险、安保、后勤、医救、善后、应急救援工作流程、联系方式等。

2. 应急事件（重大隐患和事故）及其应急措施。

3. 周边建构筑物、道路、地下管线等产权单位各方联系方式、救援医院信息（名称、电话、救援线路）。

4. 应急物资准备。

九）计算书及相关施工图纸

1. 计算书

（1）支承面承载能力的验算

移动式起重机（包括汽车式起重机、折臂式起重机等未列入《特种设备目录》中的移动式起重设备和流动式起重机）要求进行地基承载力的验算；吊装高度较高且地基较软弱时，宜进行地基变形验算。

设备位于边坡附近，应进行边坡稳定性验算。

（2）辅助起重设备起重能力的验算

垂直起重工程，应根据辅助起重设备站位图、吊装构件重量和几何尺寸，以及起吊幅度、就位幅度、起升高度，校核起升高度、起重能力，以及被吊物是否与起重臂自身干涉，还有起重全过程中与既有建构筑物的安全距离。

水平起重工程，应根据坡度和支承面的实际情况，校核动力设备的牵引力、提供水平支撑反力的结构承载能力。

联合起重工程，应充分考虑起重不同步造成的影响，应适当在额定起重性能的基础上进行折减。

室外起重作业，起升高度很高，且被吊物尺寸较大时，应考虑风荷载的影响。

自制起重设备设施，应具备完整的计算书，各项荷载的分项系数应符合《起重机设计规范》GB/T 3811 的规定。

（3）吊索具的验算

根据吊索、吊具的种类和起重形式建立受力模型，对吊索、吊具进行验算，选择适合的吊索具。应注意被吊物翻身时，吊索具的受力会产生变化。

自制吊具，如平衡梁等，应具有完整的计算书，根据需要校核其局部和整体的强度、刚度、稳定性。

（4）被吊物受力验算

兜、锁、吊、捆等不同系挂工艺，吊链、钢丝绳吊索、吊带等不同吊索种类，对被吊物受力产生不同的影响。应根据实际情况分析被吊物的受力状态，保证被吊物安全。

吊耳的验算。应根据吊耳的实际受力状态、具体尺寸和焊缝形式校核其各部位强度。尤其注意被吊物需要翻身的情况，应关注起重全过程中吊耳的受力状态会产生变化。

大型网架、大高宽比的 T 梁、大长细比的被吊物、薄壁构件等，没有设置专用吊耳的，起重过程的系挂方式与其就位后的工作状态有较大区别，应关注并校核起重各个状态下整体和局部的强度、刚度和稳定性。

（5）临时固定措施的验算

对尚未处于稳定状态的被安装设备或结构，其地锚、缆风绳、临时支撑措施等，应考虑正常状态下向危险方向倾斜不少于 5°时的受力，在室外施工的，应叠加同方向的风荷载。

（6）其他验算

塔机附着，应对整个附着受力体系进行验算，包括附着点强度、附墙耳板各部位的强度、穿墙螺栓、附着杆强度和稳定性、销轴和调节螺栓等。

缆索式起重机、悬臂式起重机、桥式起重机、门式起重机、塔式起重机、施工升降机等起重机械安装工程，应附完整的基础设计。

2. 相关施工图纸：施工总平面布置及说明，平面图、立面图应标注明起重吊装及安装设备设施或被吊物与邻近建（构）筑物、道路及地下管线、基坑、高压线路之间的平、立面关系及相关形、位尺寸（条件复杂时，应附剖面图）。

## 二、审查塔式起重机安装拆卸工程专项施工方案的准备工作

为对塔式起重机安装拆卸工程专项施工方案进行有效审查，项目监理机构应做好下列准备工作：

（一）项目监理机构可以通过阅读施工图设计文件、审查施工组织设计，进行现场踏勘，了解该项目施工对起重机械的需求，以及安装起重机械的现场及周边条件；了解起重机械服务范围、吊运物的最大重量和几何尺寸、最大起重力矩、最大吊装高度等基本需求；了解起吊物品种类、特性及对起重机械的需求高峰；了解起重机械工作范围内和周边高压线及其他架空管线、起重机械进退场的道路情况等。

若施工组织设计中未确定起重机械选型，或施工单位未按经审查的施工组织设计选择起重机型号，应要求施工单位将拟选用的起重机型号报送项目监理机构审查。

（二）了解起重机械供应单位的情况。若起重机械设备为租赁，应了解设备租赁企业规模、是否合法经营、设备新旧程度及保养状态、企业经营状况、管理水平和社会信誉。如认为设备租赁企业提供的设备安全风险较大，可建议施工单位另行选择市场信誉良好并符合要求的租赁企业，并建议同等条件下选择具有建筑起重机械安装、拆卸工程资质的租赁企业。

（三）了解起重机械安装拆卸单位的基本情况。安装拆卸单位应具备安装起重设备等级要求的起重设备安装工程专业承包资质，并配备持有安全生产考核合格证书的项目负责人和安全负责人、机械管理人员，具有建筑施工特种作业操作资格证书的起重机械安装拆卸工、起重司机、起重信号工、司索工等操作人员。



（四）项目监理机构人员应学习相关法律法规、工程建设标准，要理解并掌握下列法规、标准：

1.《特种设备安全监察条例》（国务院令第549号）

2.《建筑起重机械安全监督管理规定》（建设部令第166号）

3.《特种设备作业人员监督与安全监察规定》（国家质检总局令70号）

4.《建筑施工特种作业人员管理规定》（建质［2008］75号）

5.《塔式起重机安全规程》GB 5144

6.《建筑施工塔式起重机安装、使用、拆卸安全技术规程》JGJ 196

7.《塔式起重机混凝土基础工程技术标准》JGJ/T 187

8.《起重机 钢丝绳 保养、维护、安装、检验和报废》GB/T 5972

9.《起重机吊具与索具安全规程》LD 48

10.《建筑机械使用安全技术规程》JGJ 33

11.《建筑起重机械安全评估技术规程》JGJ/T 189

12.《建筑施工安全检查标准》JGJ 59

13.《起重设备安装工程专业承包资质标准》等

## 三、塔式起重机安装拆卸工程专项施工方案的审查要点

由于塔式起重机是工程施工现场广泛应用的起重机械，且塔式起重机的安装、拆卸和升降作业在起重机械安装拆卸工程中的安全风险具有典型意义，本章重点阐述塔式起重机安装拆卸工程专项施工方案的审查。

由于塔式起重机安装拆卸单位一般都具有起重设备安装工程专业承包资质，按照《建筑起重机械安全监督管理规定》（建设部令166号）规定，安装拆卸单位应负责按安全技术标准及建筑起重机械性能要求编制建筑起重机械安装、拆卸工程专项施工方案，并由本

单位技术负责人签字。施工总承包单位技术负责人也应审核签字，并由总承包单位签章后报送项目监理机构审查。

项目监理机构对施工单位报送的塔式起重机安装拆卸工程专项施工方案的审查，应按照本书第一章所述的审查基本要求，对报审材料的真实性、针对性、时效性以及专项施工方案编审程序进行审查。应审查专项施工方案的编制内容及编制深度是否符合《危险性较大的分部分项工程专项施工方案编制指南》的规定。还应该重点审查以下内容：

（一）工程概况

1. 根据施工图设计文件及现场实际情况，审查方案中的主要指标是否满足要求，包括是否明确塔机吊钩限位最低点和建筑物最高点的距离、基础中心线与建筑物最外边的水平距离等与安全生产密切相关的重要尺寸。

2. 审查塔式起重机安装位置是否与施工组织设计一致。

3. 所选塔式起重机的技术参数能否满足工程施工需要，是否在产权单位工商注册所在地县级以上地方人民政府建设主管部门办理了备案，是否具有安全技术档案。

4. 安装（拆卸）现场环境的描述是否与现实情况一致。塔式起重机及其安装设备的进退场道路及安装（拆卸）作业场地的承载能力，塔式起重机与架空输电线的安全距离是否符合现行国家标准《塔式起重机安全规程》GB 5144 的规定，安装（拆卸）作业现场及周边有无影响作业安全的障碍物。

5. 塔式起重机及其辅助吊装设备吊装平面布置图、立面图及塔机主要部件的重量和吊点位置是否正确无误。

6. 塔机基础的设计、施工及验收的情况能否保障塔式起重机的安装、使用、拆卸安全。

7. 临时电源设置能否满足安装拆卸安全作业的要求。其他安全作业条件是否正确、合理。

8. 所选择的塔式起重机出租、安装（拆卸）、检测等有关单位的情况是否真实，安装（拆卸）单位资质等级是否符合要求。

（二）编制依据

1.《建筑起重机械安全监督管理规定》（建设部令第 166 号）第十一条规定：建筑起重机械使用单位和安装单位应当在签订的建筑起重机械安装、拆卸合同中明确双方的安全生产责任。因此，塔式起重机安装（拆卸）合同应列为编制依据。

2.《建筑施工塔式起重机安装、使用、拆卸安全技术规程》JGJ 196 ，以及与本起重吊装工程相关的工程建设标准应为编制依据，项目监理机构应审查工程建设标准的版本号，避免以失效的标准为编制依据。

3. 不同型号的塔式起重机其零部件和系统具有不同的特点，塔机的安装、拆卸的具体操作应依据起重机的使用说明书，因此使用说明书是安装拆卸作业的重要依据。项目监理机构应注意审查使用说明书中的塔机型号是否与实际相符。

4. 用于安装拆卸作业的辅助起重机械的安全技术规范规程应作为编制依据。

（三）施工计划

1. 审查安装作业进度计划中，确保安装时基础混凝土强度满足要求。

2. 审查安装、拆卸作业时间的季节特点。如可能遇到雨雪、浓雾或大风天气，计划应留有余地，避免在雨雪、浓雾或大风天气强行作业。应尽量避免夜间作业。

3. 应与其他施工作业计划相协调，避免其他作业人员在安装、拆卸现场作业或逗留。

4. 安拆辅助设备及专用工具配置计划、进场计划是否不影响安装、拆卸作业的施工安全。

（四）施工工艺技术

1. 审查专项方案在流程或步骤中是否安排对塔机基础施工质量的验收；是否安排对进退场道路条件和安装（拆卸）现场及周边条件的检查确认。

2. 是否安排对作业人员进行技术交底，并应要求辅助起重设备操作人员掌握塔机的作业过程及主要部件尺寸、重量、高度、吊车停放位置、臂杆长度及仰角等主要技术参数。

3. 审查方案中是否安排对拟安装的塔式起重机进行安装前的检修，应明确要求设备性能良好，各种安全限位装置工作状态正常。

4. 是否对安装过程中的供电电源（包括接地）有明确要求，对电源的要求应符合《施工现场临时用电安全技术规范》JGJ 46 的有关规定。

5. 方案中是否明确根据使用说明书对安装（拆卸）各个操作环节的检查要求。

6. 方案中应明确安装单位完成整体调试和试吊后，由具有相关资质的单位对起重机进行检测，合格后由使用单位组织验收后方可投入使用。

7. 方案中是否明确规定了对塔机进行拆卸前的整机检查。应重点检查塔机钢结构构件是否存在变形、严重锈蚀或开焊等现象，安全限位与保险装置是否正常与有效，并需试运行各个运行机构。

（五）施工保证措施

1. 对组织保障措施的审查。应首先审查施工单位安全生产管理机构和塔机安装（拆卸）工程安全生产管理机构组成，审查安全生产管理制度和安全生产教育制度。

2. 核对塔式起重机安装（拆卸）工程重大危险源辨识，核查是否有关键漏项。

3. 重点审查安全技术措施是否违反工程建设标准强制性条文，尤其是现行《建筑施工塔式起重机安装、使用、拆卸安全技术规程》JGJ 196 中的强制性条文，摘录如下：

**2.0.3 塔式起重机安装、拆卸作业应配备下列人员：**

**1 持有安全生产考核合格证书的项目负责人和安全负责人、机械管理人员；**

**2 具有建筑施工特种作业操作资格证书的建筑起重机械安装拆卸工、起重司机、起重信号工、司索工等特种作业操作人员。**

**2.0.9 有下列情况之一的塔式起重机严禁使用：**

**1 国家明令淘汰的产品；**

**2 超过规定使用年限经评估不合格的产品；**

**3 不符合国家现行相关标准的产品；**

**4 没有完整安全技术档案的产品。**

**2.0.14 当多台塔式起重机在同一施工现场交叉作业时，应编制专项方案，并应采取防碰撞的安全措施。任意两台塔式起重机之间的最小架设距离应符合下列规定：**

**1 低位塔式起重机的起重臂端部与另一台塔式起重机的塔身之间的距离不得小于 2m；**

**2 高位塔式起重机的最低位置的部件（或吊钩升至最高点或平衡重的最低部位）与**

低位塔式起重机中处于最高位置部件之间的垂直距离不得小于 2m。

**2.0.16** 塔式起重机在安装前和使用过程中，发现有下列情况之一的，不得安装和使用：

**1** 结构件上有可见裂纹和严重锈蚀的；

**2** 主要受力构件存在塑性变形的；

**3** 连接件存在严重磨损和塑性变形的；

**4** 钢丝绳达到报废标准的；

**5** 安全装置不齐全或失效的。

**3.4.12** 塔式起重机的安全装置必须齐全，并应按程序进行调试合格。

**3.4.13** 连接件及其防松防脱件严禁用其他代用品代用。连接件及其防松防脱件应使用力矩扳手或专用工具紧固连接螺栓。

**4.0.3** 塔式起重机的力矩限制器、重量限制器、变幅限位器、行走限位器、高度限位器等安全保护装置不得随意调整和拆除，严禁用限位装置代替操纵机构。

**5.0.7** 拆卸时应先降节、后拆除附着装置。

4. 审查方案中对高边坡、临空面是否采取安全技术措施。安拆辅助起重机械在吊装作业过程处于高边坡或临空面时应验算其稳定性，如不能满足要求应采取加固措施。

5. 审查塔机安装、拆卸作业的安全保证措施。

（六）验收要求

1. 审查塔机基础的验收组织和验收标准是否符合《塔式起重机混凝土基础工程技术标准》JGJ/T 187、《建筑工程施工质量验收统一标准》GB 50300 和《建筑地基基础工程施工质量验收标准》GB 50202 的有关规定。

2. 审查塔式起重机结构、机构及零部件、安全装置、电气系统、操作系统、液压系统及整机的自检标准是否符合《塔式起重机安全规程》GB 5144 规定。

3. 审查方案中是否要求使用单位组织验收前委托有资质的检测单位对塔式起重机进行检测以及按规定组织验收。

（七）计算书

1. 塔机基础通常采用混凝土基础，塔机地基与基础的设计计算应符合《塔式起重机混凝土基础工程技术标准》JGJ/T 187 规定。

塔机基础设计计算书虽不一定作为塔式起重机安装与拆卸专项施工方案的组成部分，但项目监理机构仍应重点审查计算书是否经过设计人员签字、是否有审核（或复核）人员签字；计算所依据的基础参数是否正确；地基承载力特征值是否与详细勘察的报告一致；计算过程与计算结果是否存在明显错误；基础施工图与计算书是否吻合。

2. 审查附墙装置设置与计算书

当塔机使用高度超过独立高度时，常规附墙按设备使用说明书要求设置安装即可，无需计算。对于特殊附墙设置需由原制造厂家按《钢结构设计标准》GB 50017 要求进行计算。

3. 审查附墙锚固点与建筑物的相互关系与计算书

（1）附墙锚固点的布置需满足拉杆角度和长度要求（超常规时应由生产厂家重新计算和设计附墙框、拉杆截面、布置角度及材料要求）。

(2) 附着预埋件的制作与安装应考虑其与建筑物相连的梁、板、柱的受力是否满足《混凝土结构设计规范》GB 50010要求，应对支承处的建筑主体结构进行验算。

### 四、其他类型的起重机械安装（拆卸）工程专项施工方案的审查

除塔式起重机之外，施工现场常用的起重机械还有建筑施工升降机等，其安装和拆卸工程专项施工方案也应经过项目监理机构审查后方可实施。

项目监理机构可以从安全风险分析入手，在了解施工现场条件和起重机械设备工作要求的情况下，依据《危险性较大的分部分项工程专项施工方案编制指南》，依据相关安全技术规范规程和设备说明书，对施工单位报审的专项施工方案从编审程序、符合性、针对性和可操作性等方面进行审查，应重点审查其安全技术措施是否违反工程建设标准强制性条文。

## 第三节　起重机械及施工机具安全巡视检查



项目监理机构应认真履行对施工现场建筑起重机械及施工机具安装、使用、拆卸过程进行安全生产巡视检查的监理职责，督促施工单位加强对建筑起重机械及各类施工机具使用安全的监管，避免发生机械机具伤害事故。

本节主要根据《建筑施工安全检查标准》JGJ 59要求，概述项目监理机构对建筑起重机械中常用的施工升降机及塔式起重机，以及常用施工机具的现场检查要求及检查内容。

### 一、施工起重机械机具巡视检查基本要求

建筑工程中使用的施工起重机械机具种类繁多，不同类别的施工起重机械机具安全管理规定不尽相同，项目监理机构应熟悉各类施工起重机械机具的性能特点和相关安全管理制度，掌握相关安全技术要求，督促施工单位严格执行相关安全管理制度，落实安全生产管理责任。

同时，项目监理机构应在巡视检查的过程中，要高度关注施工起重机械机具的作业安全，监督施工单位按照现行国家标准、规范及相关规定，对施工现场施工起重机械机具的安装、拆卸及使用进行安全自查，确保施工安全。

项目监理机构安全巡视检查的基本要求：

（一）督促施工单位对进场使用的施工起重机械机具进行检测，对现场安装后的施工起重施工机械机具应进行验收；对需要检测的施工起重机械验收前应委托有资质的单位进行检测，对需要备案登记的施工起重机械履行备案登记手续。

（二）督促施工单位检查现场实际使用的施工起重机械机具的型号、规格、数量，以及各施工起重机械机具的工作方式是否与专项施工方案中确定的施工起重机械机具一致。

（三）督促施工单位检查施工起重机械机具的作业环境，与专项施工方案进行对比，检查安全防范措施和警戒警示设施。若发现未考虑到的危险因素，应要求施工单位采取相应防范措施。

（四）督促施工单位按照现行国家安全检查标准、技术规范的有关规定，结合相应分部分项工程（专项）施工方案，对施工现场的施工起重机械机具进行安全检查。项目监理机构应按规定对施工单位的自查情况进行抽查。

（五）督促施工单位项目技术负责人或施工方案编制人员对相关管理人员、施工起重机械机具操作人员进行方案交底和安全技术交底，并应由交底人、被交底人、专职安全生产管理人员进行签字确认。

（六）项目监理机构应对施工单位的专项施工方案实施情况进行巡视检查。督促施工单位的项目专职安全生产管理人员对专项施工方案实施情况进行现场监督，对未按照专项施工方案施工的，应当要求立即整改，并及时报告项目负责人，项目负责人应当及时组织限期整改。

（七）项目监理机构应随时抽查施工单位的安全检查记录。督促施工单位专职安全生产管理人员或相关专业人员对各类施工起重机械机具进行安全检查，并填写检查记录。对检查中发现的安全事故隐患应下达 整改通知单，定人、定时间、定措施进行整改。

（八）项目监理机构应按规定参与危大工程验收，对危大工程实施安全专项巡视检查。当危大工程施工中的起重施工机械机具作业时，督促施工单位项目负责人应当在施工现场履职，并应按照规定对危大工程进行施工监测和安全巡视，发现危及人身安全的紧急情况，应当立即组织作业人员撤离危险区域。



## 二、施工升降机巡视检查要点

对施工升降机安装、使用及拆卸的安全检查，应按照《危险性较大的分部分项工程安全管理规定》（住建部令第 37 号）、《建筑起重机械安全监督管理规定》（建设部令第 166 号）文件要求，以及现行国家标准《施工升降机安全使用规程》GB/T 34023 和行业标准《建筑施工升降机安装、使用、拆卸安全技术规程》JGJ 215 的规定。

项目监理机构首先应对进场的施工升降机进行核查，有下列情况之一的施工升降机不得安装使用：

1. 属国家明令淘汰或禁止使用的；
2. 超过由安全技术标准或制造厂家规定使用年限的；
3. 经检验达不到安全技术标准规定的；
4. 无完整安全技术档案的；
5. 无齐全有效的安全保护装置的。

根据《建筑施工安全检查标准》JGJ 59 的规定，施工升降机的安全检查保证项目应包括：安全装置、限位装置、防护设施、附墙架、钢丝绳、滑轮与对重、安拆、验收与使用。一般项目应包括：导轨架、基础、电气安全、通信装置。

项目监理机构应督促施工单位按照专项施工方案及规范要求，对施工升降机的安装、拆除、施工作业进行检查。项目监理机构的安全巡视检查也应符合安全检查标准的相关规定。

（一）安全装置

1. 检查施工升降机是否安装起重量限制器，起重量限制器应灵敏可靠。当荷载达到额定载重量的 90％时，限制器应发出明确警示信号；当荷载达到额定载重量的 110％前，限制器应切断上升主电路电源，终止吊笼启动，使吊笼制停。

2. 检查施工升降机每个吊笼上是否安装渐进式防坠安全器，防坠安全器应灵敏可靠，并应在有效的标定期内使用。

（1）施工升降机每个吊笼上应安装渐进式防坠安全器，不允许采用瞬时安全器。防坠安全器必须有专人管理，并按规定进行调试试验、检查维修。

（2）防坠安全器试验时（每季度一次）吊笼不允许载人，只能在有效的标定期限内使用。防坠安全器的寿命为 5 年，有效标定期限不应超过 1 年。防坠安全器在有效检验期满后必须重新进行检验标定，严禁施工升降机使用超过有效标定期的防坠安全器。

3. 检查对重钢丝绳是否安装防松绳装置，防松绳装置是否灵敏可靠。

施工升降机对重钢丝绳组的一端应设张力均衡装置，并装有由相对伸长量控制的非自动复位型的防松绳开关。当其中一条钢丝绳出现相对伸长量超过允许值或断绳时，该开关将切断控制电路，制动器动作。

4. 检查吊笼的控制装置是否安装非自动复位型的急停开关。急停开关应动作灵敏，任何时候均可切断控制电路停止吊笼运行。

5. 检查底架是否安装吊笼和对重缓冲器，缓冲器应符合规范要求。

6. 检查 SC 型施工升降机是否安装一对以上安全钩。齿轮齿条式施工升降机吊笼应安装一对以上安全钩，以防止吊笼脱离导轨架或防坠安全器输出端齿轮脱离齿条。

第五章

（二）限位装置

1. 检查升降机是否安装非自动复位型极限开关，是否灵敏可靠。

2. 检查升降机是否安装自动复位型上、下限位开关。上、下限位开关应灵敏可靠，安装位置应符合规范要求。

施工升降机每个吊笼均应安装上、下限位开关，上、下限位开关可采用自动复位型，切断的是控制回路。上限位安装位置：提升速度小于 0.8m/s 时，留有上部安全距离应大于等于 1.8（m）；提升速度大于等于 0.8m/s 时，留有上部安全距离应大于等于 1.8（m）+0.1 倍提升速度的平方（m）。下限位安装位置应在吊笼制停时，距下极限开关有一定距离。

3. 上极限开关与上限位开关之间的安全越程不应小于 0.15m。

4. 检查极限开关、限位开关是否设置独立的触发元件。极限开关与上、下限位开关不应使用同一触发元件，防止触发元件失效致使极限开关与上、下限位开关同时失效。

5. 检查吊笼门是否安装机电连锁装置，吊笼顶窗是否安装电气安全开关，并应灵敏可靠。

6. 施工升降机运行时，严禁用行程限位开关作为停止运行的控制开关。

（三）防护设施

1. 检查吊笼和对重升降通道周围是否安装地面防护围栏，防护围栏的安装高度、强度是否符合规范要求。围栏门应安装机电连锁装置并应灵敏可靠。

（1）吊笼和对重升降通道周围应安装地面防护围栏，防护围栏高度不应低于 1.8m。

（2）围栏登机门应装有机械锁止装置和电气安全开关，使吊笼只有位于底部规定位置时围栏登机门才能开启，且在开门后吊笼不能启动。

（3）钢丝绳式的货用施工升降机，其围栏登机门应装有电气安全开关，使吊笼只有在围栏登机门关好后才能启动。

2. 检查地面出入通道防护棚的搭设是否符合规范要求。

当建筑物超过 2 层时，施工升降机地面通道上方应搭设防护棚；当建筑物高度超过 24 米时，应设置双层防护棚。施工升降机运行通道内不得有障碍物，不得利用施工升降机的导轨架、横竖支撑、层站等牵拉或悬挂脚手架、施工管道、绳缆标语、旗帜等。

当施工升降机安装在建筑物内部井道中时，尚应检查在运行通道四周搭设的封闭屏障的设置情况。

3. 检查停层平台两侧应设置防护栏杆、挡脚板，平台脚手板应铺满、铺平。

4. 检查各停层平台层门的安装高度、强度是否符合规范要求。各停层平台应设置定型化层门，层门安装和开启不得突出到吊笼的升降通道上。层门门栓宜设置在靠施工升降机一侧，且层门应处于常闭状态，未经司机许可不得启闭。

（四）附墙架

1. 检查升降机的附墙架是否采用配套标准产品。当附墙架不能满足施工现场要求时，应对附墙架另行设计，附墙架的设计应满足构件刚度、强度、稳定性等要求，制作应满足设计要求，严禁随意代替。

2. 检查附墙架与建筑结构连接方式、角度（附着高度、垂直间距、附着点水平距离、附墙架与水平面之间的夹角、导轨架与主体结构间水平距离），以及附墙架附着点的建筑结构承载力是否满足施工升降机使用说明书的要求。

3. 检查施工升降机附墙架最高附着点以上导轨架的自由高度是否符合产品说明书要求。

（五）钢丝绳、滑轮与对重

1. 检查施工升降机对重钢丝绳绳数，对重钢丝绳绳数不得少于 2 根且应相互独立，每根钢丝绳的安全系数不应小于 12，直径不应小于 9mm。

2. 检查钢丝绳磨损、变形、锈蚀是否在规范允许范围内。钢丝绳的维修、检验和报废应符合现行国家有关标准的规定。

3. 检查钢丝绳的规格、固定是否符合产品说明书及规范要求。

4. 检查施工升降机滑轮是否安装钢丝绳防脱装置，并应符合规范要求。

5. 检查对重重量、固定是否符合产品说明书要求。

6. 检查对重除导向轮或滑靴外是否设有防脱轨保护装置。对重两端应有滑靴或滚轮导向，并设有防脱轨保护装置。若对重使用填充物，应采取措施防止其窜动，并标明重量。对重应按有关规定涂成警告色。

7. 对于钢丝绳式施工升降机，应检查吊笼运行时，钢丝绳不得与遮掩物或其他物件发生碰触或摩擦；当吊笼位于地面时，最后缠绕在卷扬机卷筒上的钢丝绳不应小于 3 圈，且无乱绳现象。

（六）安拆、验收与使用

1. 检查安装、拆卸单位是否具有起重设备安装工程专业承包资质和安全生产许可证。项目监理机构应审查其安装资质和安全生产许可证是否合法有效。

2. 施工升降机安装、拆卸作业前，项目监理机构应检查施工单位是否按照规范规定编制了专项施工方案。

施工升降机安装、拆卸工程专项施工方案应由安装单位编制，并经安装单位技术负责人签字，报施工单位负责人和项目监理机构审核后，报告工程所在地县级以上建设行政主管部门，经项目监理机构审查同意后方可实施。

3. 在升降机安装完毕后，项目监理机构应督促安装单位按照安全技术标准及安装使用说明书对建筑起重机械进行自检、调试和试运转。

安装单位自检合格后，应经有相应资质的检验检测机构监督检验。

检验合格后，项目监理机构应督促使用单位组织租赁单位、安装单位和监理单位等进行验收，实行施工总承包的，应由施工总承包单位组织验收。验收表格应由各单位责任人签字确认。

（1）施工升降机的安装及验收应符合规范要求，监督施工单位严禁使用未经验收或验收不合格的施工升降机。

（2）每次加节完毕后，应对施工升降机导轨架的垂直度进行校正，且应按规定及时重新设置行程限位和极限限位，经验收合格后方能运行。

4. 施工升降机在使用期间，项目监理机构应督促施工单位作好以下三个方面的试验与检查验收：



（1）每 3 个月应进行不少于 1 次的额定载重量坠落试验，其坠落试验及评估应符合使用说明书和《吊笼有垂直导向的人货两用施工升降机》GB 26557 的有关要求。

（2）每 3 个月应进行 1 次 1.25 倍额定载重量的超载试验，确保制动器性能安全可靠。

（3）当遇有可能影响施工升降机安全技术性能的自然灾害、发生设备事故或停工 6 个月以上时，应对施工升降机重新组织检查验收。

5. 施工升降机的安装、拆卸作业人员及司机，应具有建筑施工特种作业操作资格证。项目监理机构应审查作业人员的特种作业资格证是否真实有效，并要求持证上岗。

6. 监督施工单位在施工升降机作业前应按规定进行例行检查，并应填写检查记录。项目监理机构应进行巡视检查，并对施工单位的检查记录进行抽查。

7. 施工现场实行多班作业时，项目监理机构应督促施工单位按照规定填写交接班记录，要求接班司机进行班前检查，确认无误后，方能开机作业。项目监理机构应随时抽查施工单位的交接班记录。

8. 施工升降机安装、拆卸作业时，项目监理机构应监督施工单位按安拆专项施工方案实施，督促施工单位安装单位专业技术人员、专职安全生产管理人员进行现场监督。

9. 在安装作业时，项目监理机构应监督施工单位必须将按钮盒或操作盒移至吊笼顶部操作。当导轨架或附着架有人员作业时，严禁开动施工升降机。当遇大雨、大雾、大雪或风速大于 13m/s 等恶劣天气时，要求施工单位立即停止作业。

10. 在拆卸作业时，应监督施工单位设置警戒线和醒目的安全警示标志，并派专人现场监护；监督施工单位在拆卸前，先对施工升降机关键部件进行检查，发现问题时先解决再拆卸。监督施工单位夜间不得进行拆卸作业；拆卸作业应连续进行，否则应采取相应安全措施。

（七）导轨架

1. 巡视检查导轨架垂直度，导轨架垂直度应符合规范要求。施工升降机的导轨架垂直度偏差应符合使用说明书和表 5-1 规定：

施工升降机安装垂直度偏差　表 5-1

| 导轨架架设高度 h（m） | H≤70 | 70<h≤100 | 100<h≤150 | 150<h≤200 | h>200 |
|---|---|---|---|---|---|
| 垂直度偏差（mm） | 不大于 0.1%h | ≤70 | ≤90 | ≤110 | ≤130 |
| | 对钢丝绳式施工升降机，垂直度偏差不大于（1.5/1000）h | | | | |

2. 检查标准节的质量是否符合产品说明书及规范要求。

3. 检查升降机的对重导轨，对重导轨应符合规范要求。对重导轨接头应平直，阶差不大于 0.5mm。严禁使用柔性物体作为对重导轨。

4. 检查标准节连接螺栓使用是否符合产品说明书及规范要求。安装时应螺杆在下、螺母在上，一旦螺母脱落后，容易及时发现安全隐患。

连接件和连接件之间的防松防脱件应符合使用说明书的规定，不得用其他物件代替，对有预紧力要求的连接螺栓，应使用扭力扳手或专用工具，按规定的拧紧次序将螺栓准确紧固。

（八）基础

1. 检查施工升降机的基础制作及验收是否符合说明书及规范要求。施工升降机基础应能承受最不利工作条件下的全部载荷。

2. 基础设置在地下室顶板、楼面或其他下部悬空结构上时，项目监理机构应督促施工单位对基础支承结构进行承载力验算。

3. 检查基础周围是否设有排水设施，排水措施是否符合专项施工方案的要求。在施工升降机基础周边水平距离 5m 以内，不得开挖井沟，不得堆放易燃易爆物品及其他杂物。

（九）电气安全

1. 检查施工升降机与架空线路的安全距离或防护措施是否符合规范要求。

施工升降机与架空线路的安全距离是指施工升降机最外侧边缘与架空线路边线的最小距离。当安全距离小于表 5-2 规定时，必须按规定采取有效的防护措施。

施工升降机与架空线路边线的安全距离　表 5-2

| 外电线安全距离（kV） | <1 | 1～10 | 35～110 | 220 | 330～500 |
|---|---|---|---|---|---|
| 安全距离（m） | 4 | 6 | 8 | 10 | 15 |

2. 检查电缆导向架设置是否符合说明书及规范要求。

3. 检查施工升降机在其他避雷装置保护范围外设置的避雷装置是否符合规范要求。施工升降机金属结构和电气设备金属外壳均应接地，接地电阻不应大于 4Ω。电气系统对导轨架的绝缘电阻应大于等于 0.5MΩ。

（十）通信装置

巡视检查施工升降机安装的楼层信号联络装置是否清晰有效。若楼层信号联络装置安装在阴暗处或夜班作业的施工升降机，应督促施工单位在全行程装设明亮的楼层编号标识灯。

## 三、塔式起重机巡视检查要点

塔式起重机是指臂架安置在垂直的塔身顶部的可回转臂架型起重机。塔式起重机的机型构造形式较多，按其主体结构与外形特征，基本可按架设形式、变幅形式、回转形式及塔身加节形式区分，见表5-3。

塔式起重机分类表 表5-3

| 分类形式 | 类别 |
| --- | --- |
| 架设形式 | 固定式、附着式、行走式和内爬式 |
| 变幅形式 | 小车变幅、动臂变幅、伸缩式小车变幅及折臂变幅 |
| 回转形式 | 上回转和下回转 |
| 塔身加节形式 | 下加节、中加节和上加节 |

塔式起重机的安装、使用及拆卸的安全检查，应符合《建筑起重机械安全监督管理规定》(建设部令第166号)、现行国家标准《塔式起重机安全规程》GB 5144和现行行业标准《建筑施工塔式起重机安装、使用、拆卸安全技术规程》JGJ 196的规定。

项目监理机构首先应对进场的塔式起重机的特种设备制造许可证、产品合格证、制造监督检验证明、备案证明和自检合格证明、安装使用说明书进行核查，有下列情况之一的塔式起重机严禁使用：

1. 国家明令淘汰的产品；
2. 超过规定使用年限经评估不合格的产品；
3. 不符合国家现行相关标准的产品；
4. 没有完整安全技术档案的产品。

塔式起重机在安装前和使用过程中，发现有下列情况之一的，项目监理机构应明确要求施工单位不得安装和使用：

1. 结构件上有可见裂纹和严重锈蚀的；
2. 主要受力构件存在塑性变形的；
3. 连接件存在严重磨损和塑性变形的；
4. 钢丝绳达到报废标准的；
5. 安全装置不齐全或失效的。

按照《建筑施工安全检查标准》JGJ 59的规定，塔式起重机的安全检查保证项目应包括：载荷限制装置；行程限位装置；保护装置；吊钩；滑轮；卷筒与钢丝绳；多塔作业；安拆；验收与使用。一般项目应包括：附着；基础与轨道；结构设施；电气安全。

项目监理机构应督促施工单位按照专项施工方案及规范要求，对塔式起重机的安装、拆除、施工作业进行自查。项目监理机构的安全巡视检查内容也应符合安全检查标准的相关规定。

(一) 载荷限制装置

1. 检查塔式起重机安装的起重量限制器是否灵敏可靠。

(1) 当起重量大于相应档位的额定值并小于该额定值的110%时，应切断上升方向的电源，但机构可作下降方向的运动。

(2) 如设有起重量显示装置，则其数值误差不应大于实际值的±5%。项目监理机构应督促施工单位每月至少进行一次超载试验。

2. 检查塔式起重机安装的起重力矩限制是否灵敏可靠。

(1) 当起重力矩大于相应工况下的额定值并小于该额定值的110%，应切断上升和幅度增大方向的电源，但机构可作下降和减小幅度方向的运动。

（2）如设有起重力矩显示装置，则其数值误差不应大于实际值的±5%。

（3）力矩限制器控制定码变幅的触点或控制定幅变码的触点应分别设置，且能分别调整；对小车变幅的塔式起重机，其最大变幅速度超过40m/min，在小车向外运行，且起重力矩达到额定值的80%时，变幅速度应自动转换为不大于40m/min的速度运行。

（二）行程限位装置

1. 检查塔式起重机是否安装起升高度限位器，起升高度限位器的安全越程应符合规范要求并应灵敏可靠。

2. 检查小车行程开关或臂架幅度限制开关。小车变幅的塔式起重机应安装小车行程开关，动臂变幅的塔式起重机应安装臂架幅度限制开关，并应灵敏可靠。

3. 检查回转部分不设继电器的塔式起重机是否安装回转限位器，并应灵敏可靠。塔机回转部分在非工作状态下应能自由旋转。回转限位器正反两个方向动作时，臂架旋转角度应不大于±540°。

4. 检查行走式塔式起重机是否安装行走限位器，并应灵敏可靠。

轨道式塔机行走机构应在每个方向设置行程限位开关。在轨道上应安装限位开关碰铁，其安装位置应充分考虑塔机的制动行程。

（三）保护装置

1. 检查小车变幅的塔式起重机是否按规范要求安装断绳保护及断轴保护装置。

（1）检查塔式起重机是否安装断绳保护装置，对小车变幅的塔式起重机应设置双向小车变幅断绳保护装置，保证在小车前后牵引钢丝绳断绳时小车在起重臂上不移动。

（2）小车变幅的塔式起重机断轴保护装置必须保证即使车轮失效，小车也不能脱离起重臂。

2. 检查行走及小车变幅的轨道行程末端是否按规范要求安装缓冲器及止档装置。对轨道运行的塔式起重机，每个运行方向应设置限位装置，其中包括限位开关、缓冲器和终端止挡装置。限位开关应保证开关动作后塔式起重机停车时其端部距缓冲器最小距离大于1m。

3. 检查起重臂根部绞点高度大于50m的塔式起重机是否安装风速仪，并应灵敏可靠。当风速大于工作极限风速时，应能发出停止作业的警报。风速仪应设在塔机的顶部。

4. 检查当塔式起重机顶部高度大于30m且高于周围建筑物时是否安装障碍指示灯，且指示灯的供电不受停机的影响。

（四）吊钩、滑轮、卷筒与钢丝绳

1. 检查吊钩是否安装钢丝绳防脱钩装置并应完好可靠。吊钩的磨损、变形应在规定允许范围内。吊钩严禁补焊，有下列情况之一的，项目监理机构应要求施工单位予以报废：

（1）表面有裂纹；

（2）挂绳处截面磨损量超过原高度的10%；

（3）钩尾和螺纹部分等危险截面及钩筋有永久性变形；

（4）开口度比原尺寸增加15%；

（5）钩身的扭转角超过10°。

2. 检查滑轮、卷筒是否安装钢丝绳防脱装置并应完好可靠，滑轮、卷筒的磨损应在规定允许范围内；滑轮、起升和动臂变幅塔式起重机的卷筒均应设有钢丝绳防脱装置，该装置表面与滑轮或卷筒侧板外缘的间隙不应超过钢丝绳直径的20%，装置与钢丝绳接触的表面不应有棱角。

滑轮有下列情况之一的，项目监理机构应监督施工单位予以报废：

(1) 裂纹或轮缘破损；

(2) 轮槽不均匀磨损达3mm；

(3) 滑轮绳槽壁厚磨损量达原壁厚的20%；

(4) 铸造滑轮槽底磨损达钢丝绳原直径的30%；焊接滑轮槽底磨损达钢丝绳原直径的15%。

3. 检查钢丝绳的磨损、变形、锈蚀是否在规范允许的范围内。钢丝绳的规格、固定、缠绕应符合说明书及规范要求。

(1) 钢丝绳的直径应符合规范规定，在塔机工作时，钢丝绳的实际直径不应小于6mm。

(2) 当钢丝绳的端部采用编结固结时，编结部分的长度不得小于钢丝绳直径的20倍，并不应小于300mm。用其他方法插接的，应保证其插接连接强度不小于该绳最小破断拉力的75%。



(3) 用钢丝绳夹固结时，应符合现行国家标准的规定，固结强度不应小于钢丝绳破断拉力的85%。当钢丝绳的端部采用绳夹固接时，钢丝绳吊索绳夹最少数量应满足表5-4要求。

**钢丝绳吊索绳夹最少数量** **表5-4**

| 绳夹规格（钢丝绳公称直径）$d_r$（mm） | 钢丝绳夹的最少数量（组） |
|---|---|
| ≤18 | 3 |
| 18～26 | 4 |
| 26～36 | 5 |
| 36～44 | 6 |
| 44～60 | 7 |

钢丝绳夹压板应在钢丝绳受力绳一边，绳夹间距 $A$（图5-1）不应小于钢丝绳直径的6倍。

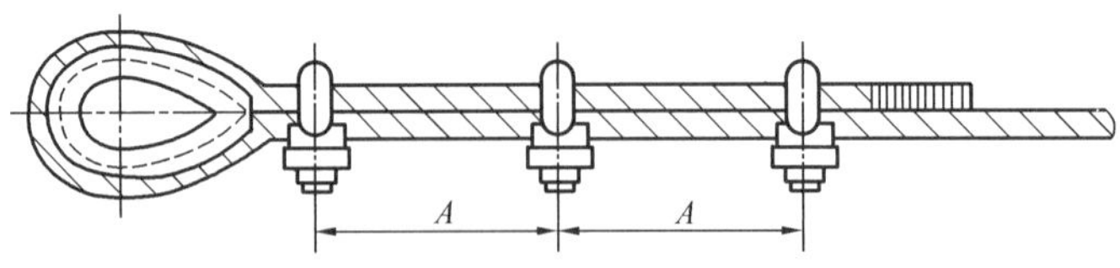


图5-1 钢丝绳夹压板布置图

(4) 用楔形接头固结时，楔与楔套应符合现行国家标准的规定，固结强度不应小于钢丝绳破断拉力的75%。

(5) 用铝合金压制接头固结时，固结强度应达到钢丝绳破断拉力的90%。

(6) 用压板及锥形套浇铸法固结时，压板应符合现行国家标准的规定，固结强度应达到钢丝绳破断拉力。

（五）多塔作业

1. 多塔在同一施工现场交叉作业前，项目监理机构应核查施工单位是否编制专项施工方案。当相邻工地发生多台塔式起重机交错作业时，项目监理机构应督促施工单位在协调相互作业关系的基础上，编制各自的专项使用方案，确保任意两台塔式起重机不发生触碰。

任意两台相邻塔式起重机的距离如果控制不当，很可能会造成重大安全事故。项目监理机构应在同一施工现场多塔交叉作业时须进行安全巡视检查。

2. 检查任意两台塔式起重机之间的最小架设距离，最小架设距离应符合规范要求。

（1）两台塔机塔身之间的距离 $L$ 必须比两台塔机中最短的起重臂长度长 2m。

（2）高塔的最低位置的部件（或吊钩升至最高点或平衡重的最低部位）和低位塔式起重机的最高位置部件之间的垂直距离不得小于 2m；低位塔式起重机的起重臂端部与另一台塔式起重机的塔身之间的距离不得小于 2m。

（3）当塔机在另一台塔机上面工作时，高塔必须装备有防止起升钢丝绳进入正在工作的低塔的平衡臂工作区域的装置，安全距离为 2m。

（六）安拆、验收与使用

1. 塔式起重机的安装、拆卸单位应具有起重设备安装工程专业承包资质和安全生产许可证。项目监理机构应审查其资质和安全生产许可证是否合法有效。

2. 督促施工单位在塔式起重机安装、拆卸作业前，应编制塔式起重机安装、拆除专项施工方案，报施工总承包单位和项目监理机构审核后，告知工程所在地县级以上地方人民政府建设主管部门。

3. 塔式起重机安装完毕经自检、检测合格后，项目监理机构应督促总承包单位按相关规定履行验收程序，验收表格应由责任人签字确认，验收程序应符合规范要求。验收合格的，经出租单位、使用单位、安装单位和监理单位参加人员签字后方可使用。

严禁使用未经验收或验收不合格的塔式起重机。

施工现场塔式起重机安装验收合格后，检查施工单位是否在塔吊标准节上悬挂塔式起重机验收牌。包括：安全操作规程及“十不吊”、设备产权和设备使用登记牌、操作人员操作证、验收时间及其他。

4. 塔式起重机在使用过程中，项目监理机构应监督施工单位履行以下检查验收职责：

（1）吊具与索具每 6 个月应进行一次检查，并应做好记录。

（2）塔式起重机停用 6 个月以上的，在复工前应重新进行验收，合格后方可使用。

5. 塔式起重机安装、拆卸作业应配备持有安全生产考核合格证书的项目负责人和安全负责人、机械管理人员；起重机械安装拆卸工、起重司机、起重信号工、司索工等特种作业操作人员及司机、指挥等应具有建筑施工特种作业操作资格证书。项目监理机构应核查作业人员的特种作业资格证是否合法有效。

6. 督促施工单位在塔式起重机作业前按规定进行例行检查，并填写检查记录。项目监理机构应对检查记录进行核查，并在塔机作业时进行专项巡视检查。

7. 监督施工单位实行多班作业时，按规定填写交接班记录。项目监理机构应随时抽查施工单位的交接班记录。

8. 塔式起重机使用时，巡视检查起重臂和吊物下方严禁人员停留；物件调运时，严禁从人员上方通过。

（七）附着

1. 当塔式起重机高度超过产品说明书规定时，项目监理机构应检查其是否按照产品说明书及规范要求安装附着装置。当塔式起重机附着的布置不符合说明书规定时，应要求施工单位对附着进行设计计算，设计计算要适应现场实际条件，并按照规定的审批程序报审。

2. 当附着装置的水平距离不能满足产品说明书要求时，项目监理机构应要求施工单位进行设计计算、绘制制作图和编写相关说明和审批。

3. 安装内爬式塔式起重机的建筑承载结构时，项目监理机构应要求施工单位进行承载力验算。

4. 项目监理机构应按照要求巡视检查塔式起重机附着前、后塔身垂直度。

在空载、风速不大于3m/s状态下，独立状态塔身轴心线（或附着状态下最高附着点以上塔身）对支承面的垂直度≤0.4%；附着状态下最高附着点以下塔身轴心线对支承面的垂直度≤0.2%。

5. 附着装置安装完毕经施工单位自检合格后，项目监理机构应参与附着装置的检查验收，合格后方可投入使用。



（八）基础与轨道

1. 对塔式起重机基础进行检查，塔基应满足《塔式起重机混凝土基础工程技术标准》JGJ/T 187有关规定。塔式起重机基础及其地基承载力应按产品说明书及有关规定进行设计、检测和验收。

（1）塔式起重机基础应高于地平面50mm，防止基础积水。如场地限制，可设立集水坑，且不应小于1m$^3$。基础的沉降量不得大于50mm，倾斜率不得大于0.001。

（2）行走式塔式起重机的轨道及基础应按使用说明书的要求进行设置，且应符合现行国家标准《塔式起重机安全规程》GB 5144及《塔式起重机》GB/T 5031的规定。

（3）内爬式塔式起重机的基础、锚固、爬升支承结构等应根据使用说明书提供的荷载进行设计计算，并应对内爬式塔式起重机的建筑承载结构进行验算。

2. 基础应设置排水措施，路基两侧或中间应设排水沟，保证路基无积水。

3. 检查路基箱或枕木铺设是否符合产品说明书及规范要求。

4. 检查塔机轨道铺设是否符合产品说明书及相关规范要求。

（1）轨道应通过垫块与轨枕可靠地连接，每间隔6m应设一个轨距拉杆。钢轨接头处应有轨枕支承，不应悬空，在使用过程中轨道不应移动。

（2）轨距允许误差不大于公称值的1/1000，其绝对值不大于6mm。钢轨接头间隙不大于4mm，与另一侧钢轨接头的错开距离不小于1.5m，接头处两轨顶高度差不大于2mm。

（3）塔机安装后，轨道顶面纵、横方向上的倾斜度，对于上回转塔机应不大于3/1000；对于下回转塔机应不大于5/1000。在轨道全程中，轨道顶面任意两点的高度差应小于100mm。

（4）轨道行程两端的轨顶高度宜不低于其余部位中最高点的轨顶高度。基础中的地脚

螺栓等预埋件应符合使用说明书的要求。

（九）结构设施

1. 检查塔机主要结构构件的变形、锈蚀是否在规范允许范围内。

2. 检查平台、走道、梯子、护栏的设置是否符合规范要求。

（1）在操作、维修处应设置平台、走道、踢脚板和栏杆。

（2）离地面 2m 以上的平台和走道应用金属材料制作，并具有防滑性能。平台和走道的宽度不应小于 500mm。局部有妨碍处可降为 400mm；平台和走道应设置高度不低于 1m 的栏杆，在栏杆一半高度处应设置横杆，边缘应设置不小于 100mm 高的踢脚板。

（3）除快装式塔机外，当梯子高度超过 10m 时应设置休息小平台，第一个休息小平台设置在不超过 12.5m 的高度处，以后每隔 10m 内设置一个。

（4）附着的操作平台应采用钢管搭设，涂刷红白警示漆，尺寸为 400mm×400mm，高度 1200mm；平台满挂绿色密目安全网，满铺脚手板。

3. 检查高强度螺栓、销轴、紧固件的紧固、连接是否符合规范要求。

高强螺栓只有在扭力达到规定值时才能确保不松脱，高强度螺栓应使用力矩扳手或专用工具紧固。实际使用中严禁连接件、防松防脱件代用。连接件、防松防脱件被代用后，会失去固有的连接、防松、防脱作用，可能会造成结构松脱、散架，发生安全事故。

（十）电气安全

1. 塔式起重机应采用 TN-S 接零保护系统供电。

2. 检查塔式起重机与架空线路的安全距离或防护措施是否符合规范要求。

塔式起重机与架空线路的安全距离是指塔式起重机的任何部位与架空线路边线的最小距离见表 5-5。当安全距离小于下表规定时必须按规定采取有效的防护措施。

**塔式起重机与架空线路边线的安全距离　　表 5-5**

| 安全距离（m） | 电压（kV） | | | | |
|---|---|---|---|---|---|
| | <1 | 1～15 | 20～40 | 60～110 | 220 |
| 沿垂直方向 | 1.5 | 3.0 | 4.0 | 5.0 | 6.0 |
| 沿水平方向 | 1.0 | 1.5 | 2.0 | 4.0 | 6.0 |

3. 检查塔式起重机安装的避雷接地装置是否符合规范要求。

为避免雷击，塔式起重机的主体结构应安装防雷接地装置，其接地电阻应不大于 4Ω；采取多处重复接地时，其接地电阻应不大于 10Ω，零线不允许接机身。

接地装置的选择和安装应符合有关规范要求。主电路和控制电路的对地绝缘电阻不应小于 0.5MΩ。

4. 检查电缆的使用及固定是否符合规范要求，电缆、电线的绝缘应良好。

## 四、施工机具巡视检查要点

对施工机具的安装、使用及拆卸的安全检查，要按照《建筑施工安全检查标准》JGJ 59 规定的检查项目，以及现行国家标准《建筑机械使用安全技术规程》JGJ 33 和《施工现场机械设备检查技术规程》JGJ 160 的规定进行。

项目监理机构应督促施工单位按照施工组织设计中安全技术措施或施工方案及规范要求，对施工机具进行安全检查。项目监理机构对施工机具的安全巡视检查也应符合安全检查标准的相关规定。

施工机具的检查项目应包括：平刨、圆盘锯、手持电动工具、钢筋机械、电焊机、搅拌机、气瓶、翻斗车、潜水泵、振捣器、桩工机械等。

（一）平刨安全巡视检查

1. 项目监理机构应督促施工单位在平刨安装完成后应按规定履行验收程序，并应经责任人签字确认。督促施工单位对平刨的安全装置、作业棚及保护零线的设置进行检查。必要时项目监理机构进行抽查。

2. 检查平刨是否设置护手及防护罩等安全装置。平刨应设置护手，明露的转动轴、轮及皮带等传动部位应安装防护罩，防止人身伤害事故。安全护手装置应能在操作人员刨料发生意外时，不会造成手部伤害事故。

3. 检查平刨的保护零线是否单独设置，并应安装漏电保护装置。督促施工单位在无人操作时应切断电源。



4. 检查施工单位是否按规定设置具有防雨、防晒等功能平刨作业棚。

5. 监督施工单位不得使用同台电机驱动多种刃具、钻具的多功能木工机具。由于该机具运转时，多种刃具、钻具同时旋转，极易造成人身伤害事故。严禁使用平刨和圆盘锯合用一台电机的多功能木工机具。

（二）圆盘锯安全巡视检查

圆盘锯的安全装置主要有分料器、防护挡板、防护罩等。

1. 督促施工单位在圆盘锯安装完毕应按规定履行验收程序，并应经责任人签字确认。圆盘锯应为合格产品，严禁使用自制、拼装的圆盘锯。圆盘锯的铭牌、控制按钮、防护罩、分料器、挡板等安全附件齐全，传动部件性能良好。

2. 检查圆盘锯是否设置防护罩、分料器、防护挡板等安全装置。传动部位应有防护罩；分料器应能具有避免木料夹锯的功能；锯片上方必须安装保险挡板装置，防护挡板应能具有防止木料向外倒退的功能。

3. 检查保护零线是否单独设置，是否安装漏电保护装置。

4. 督促施工单位应按规定设置具有防雨、防晒等功能的圆盘锯作业棚。

5. 监督施工单位不得使用同台电机驱动多种刃具、钻具的多功能木工机具。

（三）手持电动工具安全巡视检查

1. 检查Ⅰ类手持电动工具是否单独设置保护零线，并应安装漏电保护装置。

Ⅰ类手持电动工具为金属外壳，其金属外壳与 PE 线的连接点不得少于 2 处；并按规定必须作保护接零，同时安装漏电保护器。

2. 检查使用Ⅰ类手持电动工具的作业人员是否按规定戴绝缘手套、穿绝缘鞋。

在潮湿场所或金属构架上操作时，不许选用Ⅱ类手持式电动工具或由安全隔离变压器供电的Ⅲ类手持式电动工具，并装有防溅的漏电保护器。严禁使用Ⅰ类手持式电动工具。

3. 手持电动工具的电源线应保持出厂时的状态，不得接长使用，必要时应使用移动配电箱。

（四）钢筋加工机械安全巡视检查

钢筋加工机械包括：钢筋调直机、钢筋切断机、钢筋弯曲机、砂轮切割机等。

1. 督促施工单位在钢筋机械安装完毕应按规定履行验收程序，并应经责任人签字确认。各类钢筋机械安装后应经过试运行合格后方可验收。安装现场应靠近钢筋堆料场，道路畅通，地面硬化、无积水、电源可靠，照明充足；应按照钢筋加工工艺流程合理布置，形成生产流水线。

2. 检查钢筋加工机械的保护零线是否单独设置，是否安装漏电保护装置。

3. 钢筋机械安装位置应在室内，钢筋加工区应按规定搭设作业棚，作业棚并应具有防雨、防晒等功能，并应达到标准化。

4. 检查焊机作业区是否设置防火花飞溅的隔离设施。焊机作业区应设置防止火花飞溅的挡板等隔离设施。

5. 检查钢筋冷拉作业区是否按规定设置防护栏。冷拉作业应设置防护栏，将冷拉区与操作区进行隔离。

6. 检查机械传动部位是否按规定设置防护罩。

（五）电焊机安全巡视检查

1. 督促施工单位在电焊机安装完毕应按规定履行验收程序，并应经责任人签字确认。

2. 检查电焊机的保护零线是否单独设置，是否安装漏电保护装置。

3. 检查电焊机是否设置二次空载降压保护装置。电焊机除应做保护接零、安装漏电保护器外，还应设置二次空载降压保护装置，防止触电事故发生。

4. 核查电焊机一次线长度不得超过 5m，并应穿管保护，电焊机柜距开关箱距离不得大于 3m。二次线应采用防水橡皮护套铜芯软电缆，电缆长度不应大于 30m，二次线接头不得超过 3 个，二次线应双线到位，严禁使用其他导线代替。

5. 检查电焊机防雨罩设置情况，接线柱应设置防护罩。

（六）搅拌机安全巡视检查

1. 搅拌机安装完毕应督促施工单位按规定履行验收程序，并应经责任人签字确认后方可投入使用。

2. 检查搅拌机的保护零线是否单独设置，是否安装漏电保护装置。控制箱内电气零件齐全，到现排列整齐、有序，接线正确，控制灵敏。

3. 搅拌机离合器、制动器，离合器、制动器运转时不能有异响，离合器、制动器应灵敏有效，料斗钢丝绳的磨损、锈蚀、变形量应在规定允许范围内。

4. 检查料斗是否设置安全挂钩或止挡装置，在维修或运输过程中必须用安全挂钩或止挡将料斗固定牢固，传动部位应设置防护罩。

5. 搅拌机应按规定设置作业棚。作业棚并应具有防雨、防晒等功能。

（七）气瓶安全巡视检查

1. 项目监理机构应督促施工单位对气瓶的隔离防护措施及作业安全进行检查；检查气瓶是否安装减压器。减压器是气瓶重要安全装置之一，气瓶使用时必须安装减压器，乙炔瓶应安装回火防止器，并应灵敏可靠。

2. 检查作业时气瓶的安全距离。气瓶间安全距离不应小于 5m，与明火安全距离不应小于 10m，不能满足安全距离要求时，应采取可靠的隔离防护措施。

第五章

3. 气瓶应设置防振圈、防护帽，并应按规定存放。

（八）翻斗车安全巡视检查

1. 督促施工单位检查翻斗车制动、转向装置。翻斗车行驶前应检查制动器及转向装置确保灵敏可靠。

2. 检查翻斗车司机是否经专门培训并持证上岗，为保证行驶安全，行车时车斗内不得载人。

（九）潜水泵安全巡视检查

1. 督促施工单位对潜水泵的保护零线单独设置并安装漏电保护装置。水泵的外壳必须作保护接零，开关箱中应安装动作电流不大于 15mA、动作时间小于 0.1s 的漏电保护器，负荷线应采用专用防水橡皮软线，不得有接头。

2. 负荷线应采用专用防水橡皮电缆，不得有接头。

（十）振捣器安全巡视检查

1. 振捣器作业时，应检查施工单位使用的移动配电箱的电缆线长度，不应超过 30m；其外壳应做保护接零，并应安装动作电流不大于 15mA、动作时间小于 0.1s 的漏电保护器。



2. 振捣器的保护零线应单独设置，并应安装漏电保护装置。

3. 振捣器作业时，检查施工单位操作人员是否按规定戴绝缘手套、穿绝缘鞋。

（十一）桩工机械安全巡视检查

1. 督促施工单位在桩工机械安装完毕应按规定进行验收，并应经责任人签字确认。

2. 桩工机械作业前，监督施工单位根据现场实际编制的专项施工方案对作业人员进行安全技术交底。项目监理机构应检查安全技术交底记录。

3. 检查桩工机械是否按规定安装行程限位等安全装置，并应灵敏可靠。

4. 巡查机械作业区域地面承载力应符合机械说明书要求，必要时项目监理机构应要求施工单位采取措施提高承载力。

5. 巡查机械与输电线路安全距离应符合现行行业标准《施工现场临时用电安全技术规范》JGJ 46 的规定。

## 第四节　塔式起重机监理工作示例

项目背景：

某经开区内一房建项目，总用地 218.5 亩，总建筑面积约 22 万 $m^2$，项目总投资约 7.35 亿元。该项目共有商业住宅 38 栋，分一号、二号、三号共三个地块分期建设，其中二号地块先期开发以安置回迁户。二号地块共有 18 栋花园式洋房，其中三层洋房 4 栋、十七层高层住宅 14 栋。

项目参建各方责任主体分别为：代建单位为某投资平台公司，设计单位为某规划设计研究院，施工单位为某省第四建筑公司（以下简称省建四公司），监理单位为×××工程监理咨询有限公司（简称×××监理公司），塔式起重机的租赁、安拆、维保合同签订单位为××建筑设备租赁有限公司第八分公司（以下简称××设备公司第八分公司），首次安装单位为××建筑设备租赁有限公司（以下简称××设备公司）。

该项目场地三通一平工程基本完成，二号地块于2020年8月1日开工，大部分单位工程处于基础施工阶段，其中3号、4号小高层住宅施工至主体二层。根据施工总平面布置图，施工单位在二号地块共配置有9台塔式起重机，其中1号塔机服务于1号、2号小高层住宅；2号塔机服务于3号、4号住宅，以此类推……

工作计划：现阶段除1号、2号塔机已完成首次安装外，其余塔机仅完成基础验收工作。由于××设备公司第八分公司准备进行1号、2号塔机顶升作业，项目监理机构决定对二号地块所有塔式起重机进行一次专项巡视检查，并对建筑起重机械的安全管理档案资料进行一次总的梳理核查。

## 一、资料核查情况

项目监理机构按下列程序和内容对塔式起重机进行了资料核查，具体情况为：

（一）总包单位审查情况：施工总承包单位省建四公司资质为建筑工程施工总承包特级，企业安全生产许可证在有效期内，施工项目经理部人员配置数量满足工程需要，管理人员资格经审查合格，其中施工现场专职安全管理人员配备情况为：一名安全总监，另按专业配备专职安全生产管理人员3名。

（二）分包单位审查情况：对省建四公司报送的分包单位资质审查情况：塔式起重机租赁、安装及维保合同签订单位××设备公司的资质类别及等级为起重设备安装工程专业承包贰级，分包单位资质满足要求，且安全生产许可证在有效期内，与总包单位签订了《建筑塔式起重机安装（拆卸）工程安全协议书》，分包单位项目负责人一名、安全员一名，塔式起重机安装拆卸工、起重信号工、起重司机、司索工等特种作业人员数量满足要求，特种作业操作资格证书齐全有效。

经审查，总分包单位资质、管理人员资格及特种作业人员资格证，满足住建部《建筑施工企业安全生产管理机构设置及专职安全生产管理人员配备办法》（建质［2008］91号）文件规定。

（三）进场起重设备资料核查情况：

塔式起重机9台，规格分别为：QTZ6012、QTZ6010、QTZ5612三种；设备产权备案编号：2020×××；高度40m，臂长60m。

1. 设备安全技术档案核查：设备的购销合同、制造许可证、产品合格证、制造监督检验证明、安装使用说明书、备案证明等原始资料；定期检验报告、定期自行检查记录、定期维护保养记录、维修和技术改造记录、运行故障和生产安全事故记录、累计运转记录等运行资料、历次安装验收资料等资料齐全。

2. 方案审查：设备安装前塔式起重机安装专项施工方案、应急救援预案及多台塔式起重机防碰撞专项施工方案由专业分包单位××设备公司编制并经其公司技术负责人审核后报总承包单位省建四公司企业技术负责人审核通过，编制及审核审批签字盖章齐全，方案已经项目监理机构审核通过。

项目监理机构针对审查通过的安装专项施工方案，编制了有针对性的监理实施细则。

3. 安装告知：塔式起重机在安装前已进行安装告知：安拆单位××设备公司已将建筑起重机械安装、拆卸工程专项施工方案，安装、拆卸人员名单，安装、拆卸时间等材料报施工总承包单位和监理单位审核后，告知工程所在地县级以上地方人民政府建设主管部门。

4. 方案交底：项目监理机构核查了方案交底情况，设备安装作业前，安装专项施工方案编制人已对安全员进行了方案交底，安全员对安拆特种作业人员进行了安全技术交底，总包单位专职安全管理人员见证了交底过程，并有书面交底资料备查。

5. 基础验收：核查塔吊基础施工资料，包括：基础开挖、钢筋混凝土的工序资料，钢筋、混凝土的质保资料、地脚栓的合格证、地基承载力认证报告、钢筋隐蔽及混凝土浇筑的旁站记录等均满足规范及设备使用说明书要求。

在设备安装前，出租单位、安装单位、使用单位、监理单位已对起重机械设备基础进行了验收，各方已在验收表上签审验收合格意见，并加盖公章。

6. 安装前检查：1号、2号塔机基础节安装前，项目监理机构与施工单位共同进行了零部件检查，确认合格后进行安装。安装过程中，项目监理机构安排专人进行现场监督，并填写了危大工程安全专项巡视检查记录。

7. 自检合格：1号、2号塔机安装完毕经调试后，安装单位××设备公司已按规范及设备使用说明书的有关要求对安装质量进行自检，安装自检表的实测项目等内容有具体数据，自检合格。



8. 检验与验收：安装单位××设备公司自检合格后，通过省建四公司委托有相应资质的某检验检测机构进行检验，1号、2号塔机经检验合格。总承包单位省建四公司组织了租赁单位、安装单位和监理单位等进行了联合验收，验收结论合格，各参验方已签字盖章确认。

9. 登记备案：使用单位省建四公司自安装验收合格后的第九天，已将1号、2号塔机的安装验收资料、建筑起重机械安全管理制度、特种作业人员名单等，向工程所在地县级以上建设行政主管部门办理了使用登记备案。登记标志已分别附着于1号、2号塔机的显著位置。

10. 月检资料核查：1号、2号塔机在使用期间，使用单位省建四公司组织了维保技术人员按规范及使用说明书要求对设备进行了月检，维保人签署了结论性维保意见，并签字盖章。

## 二、现场巡视检查及整改情况

项目监理机构在进行塔式起重机内业资料核查后，对现场进行安全专项巡视检查。

（一）现场巡视检查情况

总包单位省建四公司组织了安全员、××设备公司项目负责人及安全员对二号地块所有已进场的塔式起重机及其基础进行了全数检查，发现现场存在以下安全隐患：

（1）1号塔机的接地电阻经实测为12Ω。

（2）核查准备进行2号塔机现场顶升作业人员非安装专项施工方案所报特种作业人员，其持有的资格证为某培训机构印发，非建设行政主管部门颁发。

（3）服务于7号、8号栋住宅楼的4号塔式起重机基础有积水，且未采取有效的排水措施。

（二）整改要求

基于现场检查发现的问题，项目监理机构向塔式起重机的使用单位省建四公司签发了编号为“安-02”的《监理通知单》，要求施工单位在5个工作日内整改完成，经自检合格后报项目监理机构复查，未经监理单位复查合格，不得进入下道工序作业。

附：《监理通知单》

**表 A.0.3　监理通知单**

工程名称：×××××工程　　　　编号：安-02

致：省建四公司×××××工程施工项目经理部（施工项目经理部）

事由：关于二号地块塔式起重机现场安全事宜

内容：

我项目监理机构在塔式起重机安全专项巡视检查中发现现场存在以下安全问题：

1. 1#塔机的接地电阻经实测为12Ω，不符合《塔式起重机安全规程》GB 5144第8.1.3条的规定。

2. 核查准备进行2号塔机现场顶升作业人员非安装专项施工方案所报特种作业人员，其持有的资格证为某培训机构印发，非建设行政主管部门颁发。

特种作业人员资格违反住建部第166号令规定：建筑起重机械安装拆卸工、起重信号工、起重司机、司索工等特种作业人员应当经建设主管部门考核合格，并取得特种作业操作资格证书后，方可上岗作业。

3. 服务于7号、8号栋住宅楼的4#塔式起重机基础有积水，且未采取有效的排水措施。不满足《建筑施工塔式起重机安装、使用、拆卸安全技术规程》JGJ 196—2010要求。

要求贵部立即对上述安全隐患全面检查和整改，自检合格后再报送我项目监理机构复查，未经项目监理机构复查合格不得进行下道工序施工。

项目监理机构：（盖章）

总/专业监理工程师（签字）：赵××

2020年9月15日

注：本表一式四份，主管部门、建设单位、工程监理单位、项目监理机构各一份。

（三）整改情况

施工单位省建四公司签收了项目监理机构签发的“安-02”《监理通知单》后，表示会要求安装单位齐某设备公司派人整改，但经5个工作日，省建四公司施工项目经理部未向监理单位申请复查。

项目监理机构在日常巡视检查中发现，除1号塔机的防雷接地扁铁采取补焊外，对4号塔式起重机基础积水问题未进行整改，对2号塔机现场顶升作业人员未做任何回应，现场也未进行顶升作业。

基于上述情况，项目监理机构专业监理工程师赵某主动向施工单位省建四公司了解整改情况，施工单位安全员的答复是：本项目塔式起重机安装、使用维保及拆卸工程已全部分包给××设备公司，并签订了安全协议书，出安全问题由分包单位负责，总包单位他们管不了，只能尽量协调。

鉴于此，专业监理工程师赵某把情况向项目总监理工程师做了汇报，总监理工程师决定召开塔式起重机安装工程专题会议，以强化安全意识并促使安全隐患得到彻底整改。

（四）专题会议

塔式起重机安装工程专题会由项目总监理工程师主持，参加人员有：项目监理机构专业监理工程师赵某某及安全监理人员小张、总承包单位省建四公司项目经理及机电设备安全员，分包单位××设备公司项目负责人及安全员，代建单位认为安全工作是施工单位和监理单位的工作，以不发生安全事故为原则，因此拒绝参加本次会议。

项目总监理工程师在本次专题会上进一步明确各参建单位在建筑起重机械方面的安全职责：

1. 根据住建部《建筑起重机械安全监督管理规定》（第 166 号令）、住建部《关于落实建设工程安全生产监理责任的若干意见》（建市［2006］248 号）及住建部第 37 号令要求，监理单位应履行安全生产管理的法定责任。针对建筑起重机械，住建部第 166 号令第二十二条明确规定，监理单位应当履行下列安全职责：

（1）审核建筑起重机械特种设备制造许可证、产品合格证、制造监督检验证明、备案证明等文件；

（2）审核建筑起重机械安装单位、使用单位的资质证书、安全生产许可证和特种作业人员的特种作业操作资格证书；

（3）审核建筑起重机械安装、拆卸工程专项施工方案；

（4）监督安装单位执行建筑起重机械安装、拆卸工程专项施工方案情况；

（5）监督检查建筑起重机械的使用情况；

（6）发现存在生产安全事故隐患的，应当要求安装单位、使用单位限期整改，对安装单位、使用单位拒不整改的，及时向建设单位报告。

2. 省建四公司虽然与安装单位××设备公司签订了建筑起重机械安装、拆卸工程分包合同及安全协议书，但不能免除其作为施工总承包单位的安全责任，应严格履行住建部第 166 号令第二十一条中规定的施工总承包单位的安全职责，不能以包代管。此外，省建四公司作为塔式起重机的使用单位，应切实履行住建部第 166 号令第十八条、第十九条中规定的使用单位的安全职责。

3. ××设备公司是本项目塔式起重机的安装及拆卸单位，应严格履行住建部第 166 号令第十二条中规定的安装单位的安全职责。除服从总包单位的管理外，应接受监理单位的监督检查。

最后，项目总监在会上明确要求：本项目塔式起重机的安装、使用及拆卸工程，应严格按照经审查通过的专项施工方案实施，并满足《塔式起重机安全规程》GB 5144—2006、《建筑施工塔式起重机安装、使用、拆卸安全技术规程》JGJ 196—2010 等标准规范要求。

（五）整改结果

塔式起重机安装工程专题会召开后，省建四公司及××设备公司充分认识到对建筑起重机械安全管理意识薄弱的状况，也进一步厘清了省建四公司作为施工总承包单位和使用单位、××设备公司作为安装单位应负的安全职责，会后立即对现场存在的安全问题进行了认真整改，经自检合格后，向项目监理机构上报了《监理通知回复单》申报复查，经项目监理机构专监赵某复查，确认安全隐患彻底消除并签署了复查合格意见，同意施工单位进行下道工序施工。

项目监理机构根据住建部第 37 号令的要求，对本项目现有塔式起重机的安全管理档案进行了梳理，并以台为单位分别建立危大工程安全管理档案，主要资料包括：

1. 塔式起重机安全技术档案资料。
2. 塔式起重机检验报告。
3. 塔式起重机备案登记资料。
4. 塔式起重机安装拆卸专项施工方案及其审查资料。
5. 塔式起重机安装、拆卸监理实施细则。
6. 塔式起重机专项巡视检查记录。
7. 塔式起重机基础及安装验收资料。
8. 塔式起重机安全隐患整改通知及复查资料。
9. 塔式起重机顶升、附着检查验收资料。
10. 塔式起重机月检核查资料。
11. 塔式起重机拆卸检查记录及出场资料。

# 第六章　起重吊装工程

起重吊装作业是指使用桥式起重机、门式起重机、塔式起重机、移动式起重机、升降机、轻小型起吊等设备，将建筑结构构件或设备提升或移动至设计指定位置和标高，并按要求安装固定的施工过程。在起重吊装作业（包括吊运、安装、检修、试验）中，重物（包括吊具、吊重或吊臂）坠落、夹挤、物体打击、起重机倾翻、触电等事故时有发生，造成重大人员伤亡或财产损失。根据不完全统计，在事故多发的特殊工种作业中，起重作业事故的占比较高，事故后果严重。

项目监理机构应高度重视起重吊装工程的安全生产管理的监理工作，认真履行监理职责。

## 第一节　起重吊装工程施工安全风险

起重吊装作业是建筑施工中危险性较大、专业性较强的一项工程，具有作业环境条件多变、施工作业范围广、活动空间大、起吊物品种类繁多且重量不一、施工难度大、人员登高作业等特点。

起重吊装工程的安全风险，主要表现在以下方面：

### 一、作业人员

起重机司机无证操作或操作证与操作机型不符；未设置专职信号指挥人员；信号工、司索工无特种作业操作证书；缺乏统一指挥或违章指挥、违章操作等因素，可能导致起重伤害、起重机倾覆、物体打击、高处坠落、触电等事故发生。

目前施工管理体制与市场机制不健全，起重吊装作业人员配备不齐，相关人员无证操作或人证不符的现象时有发生，给施工安全带来的风险不可忽视。

### 二、作业环境

起重机械安全运行，需要作业区域场地的稳定，地基承载力满足要求，固定式塔式起重机需要稳定的地基和可靠的基础。如起重机行走作业处地面承载力不符合说明书要求，未采取有效加固措施；塔机基础地基承载力不足；起重机与架空线路之间不具有安全距离等，都有可能导致吊机倾覆、物体打击或触电事故发生。

作业范围内的障碍物亦可能是起重吊装作业的安全隐患。

恶劣的气象条件（雨、雪、大风等）也会影响起重吊装作业安全。

### 三、起重机械设备

起重机械带病运行；未安装荷载限制装置或不灵敏；未安装行程限位装置或不灵敏；起重扒杆组装不符合要求；起重扒杆的缆风绳、地锚设置不符合要求等，可能导致起重伤害、吊机倾覆等事故发生。由于当前起重吊装机械多为租赁，施工单位的机械管理往往难以到位，起重机械本身的问题给安全生产带来的风险必须引起高度重视。

### 四、钢丝绳及索具

钢丝绳磨损、断丝、变形、锈蚀达到报废标准继续使用；钢丝绳规格不符合起重机说明书要求；吊钩、卷筒、滑轮磨损达到报废标准继续使用；吊钩、卷筒、滑轮未安装钢丝绳防脱装置等，可能导致起重伤害事故。

索具采用编结连接时，编结部分的长度不符合规范要求；索具采用绳夹连接时，绳夹的规格、数量及绳夹间距不符合规范要求；吊索规格不匹配或机械性能不符合要求等，可能导致起重伤害和物体打击事故发生。

### 五、起重吊装及构件临时固定及码放

吊索系挂点未经验算或未按计算确定的系挂点系挂吊索；起重机吊具载运人员；吊运易散落物件不使用吊笼；起吊物品坠落；处于吊运中的起吊物与周围的物体发生碰撞；多台起重设备共同作业时如防撞措施不到位发生意外相撞；多台起重机同时起吊一个物件时，单台起重机所承受的荷载超过规定等可能造成起重伤害、吊机倾覆、物体打击、高处坠落等事故。

吊装过程中构件的临时固定措施不当；构件码放荷载超过作业面承载能力；构件码放高度超过规定要求；大型构件码放无稳定措施等，都可能导致坍塌、倾覆、物体打击等事故发生。

### 六、高处作业

未按规定设置高处作业平台或高处作业平台设置不符合规范要求；未按规定设置爬梯或爬梯强度、构造不符合规范要求；未按规定设置安全带悬挂点；高处作业人员未按规定采取防护措施等可能导致高处坠落、物体打击等事故发生。

### 七、警戒监护

未按规定设置作业警戒区；警戒区未安排专人监护等，可能导致非作业人员误入作业区而发生起重伤害、物体打击等事故。



## 第二节　起重吊装工程专项施工方案审查

### 一、起重吊装工程专项施工方案的编审规定

（一）《住房城乡建设部办公厅关于实施〈危险性较大的分部分项工程安全管理规定〉有关问题的通知》（建办质［2018］31号）中，明确规定了起重吊装工程中属于危险性较大的分部分项工程的范围。

采用非常规起重设备、方法，且单件起吊重量在10kN及以上的起重吊装工程；采用起重机械进行安装的工程，属于危大工程。项目监理机构应督促施工单位编制专项施工方案，并应在工程施工前对该专项施工方案进行审查。

采用非常规起重设备、方法，且单件起吊重量在100kN及以上的起重吊装工程，属

于超过一定规模的危大工程，施工单位应组织专家对专项施工方案进行论证。总监理工程师应在专家论证前对方案进行审查。若专家论证意见为“修改后通过”的，项目监理机构应审查施工单位按专家论证意见修改后的专项施工方案。

（二）住建部建办质［2021］48号文件印发的《危险性较大的分部分项工程专项施工方案编制指南》对起重吊装及安装拆卸工程的专项施工方案内容和编制深度提出了明确的要求（详见本书第五章第二节）。

## 二、审查起重吊装工程专项施工方案的准备工作

项目监理机构对施工单位报审的起重吊装工程专项施工方案进行审查，应掌握与该吊装工程有关情况及相关技术要求，包括：

（一）通过相关施工图设计文件了解吊装工程和吊装构件的情况。

（二）通过施工组织设计了解吊装工程和其他工程之间的关系。

通过施工平面图和现场调查掌握吊装工程周边环境情况，包括与吊装工程施工安全密切相关的周边交通与人流情况、现场与周边各类线路、管道情况等。

（三）通过合同文件和调查了解吊装工程施工承包关系和设备租赁关系。通过调查了解实施吊装作业的施工单位及作业人员的基本情况。

（四）组织学习有关法律法规、规范性文件和工程建设标准。

1.《特种设备安全监察条例》

2. 建筑起重机械安全监督管理规定（建设部令第166号）

3.《起重机械安全规程 第1部分：总则》GB 6067.1

4.《建筑机械使用安全技术规程》JGJ 33

5.《建筑施工起重吊装安全技术规范》JGJ 276

6.《建筑施工安全检查标准》JGJ 59

7.《起重机械超载保护装置》GB/T 12602

8.《起重机械吊具与索具安全规程》LD 48

9.《钢丝绳 术语、标记和分类》GB/T 8706

10.《起重机 钢丝绳 保养、维护、检验和报废》GB/T 5972

11.《起重吊手势信号》GB/T 5082

还应掌握专项施工方案中选定的起重机械的安全规程。

## 三、起重吊装工程专项施工方案的审查要点

项目监理机构对起重吊装工程专项施工方案的审查，应按照本书第一章所述的审查基本要求，完成对报审材料的真实性、针对性、时效性、内容的完整性以及编审程序的审查工作。起重吊装工程往往由专业施工单位分包，专项施工方案可以由分包单位负责编制，应由分包单位技术负责人和总承包单位技术负责人共同审核签字，并由总承包单位签章后报送项目监理机构审查。

项目监理机构应审查专项施工方案的编制内容及编制深度是否符合《危险性较大的分部分项工程专项施工方案编制指南》中第三部分“起重吊装及安装拆卸工程”的有关规定。如为钢结构吊装，专项施工方案尚应符合《危险性较大的分部分项工程专项施工方案

编制指南》中第九部分"钢结构安装工程"的有关规定。

项目监理机构对起重吊装工程专项施工方案的审查，应从保证施工质量、施工安全和实现进度目标多方面进行。本书仅从施工安全的角度提出对起重吊装技术方案进行审查的要点，并未涵盖专项施工方案审查的全部内容和范围。

对起重吊装专项施工方案还应重点审查以下内容：

（一）应重点审查起重吊装施工工艺技术

1. 技术参数的审查。包括工程的所用材料、规格、支撑形式等技术参数，起重吊装及安装、拆卸设备设施的性能参数，包括起吊高度、起吊距离、起重力矩是否超出起重设备等性能指标。审查起吊物的几何尺寸和重量的取值是否正确。如起吊物为构件，应核对施工图设计文件；如起吊物为设备，应核查设备说明书。

还应核查方案中起吊物在吊装过程各种工况下的平衡验算、强度计算以及必要的变形和稳定性验算，是否考虑了各种可能的工况，各种计算参数取值是否正确，计算过程有无明显错误，计算结果是否满足要求。

2. 工艺流程的审查。包括起重吊装及安装拆卸工程施工工艺流程图，吊装或拆卸程序与步骤，二次运输路径图，批量设备运输顺序排布等应安排部署合理。

3. 施工方法的审查。包括多机种联合起重作业（垂直、水平、翻转、递吊）及群塔作业的吊装及安装拆卸，机械设备、材料的使用，吊装过程中的操作方法，吊装作业后机械设备和材料拆除方法等。重点审查每个起吊位置是否都能保证起重设备的性能指标，满足起重吊装工程的需要，各工况、站点地基承载力是否满足要求。采用双机抬吊时，专项施工方案中选择的起重机是否为相同类型或性能相近。双机抬吊时负载分配是否合理，单机载荷是否有可能超过额定起重量的80%。专项施工方案应有保证两机协调工作的措施，应要求起吊速度平稳缓慢。

4. 操作要求的审查。应包括吊装与拆卸过程中临时稳固、稳定措施；涉及临时支撑的，应有相应的施工工艺，吊装、拆卸的有关操作具体要求；运输、摆放、胎架、拼装、吊运、安装、拆卸的工艺要求等内容。

审查吊装过程中起吊物的稳定措施（包括溜绳的设置位置、溜绳牵拉操作人员的操作位置等）是否安全可行。

审查起吊物的就位方法和临时固定措施能否保证起吊物就位后的安全稳定，临时固定措施能否在完成永久固定之前持续有效。

5. 审查安全检查要求。要重点审查吊装与拆卸过程主要材料、机械设备进场质量检查、抽检，试吊作业方案，试吊前对照专项施工方案有关工序、工艺、工法安全质量检查内容等。

审查起重吊装作业的指挥联络方式是否能够保证联络通畅、直接、可靠。

（二）施工安全保证措施的审查要点

结构吊装工程应根据结构类型和施工工艺，分别按照《建筑施工起重吊装安全技术规范》JGJ 276 第五章（混凝土结构吊装）、第六章（钢结构吊装）和第七章（网架吊装）的相应条文审查专项施工方案中的施工保证措施。

1. 项目监理机构首先应审查施工单位编制的组织保障措施是否完善，包括安全组织机构、安全保证体系及人员安全职责等。

方案中应明确施工单位项目负责人、项目安全生产负责人、专职安全生产管理人员，起重吊装作业负责人、起重机械操作人员、起重吊装指挥人员、信号工、司索工等特种作业人员和起重吊装作业现场监护人员的安全生产责任。

若起重吊装作业由专业承包单位分包，专项施工方案中还应明确总包单位和分包单位之间关于安全生产责任的划分。

2. 项目监理机构审查技术措施时，应对编制的安全保证措施、质量技术保证措施、文明施工保证措施、环境保护措施、季节性及防台风施工保证措施等内容是否齐全，安全保证措施是否符合工程建设强制性标准，进行针对性审查。

专项施工方案中对新购、大修、改造、新安装及使用、停用时间超过规定的起重机械的技术检验应有明确要求，未经检验或检验不合格不得使用。

专项施工方案应安排起重机械的常规技术检验计划，应安排起重机械投入使用前检查吊装设备的检验合格证明的环节。

吊装大、重构件或采用新的吊装工艺时，专项施工方案应规定先进行试吊，确认无问题后方可正式起吊。

专项施工方案还应明确规定起重机在每班作业及雨雪后作业时，均应先试吊，确认制动器灵敏可靠后方可进行作业。

项目监理机构还应对高处作业防坠落和防止物体打击措施、防止起重机械倾覆措施及防触电和防雷措施等内容，结合现场实际情况，进行针对性审查。



3. 项目监理机构对监测监控措施的审查，应重点审查监测点的设置，监测仪器、设备和人员的配备，监测方式、方法、频率、信息反馈等内容。核查专项施工方案中明确的吊装作业警戒区范围和警戒线位置，安排警戒人员并明确警戒人员的责任。

（三）验收要求

1. 项目监理机构审查专项施工方案编制的验收标准，应包括起重吊装及起重机械设备、设施安装，过程中各工序、节点的验收标准和验收条件等主要内容。

2. 对验收程序及验收人员的审查，应包括专项施工方案中明确的作业中起吊、运行、安装的设备与被吊物前期验收；过程监控（测）措施验收等流程（可用图、表表示）。

方案确定的验收人员组成，应包括建设、设计、施工、监理、监测等单位相关负责人。

3. 审查验收内容，方案中应明确进场材料、机械设备、设施验收标准及验收表；吊装与拆卸作业全过程安全技术控制的关键环节；基础承载力、起重性能、被吊物重心确认、焊缝强度等验收内容。

4. 针对现场组装的起重扒杆等设施，项目监理机构应重点审查方案中规定的对架体的整体稳定性、系统运转和制动的可靠性，以及对卷扬机、钢丝绳、吊具、基础、锚索、缆风绳等重要零部件进行检查和验收，明确制定验收标准。

5. 方案应明确对现场搭设的临时作业平台的验收要求，应按照设计要求及相应架体的施工质量验收规范和安全技术标准进行验收。

（四）计算书及相关施工图纸的审查要点

1. 项目监理机构对计算书的审查主要包括以下主要内容：

（1）支承面承载能力的验算

移动式起重机（包括汽车式起重机、折臂式起重机等未列入《特种设备目录》中的移动式起重设备和流动式起重机）要求进行地基承载力的验算；吊装高度较高且地基较软弱时，宜进行地基变形验算。

设备或作业站点位于边坡附近时，应进行边坡稳定性验算。

（2）辅助起重设备起重能力的验算

对于垂直起重工程，应根据辅助起重设备站位图、吊装构件重量和几何尺寸，以及起吊幅度、就位幅度、起升高度，校核起升高度、起重能力，以及被吊物是否与起重臂自身干涉，起重全过程中与既有建（构）筑物的安全距离。

对于水平起重工程，应根据坡度和支承面的实际情况，校核动力设备的牵引力、提供水平支撑反力的结构承载能力。

对于联合起重工程，应充分考虑起重不同步造成的影响，应适当在额定起重性能的基础上进行折减。

室外起重作业，起升高度很高，且被吊物尺寸较大时，应考虑风荷载的影响。

自制起重设备设施，应具备完整的计算书，各项荷载的分项系数应符合《起重机设计规范》GB/T 3811 的规定。

（3）吊索具的验算

方案应根据吊索、吊具的种类和起重形式建立受力模型，对吊索、吊具进行验算，选择适合的吊索具。应注意被吊物翻身时，吊索具的受力会产生变化。

自制吊具，如平衡梁等，应具有完整的计算书，根据需要校核其局部和整体的强度、刚度、稳定性。

（4）被吊物受力验算

兜、锁、吊、捆等不同系挂工艺，吊链、钢丝绳吊索、吊带等不同吊索种类，对被吊物受力产生不同的影响。应根据实际情况分析被吊物的受力状态，保证被吊物安全。

吊耳的验算。应根据吊耳的实际受力状态、具体尺寸和焊缝形式校核其各部位强度。尤其注意被吊物需要翻身的情况，应关注起重全过程中吊耳的受力状态会产生变化。

大型网架、大高宽比的 T 梁、大长细比的被吊物、薄壁构件等，没有设置专用吊耳的，起重过程的系挂方式与其就位后的工作状态有较大区别，应关注并校核起重各个状态下整体和局部的强度、刚度和稳定性。

（5）临时固定措施的验算

对尚未处于稳定状态的被安装设备或结构，其地锚、缆风绳、临时支撑措施等，方案应考虑正常状态下向危险方向倾斜不少于 5°时的受力，在室外施工的，应叠加同方向的风荷载。

（6）其他验算

塔机附着，应对整个附着受力体系进行验算，包括附着点强度、附墙耳板各部位的强度、穿墙螺栓、附着杆强度和稳定性、销轴和调节螺栓等。

缆索式起重机、悬臂式起重机、桥式起重机、门式起重机、塔式起重机、施工升降机等起重机械安装工程，应附完整的基础设计。

2. 项目监理机构对相关施工图纸的审查，主要包括以下内容：施工总平面布置及说明，平面图、立面图应注明起重吊装及安装设备设施或被吊物与邻近建（构）筑物、道路及地下管线、基坑、高压线路之间的平、立面关系及相关性、位尺寸（条件复杂时，应附剖面图）。

## 第三节 起重吊装工程安全巡视检查

在建设项目施工中，起重吊装作业内容多样，环境复杂，使用的机械机具种类众多，且作业往往不局限于某个分部分项工程。由于起重吊装工程的管理具有特殊性，特别是起重吊装工程由分包单位完成或起重机械及操作人员由租赁单位提供时，施工单位对起重吊装作业的安全生产管理工作往往会出现疏漏。因此，起重吊装工程安全风险较大，项目监理机构应高度重视起重吊装作业的安全巡视检查工作。

### 一、起重吊装工程安全巡视检查的基本要求

（一）起重吊装作业前项目监理机构应督促施工单位项目技术负责人或方案编制人员对相关管理人员、施工作业人员进行书面安全技术交底。项目监理机构应检查施工单位的安全技术交底记录。

（二）在起重吊装作业过程中，项目监理机构应督促施工单位按照专项施工方案进行现场监管；属于危大工程的，督促施工单位项目专职安全生产管理人员对专项施工方案实施情况进行现场监督，对起重吊装作业进行定期巡视检查并及时填写检查记录。项目监理机构应对施工单位的检查记录进行核查。

（三）起重吊装作业前，项目监理机构应督促施工单位按规定完成起重机械、作业人员和作业环境的安全检查，应检查所使用的机械、滑轮、吊具和地锚等是否符合安全要求，不符合安全生产要求的不得开始作业。

（四）起重设备的通行道路应平整，承载力应满足设备通行要求。监督施工单位在作业区域四周应按规定设置明显标志，严禁非操作人员入内。

（五）起重吊装作业前，项目监理机构应检查起重机操作人员、起重信号工、司索工等特种作业人员是否持特种作业资格证书上岗，其证书是否合法有效。严禁非起重机驾驶人员驾驶、操作起重机。

（六）在吊装作业前，应督促施工单位对起重吊装施工作业人员进行登记，项目负责人应当在施工现场履职。督促施工单位检查起重作业人员是否按照规定穿防滑鞋、戴安全帽。高处作业应佩挂安全带，并系挂可靠，高挂低用。

（七）当吊装作业暂停时，监督施工单位对吊装作业中未形成稳定体系的部分，必须采取临时固定措施。项目监理机构应检查临时固定措施是否符合要求。

（八）吊装中的焊接作业时，督促施工单位采取严格的防火措施，并应设专人看护。在作业部位下周围 10m 范围内不得有人。

（九）督促施工单位在大雨、雾、大雪及六级以上大风等恶劣天气应停止吊装作业。雨雪后进行吊装作业时，应及时清理冰雪并应采取防滑和防漏电措施，先试吊，确认制动器灵敏可靠后方可进行作业。

### 二、起重吊装工程巡视检查要点

起重吊装工程的安全检查应符合《起重机械安全规程 第 1 部分：总则》GB 6067.1、《建筑施工起重吊装工程安全技术规范》JGJ 276、《建筑机械使用安全技术规程》JGJ 33 、《起

重吊手势信号》GB/T 5082、《起重机械超载保护装置》GB/T 12602 的规定。

项目监理机构应监督施工单位在起重吊装作业过程中，应按照《建筑施工安全检查标准》JGJ 59 规定的检查项目进行安全检查。

起重吊装工程安全检查项目应包括保证项目：施工方案；起重机械；钢丝绳与地锚；索具；作业环境和作业人员。一般项目：起重吊装；高处作业；构件码放；警戒监护。

现场监理人员的安全巡视检查项目应符合安全检查标准的相关规定。

（一）施工方案

1. 起重吊装作业前，项目监理机构应检查施工单位是否编制起重吊装作业专项施工方案，施工方案是否按规定进行审核、审批。起重吊装作业中，监督施工单位不得擅自修改专项施工方案。

2. 对采用非常规起重设备、方法，且单件起吊重量在 100kN 及以上的起重吊装工程，应检查施工单位是否组织专家对专项施工方案进行论证。

专家论证前专项施工方案应通过施工单位审核和总监理工程师审查签认。专家论证意见为“修改后通过”的，项目监理机构还应对施工单位对方案的修改和补充完善情况进行审查。

（二）起重机械

1. 项目监理机构应巡视检查起重机械是否按规定安装了荷载限制器及行程限位装置。荷载限制器、行程限位装置应灵敏可靠。

（1）荷载限制器：当荷载达到额定起重量的 95%时，限制器宜发出警报；当荷载达到额定起重量的 100%～110%时，限制器应切断起升动力主电路。

（2）行程限位装置：当吊钩、起重小车、起重臂等运行至限定位置时，触发限位开关制停。安全越程应符合现行国家标准《起重机械安全规程 第 1 部分：总则》GB 6067.1 的规定。

2. 项目监理机构应检查扒杆式起重机的组装情况，扒杆式起重机的制作安装应符合设计要求。

（1）扒杆式起重机应进行专门设计和制作，经严格测试、试运转和技术鉴定合格后，方可投入使用。

（2）安装时的地基、基础、缆风绳和地锚等设施，应经计算确定。

3. 起重扒杆按设计要求组装后，督促施工单位按程序及设计要求进行验收，验收应有文字记录，并应由责任人签字确认。项目监理机构应检查施工单位的验收记录。

（三）钢丝绳与地锚

1. 钢丝绳磨损、断丝、变形、锈蚀应在规范允许范围内。钢丝绳规格应符合起重机产品说明书要求。项目监理机构应督促施工单位做好检查工作，并对施工单位的安全检查情况进行抽查。

起重吊装机械钢丝绳的使用、维护、检验、破断拉力值和报废等应符合现行国家标准《重要用途钢丝绳》GB 8918、《钢丝绳通用技术条件》GB/T 20118 和《起重机钢丝绳保养、维护、检验和报废》GB/T 5972 中的相关规定。

2. 吊钩、卷筒、滑轮应安装钢丝绳防脱装置。吊钩、卷筒、滑轮磨损应在规范允许范围内。

3. 督促施工单位检查起重拔杆的缆风绳、地锚的设置是否符合设计要求。

扒杆式起重机的缆风绳和地锚等设施应经计算确定，缆风绳与地面的夹角应在 30°～

45°之间。缆风绳不得与供电线路接触，在靠近电线处，应装设有绝缘材料制作的护线架。

在吊装过程中，督促施工单位派专人看守地锚。每进行一段工作或大雨后，监督施工单位应对拔杆、缆风绳、索具、地锚和卷扬机等进行详细检查，发现有摆动、损坏等情况时，应立即处理解决。

（四）索具

1. 起重吊装机械的索具采用编结或绳夹连接时，连接紧固方式应符合现行国家标准《起重机械安全规程》GB 6067 的规定。项目监理机构应核查钢丝绳端部的固定和连接情况是否满足下列要求：

（1）当采用编结连接时，编结长度不应小于 15 倍的绳径，且不应小于 300mm。连接强度不应小于钢丝绳最小破断拉力的 75%。

（2）当采用绳夹连接时，绳夹规格应与钢丝绳相匹配，绳夹安装、数量、间距、配件应符合规范要求。用绳夹连接应保证连接强度不应小于钢丝绳最小破断拉力的 85%。

（3）当采用楔块、楔套连接时，楔套应用钢材制造。连接强度不应小于钢丝绳最小破断拉力的 75%。

（4）当采用锥套浇铸法连接时，连接强度应达到钢丝绳的最小破断拉力。

（5）当采用铝合金套压缩法连接时，连接强度应达到钢丝绳最小破断拉力的 90%。

2. 项目监理机构应核查索具安全系数是否符合规范要求。

（1）当利用吊索上的吊钩、卡环钩挂重物上的起重吊环时，吊索的安全系数不应小于 6；检查吊索规格是否互相匹配，机械性能应符合设计要求。

（2）当用吊索直接捆绑重物，且吊索与重物棱角间已采取妥善的保护措施时，吊索的安全系数应取 6～8。

（3）当起吊重大或精密的重物时，除应采取妥善的保护措施外，吊索的安全系数应取 10。

（五）作业环境

1. 检查起重机行走作业处地面承载能力是否符合产品说明书的要求。当现场地面承载能力不满足规定时，可采用铺设路基箱等方式提高承载力。

2. 巡视检查起重机与架空线路的安全距离。

起重机靠近架空输电线路作业或在架空输电线路下行走时，与架空线路的安全距离除应符合国家现行标准《施工现场临时用电安全技术规范》JGJ 46 的规定外，尚应满足以下要求：

（1）起重机馈电裸滑线与周围设备的距离应满足表 6-1 要求：

**起重机馈电裸滑线与周围设备的安全距离（m）　　表 6-1**

| 距地面高度 | >3.5 | 距氧气管道及设备 | >1.5 |
|---|---|---|---|
| 距汽车通道高度 | >6 | 距易燃气体及液体管道 | >3 |
| 距一般管道 | >1 | | |

（2）起重机与输电线的距离应满足表 6-2 要求：

**起重机与输电线的最小距离　　表 6-2**

| 输电线路电压（V/kV） | <1 | 1～20 | 35～110 | 154 | 220 | 330 |
|---|---|---|---|---|---|---|
| 最小距离（m） | 1.5 | 2 | 4 | 5 | 6 | 7 |

（六）作业人员

项目监理机构应督促施工单位做好作业人员的管控工作，并对作业人员持证上岗情况及安全技术交底情况进行抽查。

1. 项目监理机构应审查起重机操作人员的操作证书，操作证应与操作机型相符。按照规范规定，起重机操作人员、起重信号工、司索工等应经培训考核合格，并取得建筑施工特种作业人员操作资格证书方可上岗作业。

2. 检查起重机作业应设专职信号指挥和司索人员，一人不得同时兼顾信号指挥和司索作业。

3. 督促施工单位在起重吊装作业前，应按规定进行安全技术交底，并应有交底记录。项目监理机构应检查交底记录并按规定归档保存。

（七）起重吊装

1. 当多台起重机同时起吊一个构件时，项目监理机构应检查单台起重机所承受的荷载是否符合专项施工方案要求；当多台起重机同时起吊一个构件时，督促施工单位按规范规定选用同类型或性能相近的起重机，负载分配应合理，单机载荷不得超过额定起重量的80%。

2. 督促施工单位检查吊索系挂点是否符合专项施工方案，并满足以下要求：

（1）为保证吊物平稳，吊点应选择在吊物重心位置附近，可采用低位试吊法找准物件的重心。

（2）套环应符合现行国家标准《钢丝绳用普通套环》GB/T 5974.1和《钢丝绳用重型套环》GB/T 5974.2的规定。

（3）吊钩应有制造厂的合格证明书，表面应光滑，不得有裂纹、刻痕、剥裂、锐角等现象。吊钩每层使用前应检查一次，不合格者应停止使用。

（4）活动卡环在绑扎时，起吊后销子的尾部应朝下，吊索在手里后应压紧销子，其容许荷载应按出厂说明书采用。

3. 当起重吊装作业时，项目监理机构应督促施工单位安全生产管理人员加强现场管理。项目监理机构应安排监理人员进行巡视检查。

（1）任何人不应停留在起重臂下方，被吊物不应从人的正上方通过；所有人员不得站在吊物下方，并应保持一定的安全距离。

（2）严禁在吊起的构件上行走或站立，不得用起重机载运人员，不得在构件上堆放或悬挂零星物件。严禁在已吊起的构件下面或起重臂下旋转范围内作业或行走。

4. 当吊运易散落物件时，项目监理机构应监督施工单位使用专用吊笼。

（八）高处作业

1. 检查起重吊装作业是否按照规定设置高处作业平台，检查高处平台强度、护栏高度是否符合规范要求，作业平台防护栏杆不应少于两道。

2. 检查爬梯的强度及构造情况，以及登高梯子强度、构造是否符合规范要求。

3. 巡视检查作业人员是否设置可靠的安全带悬挂点，安全带应悬挂在牢固的结构或专用固定构件上，并应高挂低用。要求施工单位监督起重作业人员必须穿防滑鞋、戴安全帽、高处作业佩挂安全带。

（九）构件码放

1. 检查构件码放荷载是否在作业面承载能力允许范围内。构件应按设计支承位置堆放平稳，底部应设置垫木。对于不规则的柱、梁、板等构件，项目监理机构应要求施工单位专门分析确定支承和加垫方法。

2. 巡视检查构件码放高度，其码放高度不得超出规定允许范围：堆放高度梁、柱不宜超过 2 层；大型屋面板不宜超过 6 层；堆垛间应留 2m 宽的通道。

3. 巡视检查施工单位对大型构件的码放是否有保证稳定的措施。对于重心较高的构件应直立放置，除设支承垫木外，应在其两侧设置支撑时期稳定，支撑不得少于 2 道。

（十）警戒监护

项目监理机构应督促施工单位在起重吊装作业区域内做好警戒监护工作：

1. 按规定设置作业警戒区。

2. 警戒区应设专人监护。

## 第四节 起重吊装作业专项巡视工作示例

某在建工程 6 号钢结构厂房平面位置距 10kV 架空线路最近处不足 2m。施工组织设计及 6 号厂房钢结构吊装工程专项施工方案均注明，该 10kV 架空线路将在钢结构吊装之前迁移。

2021 年 9 月 15 日，该工程项目监理机构的专业监理工程师张××在对该工程 6 号厂房钢结构吊装工程进行专项巡视检查时发现，该工程钢结构吊装施工已经开始，但旁边 10kV 架空线路并未迁移。同时，还发现吊钩防脱装置弹簧失效、吊装作业半径范围内未设置警戒线、移动式起重机的支撑脚座下未垫设垫板等问题。他随即向施工项目经理部发出如下监理通知单：



**表 A.0.3 监理通知单**

工程名称：××××××工程　　　　编号：A-006

| |
|---|
| 致：×××××建设工程有限公司 ××××工程施工项目经理部（施工项目经理部）<br>事由：关于 6 号厂房起重吊装现场检查安全事宜<br>内容：<br>我项目监理机构在巡视检查中，发现 6＃厂房起重吊装作业存在以下问题：<br>1. 吊钩防脱装置弹簧失效，可能导致吊绳从吊钩滑落，违反《起重机械安全规程》GB 6067.1—2010 第 4.2.2.3 条规定；<br>2. 吊装作业半径范围内未设置警戒线，无安全警示标志，工人在吊装作业区走动，违反《建筑施工易发事故防治安全标准》JGJ/T 429—2018 第 9.0.17 条规定；<br>3. 移动式起重机的支撑脚座下未垫设垫板，支撑脚座未伸展至最大长度，导致起重机有倾翻隐患，违反《建筑施工起重吊装工程安全技术规范》JGJ 276—2012 第 4.1.4 条规定；<br>4. 暂停作业时，对吊装作业中未形成稳定体系的部分，未采取临时固定措施，违反《建筑施工起重吊装工程安全技术规范》JGJ 276—2012 第 3.0.19 条规定；<br>5. 钢柱吊装过程中，存在碰撞已安装好的构件，违反《建筑施工起重吊装工程安全技术规范》JGJ 276—2012 第 6.3.1 条规定；<br>6. 钢丝绳单丝裂口，钢丝绳有断裂隐患，违反《建筑施工起重吊装工程安全技术规范》JGJ 276—2012 第 4.2.3 条规定；<br>7. 在高空电线上未采取绝缘保护措施，违反《建筑施工起重吊装工程安全技术规范》JGJ 276—2012 第 3.0.14 条及《施工现场临时用电安全技术规范》JGJ 46—2005 第 4.1.4 条规定，有可能导致吊装作业时发生触电事故。<br>要求贵部立即对上述安全隐患全面检查和整改，自检合格后再报送我部复查，未经我部复查合格不得进行起重吊装作业。<br>项目监理机构：（盖章）<br>总/专业监理工程师（签字）：张××<br>2021 年 9 月 15 日 |

注：本表一式三份，项目监理机构、建设单位、施工单位各一份。

施工单位收到 A-006 号监理通知单后，当即暂停吊装作业，采取措施进行了整改，第二天向项目监理机构报送了 AF-006 号《监理通知回复单》。专业监理工程师张××到现场进行了复查，填写了复查意见（见下表）。

**表 B. 0. 9　《监理通知回复单》**

工程名称：××××××工程　　　　编号：AF-006

| |
|---|
| 致：×× ××项目监理机构（项目监理机构）<br>我方接到编号为A-006 的《监理通知单》后，已按要求完成相关整改工作，请予以复查。<br>附件：需要说明的情况<br>我部接到贵机构通知后，立即对所提问题进行了检查和整改：<br>1. 吊钩防脱装置已经更换有效的弹簧。<br>2. 在吊装作业半径范围内已经设置警戒线及安全警示标志，严禁工人在吊装作业区走动。<br>3. 在移动式起重机支撑脚座下已设置垫板，并完全拉伸出支撑脚座。<br>4. 制作了临时固定杆件，并对作业人员重申了技术交底内容，要求在暂停作业时对吊装作业中未形成稳定体系的部分按规定采取临时固定措施。<br>5. 向起重工重申安全交底内容，要求其精确指挥、操作，确保起吊中的构件不与已安装结构构件发生碰撞现象。<br>6. 对已破损的钢丝绳进行了更换。<br>7. 架空线路迁改问题，我单位无力解决，已向建设单位反映，要求建设单位尽快解决。由于工期紧，我部已告知吊装施工指挥和操作人员，精心指挥细心操作，确保起重设备和所吊装构件不与架空电线相接触，从而保证安全。<br>以上各项已整改完毕，我部自检合格，请贵机构复查并同意我部继续进行吊装施工。<br><br>施工项目经理部（盖章）<br>项目经理（签字）王××<br>2021 年 9 月 16 日 |
| 复查意见：<br>1. 经复查，施工单位已按通知单要求对第一条至第六条进行整改完成，安全隐患得以消除。要求施工单位在今后施工过程中引起重视，避免类似问题再次发生。<br>2. 关于起重吊装作业与 10kV 线路未达到安全距离问题，贵部所采取的措施，未能消除吊装施工过程中发生触电事故的隐患。若暂时未能迁改线路，则应采取绝缘保护措施或进行停电施工。在绝缘保护措施落实之前，不得进行吊装施工。<br><br>项目监理机构（盖章）<br>总/专业监理工程师（签字）张××<br>2021 年 9 月 16 日 |

注：本表一式三份，项目监理机构、建设单位、施工单位各一份。

施工项目经理部收到专业监理工程师张××签署了复查意见的 AF-006 号《监理通知回复单》后，未采取任何措施即恢复了吊装作业。专业监理工程师张×× 发现后口头制止无果，随即向总监理工程师于×报告。总监理工程师了解情况后，电话联系了施工项目经理王××，要求其立即停止吊装施工，同时向施工项目经理部签发了《工程暂停令》如下：

表 A.0.5 《工程暂停令》

工程名称：××××××工程　　　　　　　　　　　　　　　　　　　　　　编号：T-001

| |
|---|
| 致：×××××× 施工项目经理部（施工项目经理部）<br>由于吊装施工现场10kV架空线路防护措施不到位的 原因，现通知你方于2021年9月16日16时起，暂停6号厂房钢结构吊装部位（工序）施工，并按下述要求做好后续各项工作。<br>要求：<br>对10kV架空线路进行迁改，或采取绝缘保护等有效措施后再报送《工程复工报审表》申请复工。<br><br>项目监理机构（盖章）<br>总监理工程师（签字、加盖执业印章）：于××<br>2021年9月16日 |

注：本表一式三份，项目监理机构、建设单位、施工单位各一份。

施工单位接到《工程暂停令》以后，并未停止吊装作业，而是向建设单位代表提出，如执行总监理工程师的指令暂停吊装施工，将无法保证按期完成建设任务。

建设单位代表于9月17日上午主持召开了专题会议，研究钢结构吊装施工安全问题。

在会议上，施工项目经理王××表示，10kV架空线路未能按原计划迁改，责任不在施工单位，如因此拖延工期，施工单位不承担责任。建设单位若能协调供电部门提供停电施工条件，则可确保施工安全。

建设单位代表表示，线路迁改的事遇到了一些特殊情况，短时间无法解决，协调停电施工，相邻单位及供电局又不同意。他要求施工单位不得停止吊装作业，只能采取绝缘措施确保生产安全。

施工单位项目经理王××提出，就10kV架空线路现状，施工单位无法采取绝缘措施。但架空线路距6号厂房水平距离虽不足2m，但厂房高度仅有15.5m，而架空线路最低垂高是20m，高差达4.5m，在安全距离之外。我们已要求吊装现场精心指挥细心操作，可以保证起重设备和所吊装构件不接触架空电线，不会发生触电事故。

总监理工程师不同意项目经理的意见，认为15.5m是构件的安装高度，吊臂吊索及起吊的构件高度远高于15.5m，无法保证安全距离，并非只有起重设备和所吊装构件直接接触架空电线才会发生触电事故。由于风力作用，吊臂吊索与架空线路的距离很难控制，且近期有阴雨天气，在空气潮湿的情况下，极易因空气被击穿导致触电事故发生，施工单位不可冒险作业。

建设单位代表再次向项目经理确认了施工单位能够确保安全后，要求总监理工程师不要影响工程进度，收回《工程暂停令》。并表示将形成专题会议纪要，明确施工单位承担安全责任，如发生触电事故，与监理单位无关。

总监理工程师不同意这个意见，在会上据理力争，但未能改变建设单位和施工单位的意见。会议结束前，总监理工程师申明监理单位保留不同意进行吊装施工的意见，并将向建设行政主管部门报告有关情况。

会后，总监理工程师向当地建设工程质量安全监督站报送了《监理报告》具体内容如下：

**表 A.0.4　监理报告**

工程名称：××××××工程　　　　编号：001

<table>
<tr><td>
致：×××××质量安全监督站（主管部门）<br>
由 贵州×××××建设工程有限公司（施工单位）施工的6号楼起重吊装工程（工程部位），存在安全事故隐患。我方已于2021年9月16日发出编号为：T-001 的~~《监理通知单》~~/《工程暂停令》，但施工单位未~~整改~~/停工。<br>
特此报告。<br>
附件：□监理通知单<br>
☑工程暂停令<br>
□其他：无<br>
<br>
项目监理机构（盖章）<br>
总监理工程师（签字）：于××<br>
2021年9月17日
</td></tr>
</table>

注：本表一式四份，主管部门、建设单位、工程监理单位、项目监理机构各一份。

当地质量安全监督站收到总监理工程师于××的《监理报告》后，立即派人来到工地，责令施工单位停工。随即协调供电部门，由建设单位出资，供电部门对影响6号厂房施工安全的局部线路采取绝缘防护措施。绝缘措施实施后，施工单位报送《工程复工报审表》及相关资料，总监理工程师向施工项目经理部签发了《工程复工令》。

项目监理机构将上述事件及处理过程分别在当日监理日志中进行记录，并将相关资料归档保存。

# 第七章 暗 挖 工 程

当前，市政项目工程建设涉及暗挖的项目越来越多，特别是在城市中暗挖，不仅会遇到地质、水文复杂情况，还会遇到隧道顶部或旁边有建（构）筑物的情况。暗挖施工过程中遇到的危险源越多风险就越大，极易发生安全事故。因此，项目监理机构应高度重视暗挖工程施工安全生产管理的监理工作，认真履行监理职责。

本章重点介绍矿山法暗挖隧道的内容，盾构法暗挖隧道和顶管法暗挖隧道本书未编制相关内容，按照相关规范开展监理工作即可。

## 第一节 暗挖工程施工安全风险

### 一、暗挖工程施工的特点

（一）暗挖工程一般都是在地下或山体内进行开挖，在开挖过程中会遇到各种复杂地质情况，在遇到深埋、浅埋、穿越不同地质构造时，土质、岩层的变化大，存在孔顶塌方、水涌等风险，某些部位还会受到有毒有害气体侵袭。

（二）受暴雨影响可能出现地表水、岩层间水涌入暗挖施工区域的情况，或可能因表层土层及临时堆土含水量增加、抗剪强度指标降低而导致坍塌和沉降，影响暗挖施工安全。

（三）在城市中暗挖还会遇到建筑物（构筑物）地下室、桩基础、抗滑桩锚索、埋设于地下的各类管线等。

（四）地下结构设计与地质条件紧密相关，施工工艺较为复杂且存在变化，施工中的不确定因素多，安全风险大。

（五）在暗挖施工过程中，作业环境可能不满足安全生产的要求，如光线照明不足、通风条件未达标、新风输送不足等。

（六）施工机械在暗挖作业中可能会因机械故障或操作人员违规操作造成机械伤害事故。

（七）在施工用电方面，暗挖工程一般都处于阴暗潮湿状态，因此会有用电设备漏电和人员触电的风险。

（八）暗挖施工对于上部的建（构）筑物的安全可能带来不利影响。

### 二、暗挖工程施工的主要安全风险

（一）未编制专项施工方案或未进行安全技术交底的风险

隧道开挖施工前，按照相关规定，施工单位应编制专项施工方案，还应对模板台车、作业架等进行计算。非标段支模体系、特殊地质地段等也应编制专项施工方案。因隧道暗挖属超过一定规模的危险性较大的分部分项工程，专项方案应通过专家论证。同时，应要求施工单位做好专项施工方案的交底工作，若没有编制专项施工方案或未进行方案交底就进行暗挖施工，极易因施工不当出现人员伤亡及物资损失。

（二）洞口及交叉口工程未按专项施工方案要求施工的风险

洞口及横通道、竖井与正洞连接口处，是地下人员、物资、设备的出入口和通道口，必须按设计要求采取加固措施，施工单位应按专项施工方案实施。否则会出现局部山体滑坡、松石滑落伤人损物的风险。

（三）地层超前支护未按设计要求加固的风险

地层超前支护是暗挖工程施工的保护措施，因此地层超前支护必须按设计要求施工，确保加固措施满足设计要求和施工安全，同时还应注意大管棚或小导管的材质、规格、长度、间距、外插角等应符合设计要求。若出现掌子面垮塌、洞顶垮塌等风险易造成安全事故。

（四）隧道开挖未按专项施工方案进行的风险

隧道开挖是一项风险性极高的工作，因此，施工单位开挖循环进尺、开挖间距、开挖顺序、开挖方向、降水作业都应严格按专项施工方案进行，确保开挖工作在保证安全的状况下正常进行。若隧道开挖未按专项施工方案进行，则可能出现很多未知的安全风险。

（五）初期支护未按设计要求施工的风险

初期支护是在隧道开挖一定距离后，对洞体周边进行加固支护处理的措施，是保障施工作业人员安全，未来隧道正常使用的重要措施和工序步骤，因此施工单位应按设计要求进行初期支护。否则会出现洞内垮塌、松石坠落等情况，造成人员伤亡、物资损失。

（六）隧道施工未按监测方案实施检测的风险

隧道开挖过程中，施工监测是非常重要的一环，为确保隧道开挖施工顺利进行，施工单位应按照监测方案所编制的监测方法、监测周期，对预设的监测点进行监测，以确保隧道的正常开挖，避免出现开挖错误，造成工程量增加、工期损失。在监测过程中，还应注意对二次衬砌与掌子面之间的安全距离、模板台车及作业架、隧道施工运输、作业环境进行监测与检查，避免出现不符合规范、设计及专项施工方案的情况。



## 第二节 暗挖工程专项施工方案审查

### 一、暗挖工程专项施工方案的编审规定

《住房城乡建设部办公厅关于实施〈危险性较大的分部分项工程安全管理规定〉有关问题的通知》（建办质［2018］31号）中，明确规定了采用矿山法、盾构法、顶管法施工的隧道、洞室工程，均属于超过一定规模的危大工程。项目监理机构应督促施工单位编制专项施工方案，要求施工单位组织专家论证，总监理工程师应在专家论证前对方案进行审查。若专家论证意见为“修改后通过”，项目监理机构应审查施工单位按专家论证意见修改后的专项施工方案。

《住房和城乡建设部办公厅关于印发危险性较大的分部分项工程专项施工方案编制指南的通知》（建办质［2021］48号）进一步明确了专项施工方案应编制的具体内容和编制深度，项目监理机构应按照文件要求认真对暗挖工程专项施工方案进行审查。

## 二、审查暗挖工程专项施工方案的准备工作

为对施工单位报审的暗挖工程专项施工方案进行有效审查，项目监理机构应掌握该暗挖工程中的基本情况，包括：

（一）暗挖工程的施工环境情况

详细的地形地貌和周边环境资料；

各类地下管线，包括供水、排水、燃气、热力、供电、通信、消防等的情况；

暗挖工程的工程地质详细勘察报告；

暗挖工程施工期间的气候、气象情况。

（二）暗挖工程相关设计情况

暗挖工程项目的功能；

工程项目结构设计的基本情况；

暗挖支护和排水降水方案及其设计情况；

隧道监测方案及各类变形报警值。

（三）工程施工单位的基本情况

包括工程项目施工承包合同结构体系；施工承包单位及基坑开挖、支护、排水降水工程分包单位的工程经验和技术、管理能力等。

（四）机械设备性能

暗挖施工中使用的各类施工机械、降水设备设施、支护施工所用各类机具的性能参数和安全指标。

（五）有关暗挖工程的安全技术标准及有关安全管理规定：

《城市供热管网暗挖工程技术规程》CJJ 200—2014；

《城市轨道交通工程建设安全生产标准化管理技术指南》；

《铁路隧道工程施工安全技术规程》TB10304－2020 等。



## 三、暗挖工程专项施工方案的审查要点

按照《危险性较大的分部分项工程安全管理规定》（住建部令第 37 号）第十二条的规定，专家论证前专项施工方案应当通过施工单位审核和总监理工程师审查。总监理工程师在专家论证前对专项施工方案的审查，应侧重于暗挖施工工艺是否可行、方案编制依据是否可靠、方案中各类参数是否准确、方案内容是否完整以及施工单位的编审程序是否合规等方面。对于专项施工方案中明显的常识性错误，应要求施工单位进行改正。对于方案中所涉及的关键安全技术问题，总监理工程师可在专项施工方案的专家论证会上，提出自己的意见供论证会讨论，最终形成专家论证意见。

项目监理机构应依据住建部《危险性较大的分部分项工程专项施工方案编制指南》（建办质［2021］48 号），对暗挖专项施工方案重点审查以下内容：

（一）工程概况

应重点关注以下内容的真实性和完整性：

1. 暗挖工程概况和特点：工程所在位置、设计概况与工程规模（结构形式、尺寸、埋深等）、开工时间及计划完工时间等。

2. 工程地质与水文地质条件：与工程有关的地层描述（包括名称、厚度、状态、性质、物理力学参数等）。含水层的类型，含水层的厚度及顶、底板标高，含水层的富水性、渗透性、补给与排泄条件，各含水层之间的水力联系，地下水位标高及动态变化。绘制地层剖面图，应展示工程所处的地质、地下水环境，并标注结构位置。

3. 施工平面布置：拟建工程区域、生活区与办公区、道路、加工区域、材料堆场、机械设备、临水、临电、消防的布置等，在施工现场显著位置公告危大工程名称、施工时间和具体责任人员，危险区域安全警示标志。

4. 周边环境条件：

（1）周边环境与工程的位置关系平面图、剖面图，并标注周边环境的类型。

（2）邻近建（构）筑物的工程重要性、层数、结构形式、基础形式、基础埋深、建设及竣工时间、结构完好情况及使用状况。

（3）邻近道路的重要性、交通负载量、道路特征、使用情况。

（4）地下管线（包括供水、排水、燃气、热力、供电、通信、消防等）的重要性、特征、埋置深度、使用情况。

（5）地表水系的重要性、性质、防渗情况、水位、对暗挖工程的影响程度等。

5. 施工要求：明确质量安全目标要求，工期要求（本工程开工日期、计划竣工日期），暗挖工程计划开工日期、计划完工日期。

6. 风险辨识与分级：风险因素辨识及暗挖工程安全风险分级。

7. 参建各方责任主体单位。

（二）编制依据

1. 法律依据：暗挖工程所依据的相关法律、法规、规范性文件、标准、规范等。应关注上述文件是否是现行版本。

2. 项目文件：施工合同（施工承包模式）、勘察文件、设计文件及施工图、地质灾害危险性评价报告、安全风险评估报告、地下水控制专家评审报告等。

3. 施工组织设计等。

（三）施工计划

1. 施工进度计划：暗挖工程的施工进度安排，具体到各分项工程的进度安排。

2. 材料与设备计划等：机械设备配置，主要材料及周转材料需求计划，主要材料投入计划、物理力学性能要求及取样复试详细要求，试验计划。

3. 劳动力计划。

应重点审查本施工进度计划与施工组织设计确定的进度计划是否相适应；材料与设备计划是否匹配，并须满足施工合同要求。

（四）施工工艺技术

1. 技术参数：设备技术参数（包括主要施工机械设备选型及适应性评估等，如顶管设备、盾构设备、箱涵顶进设备、注浆设备和冻结设备等）、开挖技术参数（包括开挖断面尺寸、开挖进尺等）、支护技术参数（材料、构造组成、尺寸等）。

2. 工艺流程：暗挖工程总的施工工艺流程和各分项工程工艺流程。

3. 施工方法及操作要求：暗挖工程施工前准备，地下水控制、支护施工、土方开挖等工艺流程、要点，常见问题及预防、处理措施。

4. 检查要求：暗挖工程所用的材料、构件进场质量检查、抽检，施工过程中各工序检查内容及检查标准。

重点审查本专项施工方案中确定的技术参数是否与设计规范一致；工程流程、施工方法、技术要求是否和施工组织设计（施工方案）及相关技术标准、规范一致；检查要求是否与验收规范一致。

（五）施工保证措施

1. 组织保障措施：安全组织机构、安全保证体系及相应人员安全职责等。主要审查其组织机构是否健全，是否与实际需要匹配，人员安排是否满足施工要求。

2. 技术措施：安全保证措施、质量技术保证措施、文明施工保证措施、环境保护措施、季节施工保证措施等。主要审查其措施是否满足规范要求，是否符合实际需要。

3. 监测监控措施：监测组织机构，监测范围、监测项目、监测方法、监测频率、预警值及控制值、巡视检查、信息反馈，监测点布置图等。

（六）施工管理及作业人员配备和分工

1. 施工管理人员：管理人员名单及岗位职责（如项目负责人、项目技术负责人、施工员、质量员、各班组长等）。

2. 专职安全人员：专职安全生产管理人员名单及岗位职责。

3. 特种作业人员：特种作业人员持证人员名单及岗位职责。

4. 其他作业人员：其他人员名单及岗位职责。

应审查各类作业人员数量是否满足工程施工需要，特种作业人员是否持证，其分工是否合理。

（七）验收要求

1. 验收标准：根据施工工艺明确相关验收标准及验收条件。

2. 验收程序及人员：具体验收程序，确定验收人员组成（建设、勘察、设计、施工、监理、监测等单位相关负责人）。

3. 验收内容：暗挖工程自身结构的变形、完整程度，周边环境变形，地下水控制等。

重点审查使用的标准、规范及其表格是否有效。专项方案编制的验收程序、验收内容、验收人员的条件是否满足现行验收规范要求。

（八）应急处置措施

1. 应急处置领导小组、应急救援小组组成与职责，包括抢险、安保、后勤、医救、善后、应急救援工作流程、联系方式等。

2. 应急事件（重大险情和事故）及其应急措施。

3. 周边建构筑物、道路、地下管线等产权单位各方联系方式、救援医院信息（名称、电话、救援线路）。

4. 应急物资准备。

重点审查应急处理措施是否可行，预定的救援医院、电话号码及救援路线、救援车辆、救援人员是否已全部设定。

（九）计算书及相关施工图纸

重点审查以下内容的完整性和所引用的参数的准确性：

1. 施工计算书：注浆量和注浆压力、盾构掘进参数、顶管（涵）顶进参数、反力架

（或后背）、钢套筒、冻结壁验算、地下水控制等。

2. 相关施工图纸：工程设计图、施工总平面布置图、周边环境平面（剖面）图、施工步序图、节点详图、监测布置图等。

专项施工方案经专家论证后，专家论证意见为“不通过”的，项目监理机构应督促施工单位根据专家论证意见，重新编制专项施工方案并重新履行审核审查程序；专家论证意见为“修改后通过”的，项目监理机构对施工单位修改后的专项施工方案审查重点，应是施工单位，是否按专家论证意见对专项施工方案进行了修改。在这个阶段，项目监理机构不宜针对专项施工方案的内容提出与专家论证意见不一致的其他意见。

## 第三节　暗挖工程安全巡视检查

由于暗挖施工过程中容易发生安全事故，项目监理机构应高度重视隧道开挖过程的专项巡视检查工作，通过专项巡视检查，加强对施工单位施工过程的监督和督促，避免安全事故的发生。

现场监理人员要做好隧道开挖工程的巡视检查工作，应掌握与暗挖工程施工相关的技术规范、规程的要求，熟悉相关设计文件及暗挖工程专项施工方案的内容。

### 一、暗挖工程的安全巡视检查基本要求

#### （一）暗挖工程施工安全巡视检查依据

项目监理机构对矿山法隧道暗挖工程的安全检查依据，应按照《市政工程施工安全检查标准》CJJ/T 275 中 7.1 矿山法隧道规定的检查项目进行检查，还应按照《危险性较大的分部分项工程安全管理规定》（住建部令第 37 号）的相关规定，结合施工单位的暗挖工程专项施工方案，依据相关设计文件和暗挖工程监理实施细则，对施工单位暗挖工程施工安全检查情况进行抽查，对矿山法隧道暗挖工程进行专项巡视检查。

#### （二）暗挖工程的安全巡视检查项目

按照现行行业标准《市政工程施工安全检查标准》CJJ/T 275 规定，矿山法隧道暗挖工程检查保证项目应包括：方案与交底，洞口及交叉口工程，地层超前支护加固，隧道开挖，爆破，初期支护，监测。一般项目包括：防水工程，二次衬砌，作业架，隧道施工运输，作业环境。

项目监理机构应督促施工单位按照《市政工程施工安全检查标准》CJJ/T 275 规定的检查项目对矿山法隧道暗挖工程施工进行巡视检查，项目监理机构的安全巡视检查也应符合安全检查标准的相关规定。

### 二、暗挖工程施工安全巡视检查要点

#### （一）专项施工方案与交底

1. 督促施工单位在编制专项施工方案前对工程周边环境进行核查及安全评估，并在暗挖工程施工前编制专项施工方案，对模板台车、作业架进行设计。

2. 钻爆作业前，项目监理机构应检查施工单位是否编制爆破专项施工方案，是否进行爆破设计。

3. 暗挖工程中，针对特殊地质地段，有毒气体层，穿越既有管线或结构物，降水，洞口，横通道，竖井或正洞连接处，断面尺寸连接处，工程周边环境保护等特殊部位、工序等施工前，应检查施工单位是否按规定制定专项施工方案或专项措施，专项施工方案或专项措施是否进行了审核审批。

4. 监督施工单位对矿山法专项施工方案、爆破专项施工方案、超规模的非标准段支模体系专项施工方案按有关规定组织专家论证，并检查专家论证报告的结论及专家是否在论证报告上签字确认。专项施工方案经论证需修改后通过的，项目监理机构应督促施工单位修改完善。

5. 监督施工单位不得擅自修改专项施工方案。当周边环境或施工条件发生变化时，应督促施工单位重新编制或调整专项施工方案，并按规定重新进行审核、审批。

6. 在专项施工方案实施前，督促施工单位专项方案编制人员或项目技术负责人向施工现场管理人员进行方案交底；现场管理人员向班组作业人员进行安全技术交底，并由双方和项目专职安全生产管理人员共同签字确认。项目监理机构应检查交底记录，并将有关资料纳入档案保存。

（二）洞口及交叉口工程

1. 巡视检查洞口是否按专项施工方案要求采取了加固措施，其加固措施是否符合设计要求，所使用的材料是否经检验合格。

2. 巡视检查洞口边坡和仰坡是否按设计要求进行施工，施工顺序是否按至上而下的顺序进行。截水、排水系统应完善，洞口顶截水沟及洞口排水沟设置应符合设计要求，所使用的材料应经检验合格。

3. 巡视检查横通道、竖井与正洞连接处的洞壁、洞顶是否采取加固措施，加固措施是否符合设计要求，所使用的材料是否经检验合格。

4. 督促施工单位对进出洞、上下井建立登记管理制度，并形成登记记录。项目监理机构应检查登记记录及签字情况。

5. 督促施工单位在洞口邻近建（构）筑物按设计要求采取防护措施。

（三）地层超前支护加固

1. 隧道开挖前，督促施工单位按设计要求进行超前支护加固，支护加固时应注意对周边环境的保护，特别是在城市地下作业时，应注意对地下管线的保护和对地面建（构）筑物的影响。项目监理机构应检查施工单位是否按照设计要求采取超前支护加固措施，所使用的材料是否经检验合格。

2. 超前加固前，巡视检查掌子面是否按设计要求进行了封闭。

3. 检查超前支护的管棚或小导管的材质、规格、长度、间距、外插角等是否符合设计要求，所使用的材料是否经检验合格。

4. 开挖面深孔等部位如有注浆加固要求，则应检查注浆参数及注浆加固施工是否符合设计要求，浆料所用材料是否经检验合格，浆料的配置、存放是否是专人管理。注浆完成后，监督施工单位应在注浆体强度达到设计要求后方可进行开挖。

5. 巡视检查浅埋地段是否按设计要求进行地面注浆加固。

（四）隧道开挖

隧道开挖过程是一个风险极高的过程，因此开挖过程必须督促施工单位严格按专项施工方案开挖。项目监理机构应加强在隧道开挖过程中的巡视检查。

1. 开挖前，检查施工单位是否按专项施工方案要求进行地质超前预报，是否已充分了解开挖面地质状况。

2. 开挖过程中，巡视检查施工单位的开挖工作是否控制在循环进尺以内，相邻隧道作业面纵向间距是否在控制间距内。当围岩地质情况发生变化时，应监督施工单位及时调整开挖方法。

3. 巡视检查作业面周围的支护是否牢固，督促施工单位及时清理松动石块。

4. 开挖过程中，巡视检查核心土留置、台阶长度、导洞间距是否符合设计要求，不符合设计要求时，应要求施工单位整改。

5. 如遇不良地质地段，应检查施工单位是否对掌子面及时进行支护和封闭。针对地质变化情况督促施工单位及时调整支护参数，重新研究开挖方案。

6. 巡视检查双向开挖面距离。当距离达到 15～30m 时，监督施工单位改为单向开挖。

7. 隧道开挖过程，一般都会遇到地下水，降、排水工作非常重要，应督促施工单位严格按专项施工方案实施开挖过程中的降、排水作业。

（五）爆破作业

1. 项目监理机构应检查现场的爆破器材是否具有检验合格证、技术指标和说明书。

2. 巡视检查爆破器材的存储、运输和处置是否符合现行国家标准《爆破安全规程》GB 6722 的相关规定。严禁使用不合格、自制、来路不明的爆炸物及爆破器材。

3. 督促施工单位对起爆设备或检测仪表按规定定期标定。

4. 暗挖隧道采用爆破开挖时，检查爆破单段用药量是否满足爆破设计规定。

5. 工作面爆破后，督促施工单位指派专人对爆破面进行检查，全面找顶。盲炮处理应符合有关安全规定。盲炮检查应在爆破 15min 后实施，发现盲炮后应立即设立安全警戒，及时报告并由原爆破人员处理。

6. 爆破作业应在上一循环喷射混凝土终凝大于 4h 后进行。

7. 爆破时人员、设备与爆破点的距离应大于爆破安全距离，不满足要求时，督促施工单位采取安全防护措施。

（六）初期支护

1. 检查型钢、钢格栅、混凝土、锚件、钢筋网等支护材料规格是否符合设计要求，应检查其出厂合格证、材质试验报告等资料的真实性及有效性。检查施工单位是否按规定进行材料抽样检测，检查复验报告。项目监理机构应按相关要求做好见证取样检验工作，确保用于工程的材料为合格产品。

2. 钢架是初期支护的主要骨架，巡视检查钢架的间距是否符合设计要求，钢架与围岩之间是否顶紧密贴，其节段间的接长是否按设计要求连接。

3. 巡视检查钢架底脚基础是否坚实、牢固，钢架与基础间应无悬空，钢架底脚处不得有积水浸泡情况。

4. 检查钢架之间是否采用纵向钢筋将其连接成整体，连接钢筋的直径、间距是否符合设计要求。

5. 检查钢筋网的钢筋规格、钢筋间距、搭接长度是否符合设计要求，是否与锚杆连接牢固。

6. 锚杆及锁脚锚管材质、规格、长度及花眼布置应符合设计要求，锚管应按设计要求注浆。

7. 检查初期支护是否已按设计要求及时封闭成环，支护结构是否有变形、损坏等情况。若有变形或损坏时，应及时下达监理通知单，要求施工单位进行整改。检查支护背后是否及时进行了回填和注浆。

8. 检查喷射混凝土的强度、厚度是否符合设计要求，喷射混凝土外观应完好，不应有裂纹、脱落或钢筋、锚杆外露现象，若有裂纹、脱落或钢筋、锚杆外露情况，应及时下达监理通知单，要求施工单位进行整改。

9. 检查初期支护断面侵蚀处理（换拱）是否符合专项施工方案的要求。

（七）隧道施工监测

1. 隧道施工中，督促施工单位应按监测方案要求实施施工监测，并应明确检测项目、监测报警值、检测方法和监测点的布置等内容。检查监测项目、方法、布点、周期是否符合监测方案要求。

2. 检查监测时间间隔是否与施工进度匹配，当监测结果变化速率较大时，应督促施工单位加密观测次数。

3. 隧道施工监测过程中，检查施工单位是否按设计及工程实际及时处理监测数据，并按设计要求提交阶段性监测报告，及时反馈相关信息、数据指导施工。

4. 当监测值达到所规定的报警值时，总监理工程师应签发工程暂停令要求施工单位立即停止施工，查明原因，采取补救措施，相关问题妥善处理后再签发复工令。

（八）防水工程施工

1. 检查施工现场是否按专项施工方案要求配备消防器材。多数防水材料属于易燃材料，操作不当或遇明火极易发生火灾，施工现场应遵守用火管理规定并配备消防器材。

2. 巡视检查施工现场是否采取防止措施电焊焊渣飘落在防水材料上。严禁热风口、射钉枪枪口对人。

3. 督促施工单位对防水工程所使用的防水板、土工布等易燃材料的余料应妥善保管、及时清理。项目监理机构应巡视检查施工单位对易燃材料的清理工作。

（九）二次衬砌施工

1. 督促施工单位及时施作二次衬砌，检查二次衬砌与掌子面的距离是否符合设计规定的安全距离。二次衬砌距掌子面的距离，对Ⅳ级围岩不得大于 90m，对Ⅴ级及以上围岩不得大于 70m；仰拱与掌子面的距离，Ⅲ级围岩不得超过 90m，Ⅳ级围岩不得超过 50m，Ⅴ级及以上围岩不得超过 40m。

2. 检查模板台车的工作平台面是否按规定满铺防滑板，是否固定牢固，四周是否设置防护栏杆。模板台车应设置登高扶梯，并应设置栏杆和扶手。项目监理机构应检查厂家生产的模板台车的合格证明，并监督施工单位在台车使用前进行调试和验收，验收合格后方可投入使用。

3. 模板台车移动时，督促施工单位应按规定统一指挥，且应撤除设备、电线、管路等并应采取保护措施。

4. 检查台车是否按规定设置了安全警示标志，台车堵头撤除时是否采取了防护措施。

5. 非标段采用支模施工时，检查施工单位是否编制专项施工方案，对支撑体系是否进行专门设计。

（十）作业架使用

1. 作业架的工作平台面应满铺防滑板，并应固定牢固，四周应按临边作业要求设置防护栏杆；

2. 作业架应设置登高扶梯，并应设置栏杆和扶手；

3. 专业厂家制作时，检查厂家生产提供的合格证明，督促施工单位在作业架使用前对作业架进行验收，验收合格后方可投入使用；

4. 隧道施工常见作业架有钻孔台架、防水板台架、注浆台架、检测用作业架等，此类作业架应要求施工单位必须进行设计。

（十一）隧道施工运输

1. 竖井垂直运输材料过程中，监督施工单位井下作业人员撤离至安全地带。

2. 检查运输车辆的产品合格证明，在洞内运输车辆应制动有效，不得人料混载、超载、超宽、超高运输。

3. 检查隧道内车辆行驶的道路是否畅通，隧道内不得有堆积物料、积泥、积水等影响车辆通行的情况。洞内车辆照明、信号系统应完善。洞内应设置交通引导标志和车辆限速标志，严禁车辆超速行驶。

（十二）作业环境

1. 在隧道施工前，检查施工单位是否编制了通风、防尘专项方案，是否对通风量进行了计算。

2. 施工前，监督施工单位对施工作业人员进行职业危害安全技术措施交底。项目监理机构应检查安全技术措施交底记录并归档保存。

3. 检查施工单位在隧道施工前是否按时测定粉尘和有害气体的浓度，特别注意检查浓度超限时，施工单位是否采取了降低浓度的有效措施，采取措施后有害气体的浓度是否下降到规定值以下。

4. 检查通道内及作业面的通风状态，通风是否良好，风速和风量是否满足施工要求，检查风管是否良好，是否有破损、漏风、吊挂不平的现象。

5. 督促施工单位在爆破后采取强制通风措施，且通风时间不应小于 15 分钟。督促作业人员在粉尘较大，噪声较大的场所应戴防尘口罩和防噪声护具。

6. 巡视检查施工单位在凿岩、喷射混凝土等防尘作业时，是否采取了喷雾、洒水净化等防尘措施。

7. 巡视检查作业面、运输道路是否有影响操作和运输的泥泞和积水。

8. 督促施工单位按专项施工方案布设隧道内风、水、电线路。检查洞内光线是否满足照明要求。洞内设置的警示、应急避险、通道、排水等设施是否按专项施工方案布设。

## 第四节　某地铁隧道工程监理工作示例

### 一、工程概况

某地铁 3 号线一期工程土建监理 4 标段，线路总长 4033m。该项目位于市区，在花园西站后穿越狮子岩山体，随后下穿学校，再穿越市政道路高架桥，下穿越铁路路基，侧穿高铁桥桩，又下穿在建综合体音乐厅，最后到达花园东站，本区间隧道长 1014m，区间线间距为 11.0～19.0m，隧顶埋深约 6.7～117.8m，本区间还设有 1 座联络通道和泵房。因本项目位于市区，且地质情况复杂，因此设计为上、下行线均为单洞单线隧道，车站明挖，隧道矿山法开挖，均采用冷开挖方式。

## 二、专项巡视检查中发现的问题

在隧道开挖过程中，总监理工程师王××安排负责安全监理工作的专业监理工程师陈××去隧道内进行安全专项巡查检查，巡视时发现生产管理的正洞 4 号工作面开挖进尺达 4.5m（掌子面 YDK31+944.2），不符合设计及专项施工方案“IVD 稳定围岩开挖进尺不应大于 3.5m，且须满足超前支护搭接”的要求；在正洞右线施工至 YDK31+119 里程位置时，掌子面发生溜塌，造成拱顶以上部分土体失去稳定，直接作用于初期支护钢架之上。

## 三、项目监理机构处置过程

专业监理工程师陈××根据检查情况，针对不同问题签发了两张监理通知单。

（一）陈××签发编号为 A-25 的《监理通知单》如下：

**表 A.0.3 监理通知单**

工程名称：地铁 3 号线一期工程土建 4 标段　　　　编号：A-25

| |
|---|
| 致：×××××施工项目经理部<br>事由：4 号工作面超挖。<br>内容：我监理部工程师陈××在巡视过程中发现正洞 4 号工作面开挖进尺达 4.5m（掌子面 YDK31+944.2），不符合设计及专项施工方案“IVD 稳定围岩开挖进尺不应大于 3.5m，且须满足超前支护搭接”的要求。现要求你部立即进行支护处理，同时进一步加强班组交底及现场管理工作（见附图）。<br>针对上述问题，要求你部于 8 月 16 日下午 6：00 下班前完成整改，并自检合格后报我部进行复查。<br>项目监理机构：（盖章）<br>总/专业监理工程师（签字）：陈××<br>2020 年 8 月 15 日 |

附图：（略）

（二）陈××签发编号为 A-26 的《监理通知单》如下：

**表 A.0.3 监理通知单**

工程名称：地铁 3 号线一期工程土建 4 标段　　　　编号：A-26

| |
|---|
| 致：××××××施工项目经理部<br>事由：掌子面土方溜塌<br>内容：我部监理工程师陈××在巡视过程中，发现正洞右线施工里程 YDK31+199 位置处掌子面发生溜塌，已造成拱顶以上部分土体失去稳定，土体直接作用于初期支护钢架上。目前该位置已支护封闭成环，正在进行仰拱衬砌施工。根据近期监测情况，仍有轻微沉降，请你部根据专项施工方案要求及近期监测情况，对 YDK31+098～123 段及时进行二次衬砌施工，完成后再进行掌子面开挖。<br>项目监理机构：（盖章）<br>总/专业监理工程师（签字）：陈××<br>2020 年 8 月 15 日 |

附图：（略）

（三）陈××在当天的监理日志中做了如下记录：

第七章

对正洞开挖情况进行专项巡视检查时发现如下问题：

正洞 4♯工作面开挖进尺达 4.5（掌子面 YDK31＋944.2），不符合设计及专项施工方案“IVD 稳定围岩开挖进尺不应大于 3.5，且须满足超前支护搭接”的要求；正洞右线施工里程 YDK31＋199 位置，掌子面发生溜塌，已造成拱顶以上部分土体失去稳定，土体直接作用于初期支护钢架上。针对上述两个问题，因整改时间要求不同，已分别签发了两份监理通知单（A-25，A-26）要求施工单位立即进行整改，整改完成自检合格后报我部复查。

（四）施工单位接到 A-25，A-26《监理通知单》后，立即组织班组对存在的问题进行整改，8 月 16 日下午 5：30 监理工程师陈××到现场对上述两处的整改情况进行巡查时，发现施工单位仍在进行整改，预计整改工作不能按时完成，根据现场整改情况，陈××再次签发了编号为 A-25A 的《监理通知单》。

**表 A.0.3　监理通知单**

工程名称：地铁 3 号线一期工程土建 4 标段　　　　编号：A-25A

| |
|---|
| 致：××××××施工项目经理部<br>事由：未按要求时限完成整改工作。<br>内容：经我部巡视检查，发现你部在 8 月 16 日下午 6：00 前未完成 A-25 号监理通知单要求的整改工作。经查，还有部分工作不能按时完成，请你部在 8 月 17 日上午 12：00 完成全部整改工作并自检合格后，及时报我部进行复查。<br><br>项目监理机构：（盖章）<br>总/专业监理工程师（签字）：陈××<br>2020 年 8 月 16 日下午 6 时 |

## 四、施工单位的回复及项目监理机构复查

8 月 17 日上午 9：30，施工单位向项目监理机构提交了针对 A-25，A-25A《监理通知单》的编号为 AF-25《监理通知回复单》，专业监理工程师陈××现场对整改部位进行了复查并签署了复查意见。

**表 B.0.3　《监理通知回复单》**

工程名称：地铁 3 号线一期土建 4 标段　　　　编号：AF-025

| |
|---|
| 致：×××××监理公司工程监理部：<br>我方接到贵部签发的编号为A-25 号及 A-25A 号的《监理通知单》后，已按要求完成了相关整改工作并自检合格，请贵部进行复查。在整改过程中，因遇到局部落石情况，耽搁了一些时间，但通过加班，今晨已全部完成整改工作。<br>整改情况如下（见附图）：<br>1. 我部已及时按照设计及专项施工方案完成该段初期支护后续工作，安全隐患已消除。<br>2. 已对作业班组再次进行了安全技术教育，对后续施工作业也进行了再次交底。<br>3. 对相关管理人员及作业班组进行了批评，并再次明确了相关职责及处罚制度。<br>施工项目经理部：（盖章）<br>项目经理（签字）：×××<br>2020 年 8 月 17 日 |
| 复查意见：<br>1. 经复查，施工单位已按设计及专项施工方案要求，完成了该段初期支护的后续工作，安全隐患已消除。<br>2. 本人参加了施工单位管理人员对班组进行再次教育，再次交底的专题会。<br>3. 同意开始后续工作。<br>项目监理机构：（盖章）<br>总/专业监理工程师（签字）：陈××<br>2020 年 8 月 17 日 |

附图：（略）

8 月 18 日下午 3：00，施工单位向项目监理机构提交了针对 A-26《监理通知单》的编号为 AF-26《监理回复单》，专业监理工程师陈××现场对整改部位进行了复查并签署了复查意见。

**表 B.0.3 《监理通知回复单》**

工程名称：地铁 3 号线一期土建 4 标段　　　　编号：AF-026

<table>
<tr><td>致：×××××监理公司工程监理部<br>我方接到贵部签发的编号为 A-26 的《监理通知单》后，已按要求完成了相关整改工作，请以复查。<br>1. 已立即将掌子面进行了封闭。<br>2. 已清理完初期支护钢架上泥土。<br>3. 已按照设计及专项施工方案的要求完成了该段二衬施工。<br><br>施工项目经理部：（盖章）<br>项目经理（签字）：×××<br>2020 年 8 月 18 日</td></tr>
<tr><td>复查意见：经复查：<br>1. 施工单位已对掌子面进行了封闭。<br>2. 该段二次衬砌施工已按设计及专项施工方案完成。<br>3. 同意开始后续工作。<br><br>项目监理机构：（盖章）<br>总/专业监理工程师（签字）：陈××<br>2020 年 8 月 18 日</td></tr>
</table>

附图：

# 第八章　高　处　作　业

高处作业安全防护是指施工现场对施工作业人员的人身安全防护，包括高处作业中的临边、洞口、攀登、悬空、操作平台及交叉作业等。

建设部《关于落实建设工程安全生产监理责任的若干意见》（建市［2006］248号）中，明确规定监理单位要“检查施工现场各种安全标志和安全防护措施是否符合强制性标准要求，……”

项目监理机构要履行对高处作业安全防护的巡视检查职责，应掌握与施工现场高处作业安全防护相关的技术规范、规程、标准的要求，熟悉施工单位编制的施工组织设计或施工方案中的相关内容。

## 第一节　高处作业安全风险

在工程建设项目施工过程中，高处作业几乎无所不在。由于高处作业防护不到位、操作人员不按规定操作等因素，极易造成作业人员从高处坠落的伤亡事故。近年来，高处坠落事故占房屋建筑和市政工程施工中的生产安全事故发生起数的一半以上。

项目监理机构应高度重视对施工现场高处作业的安全风险，认真履行监理职责。高处作业所面临的安全风险主要有以下方面：

### 一、未正确佩戴或佩戴不合格安全帽导致的风险

安全帽是进入施工现场人员保护头部安全的防护用品，可以承受和分散落物的冲击力，也能保护和减轻由于高处坠落头部先着地面的撞击伤害。若未能正确佩戴或佩戴不合格安全帽，在受到外力伤害时会导致头部受伤而造成人员伤亡。

### 二、未设置或设置的安全网不合格导致的风险

安全网是为了在施工过程中防止落物伤人和减少工程施工污染而采用的防护用品。若在外脚手架的外侧及需要搭设安全网的部位未搭设密目式安全网，或安全网破损、污染、掉落未及时进行修补或更换，将会造成落物伤人及环境污染。

### 三、未佩戴或佩戴不合格安全带导致的风险

安全带是施工人员在高空或悬空作业时必须佩戴的安全防护用品。若施工人员在高处或悬空作业时，未佩戴安全带或未按规定系挂安全带，或佩戴的安全带为不合格产品，安全扣脱落、腰带或吊带断裂等，可能会导致施工人员高处坠落的事故。

### 四、未设置或未按规范设置临边防护造成的风险

在工程施工过程中，作业人员可能在工作面边沿如阳台边、楼板边、屋面边、各类

坑、沟、槽等临边无围护或围护设施高度较低的高处作业，可能出现施工作业人员临边坠落或临边落物伤人的情况。

### 五、未设置或未按规范设置洞口防护造成的风险

在施工过程中，施工作业人员可能在预留洞口、楼梯口、电梯井口、坑口等孔洞处作业，若未对这些孔洞口采取安全防护措施，可能会导致人员坠落或落物伤人，造成人员伤亡事故。

### 六、未设置或未按规范设置通道口防护造成的风险

通道口是施工作业人员进出施工现场的通道，若通道口的安全防护棚的设置和防护不严密、不牢固，在立体交叉作业时，可能会有物体坠落造成坠落半径内人员伤亡或材料、设备损坏的事故。

### 七、攀登与悬空作业风险

在施工过程中，因施工人员需借助如梯子（便携式梯子、固定式直梯、折梯）等登高设施和用具才能完成登高作业。梯子的正确使用及质量的好坏，也会关乎作业人员生命安全。若未正确使用梯子或使用质量不合格的梯子，可能在施工过程中出现梯子倾覆、倒塌从而造成施工人员伤亡事故。

在施工过程中，作业人员在周边无任何安全防护设施或防护设施不能满足安全防护要求的状态下进行高处悬空作业，或操作人员未佩戴或未正确佩戴安全带，都有可能造成人员伤亡事故。

### 八、操作平台的安全风险

操作平台是由钢管、型钢及其他等效性能材料等组装搭设制作的供施工现场高处作业和载物的平台，包括移动式、落地式、悬挑式平台等。在操作平台的搭设、使用和拆除过程中，除搭拆和使用人员高处坠落的风险外，在操作平台承载力、稳定性方面，还存在因材料性能不合格、结构设计计算失误、组装搭设质量不合格及平台超载等原因导致的结构安全风险。



### 九、对高处作业现场所用的物料、废料等未及时清理或固定的风险

高处作业中，除安全技术设施和人身防护用品外，作业人员操作所涉及的物料、余料、废料、工具等未采取固定措施、未堆放平稳或未及时清理拆除，都存在高处坠落的可能，因而引起人身伤亡事故。

## 第二节　高处作业安全技术措施审查

高处作业的安全技术措施是保证高处作业施工安全的重要技术文件，也是项目监理机构应审查安全技术措施的重要内容。

## 一、高处作业安全技术措施的编审规定

《建筑施工高处作业安全技术规范》JGJ 80 明确规定“建筑施工中凡涉及临边与洞口作业、攀登与悬空作业、操作平台、交叉作业及安全网搭设的，应在施工组织设计或施工方案中制定高处作业安全技术措施”。

高处作业的安全技术措施一般应在施工组织设计中进行编制，专项施工方案中也应包括针对危大工程的高处作业制定的安全技术措施。因此，高处作业一般无需编制专项施工方案或单独编制高处作业安全技术措施文件。专业监理工程师在审查施工组织设计和专项施工方案时，应注意审查其中的高处作业施工安全技术措施。

## 二、高处作业安全技术措施审查的准备工作

项目监理机构审查高处作业安全技术措施时，需要做好如下准备工作：

（一）熟悉工程项目特点和建设场地环境条件

通过阅读施工图设计、工程地质勘察报告等文件以及调查研究，熟悉工程项目的建筑设计、结构设计特点及施工现场地形地物、工程地质情况，进而了解本项目施工过程中的高处作业及其环境特点，掌握工程建设项目及其建设环境造成的高处作业安全风险。

（二）掌握工程项目施工的主要工艺特点及施工单位施工管理能力

通过阅读施工组织设计或专项施工方案，掌握与高处作业相关的主要施工工艺特点，特别是其中涉及高处作业的风险。通过调查研究，了解施工单位的安全生产管理能力和管理方式。通过审阅合同文件，了解与高处作业有关的专业工程分包情况及施工单位和分包单位之间安全生产责任的划分。

（三）学习掌握相关工程建设国家标准和行业标准

除应学习并掌握现行行业标准《建筑施工高处作业安全技术规范》JGJ 80 外，还应熟悉现行国家标准《安全网》GB 5725、《安全带》GB 6095、《头部防护 安全帽》GB 2811 等规定以及与操作平台有关的安全技术规范。

目前国内许多省市出台了施工现场安全防护地方标准或技术规程，一些大型施工企业也制定了施工现场安全防护标准或者安全防护设施的标准图，为项目监理机构履行安全生产管理的监理职责提供了依据。

## 三、高处作业安全技术措施的审查要点

项目监理机构应根据项目的具体情况进行审查，并应注意审查以下要点：

（一）临边与洞口作业

1. 在工作面边沿无围护或围护设施高度低于 800mm 的高处作业，包括楼板边、楼梯段边、屋面边、阳台边、各类坑、沟、槽等边沿（包括墙面等处落地的高度低于 800mm 的竖向洞口及框架结构未砌筑墙体时的洞口）的高处作业时，均应按照《建筑施工高处作业安全技术规范》JGJ 80 的要求采取防护临边措施，特别要遵守强制性条文 4.1.1 的规定：**坠落高度基准面 2m 及以上进行临边作业时，应在临空一侧设置防护栏杆，并应采用**

**密目式安全立网或工具式栏板封闭。**

停层平台口应设置高度不低于1.80m的楼层防护门，并应设置防外开装置。井架物料提升机通道中间，应分别设置隔离设施。

2. 在地面、楼面、屋面和墙面等有可能使人和物料坠落，其坠落高度大于或等于2m的洞口（包括电梯井口、井道）处的高处作业时，应按照相关规范要求采取防坠落措施，特别要遵守以下强制性条文的规定：

**4.2.1 洞口作业时，应采取防坠落措施，并应符合下列规定：**

**（1）当竖向洞口短边边长小于500mm时，应采取封堵措施；当垂直洞口短边边长大于或等于500mm时，应在临空一侧设置高度不小于1.2m的防护栏杆，并应采用密目式安全立网或工具式栏板封闭，设置挡脚板；**

**（2）当非竖向洞口短边边长为25～500mm时，应采用承载力满足使用要求的盖板覆盖，盖板四周搁置应均衡，且应防止盖板移位；**

**（3）当非竖向洞口短边边长为500～1500mm时，应采用盖板覆盖或防护栏杆等措施，并应固定牢固；**

**（4）当非竖向洞口短边边长大于或等于1500mm时，应在洞口作业侧设置高度不小于1.2m的防护栏杆，洞口应采用安全平网封闭。**

洞口盖板应能承受不小于1kN的集中荷载和不小于$2kN/m^2$的均布荷载，有特殊要求的盖板应另行设计。

电梯井口应设置防护门，其高度不应小于1.5m，防护门底端距地面高度不应大于50mm，并应设置挡脚板。

在电梯施工前，电梯井道内应每隔2层且不大于10m加设一道安全平网。电梯井内的施工层上部，应设置隔离防护设施。

3. 防护栏杆组成、固定、杆件的规格及连接均应符合《建筑施工高处作业安全技术规范》JGJ 80的各项规定。

防护栏杆的立杆和横杆的设置、固定及连接，应确保防护栏杆在上下横杆和立杆任何部位处，均能承受任何方向1kN的外力作用。当栏杆所处位置有发生人群拥挤、物件碰撞等可能时，应加大横杆截面或加密立杆间距。

防护栏杆应张挂密目式安全立网或其他材料封闭。防护栏杆的设计计算应符合规范的规定。

（二）攀登与悬空作业

1. 登高作业应借助施工通道、梯子及其他攀登设施和用具。攀登设施和用具及其使用应符合高处作业安全技术规范要求。

2. 在周边无防护设施或防护设施不能满足防护要求的临空状态下进行高处作业时，应按规定采取悬空作业安全措施，并应严格执行强制性条文5.2.3的规定：**“严禁在未固定、无防护设施的构件及管道上进行作业或通行。”**

项目监理机构在审查施工组织设计或施工方案中涉及构件吊装、管道安装、模板支撑体系搭设和拆卸、钢筋绑扎、混凝土浇筑、屋面和外墙作业的安全技术措施时，应注意审查是否存在悬空作业状况、安全技术措施是否符合上述规定。特别是利用吊车梁等构件作为水平通道时，是否按照规定采取了相应的安全技术措施。

（三）操作平台

1. 供施工现场高处作业和载物的操作平台，应通过设计计算，并应编制专项方案，架体构造与材质应满足国家现行相关标准的规定。

项目监理机构审查时应注意：

（1）采用钢管、型钢制作操作平台架体的结构设计应符合《钢结构设计标准》GB 50017—2017 及国家现行有关脚手架标准的规定。

（2）操作平台的临边应设置防护栏杆，单独设置的操作平台应设置供人上下、踏步间距不大于 400mm 的扶梯。应明确规定在操作平台明显位置设置标明允许负载值的限载牌及限定允许的作业人数，操作平台使用中应每月不少于 1 次定期检查，由专人进行日常维护工作，及时消除安全隐患等措施。

2. 采用移动式操作平台、落地式操作平台、悬挑式操作平台时，操作平台的设置及结构设计计算应符合相关规范的规定。

**6.4.1　悬挑式操作平台设置应符合下列规定：**

**（1）操作平台的搁置点、拉结点、支撑点应设置在稳定的主体结构上，且应可靠连接；**

**（2）严禁将操作平台设置在临时设施上；**

**（3）操作平台的结构应稳定可靠，承载力应符合设计要求。**

（四）交叉作业

交叉作业是指垂直空间贯通状态下，可能造成人员或物体坠落，并处于坠落半径范围内、上下左右不同层面的立体作业。

1. 交叉作业时，下层作业位置应处于上层作业的坠落半径之外，高空作业坠落半径应按表 8-1 确定。

**坠落半径　　　　表 8-1**

| 序号 | 上层作业高度 $h_b$（m） | 坠落半径（m） |
|---|---|---|
| 1 | $2 \leqslant h_b \leqslant 5$ | 3 |
| 2 | $5 < h_b \leqslant 15$ | 4 |
| 3 | $15 < h_b \leqslant 30$ | 5 |
| 4 | $h_b > 30$ | 6 |

2. 交叉作业时，坠落半径内应设置安全防护棚或安全防护网等安全隔离措施。当尚未设置安全隔离措施时，应设置警戒隔离区，人员严禁进入隔离区。

3. 处于起重机臂架回转范围内的通道及施工现场人员进出的通道口，应搭设安全防护棚。不得在安全防护棚棚顶堆放物料。

4. 若采用脚手架搭设安全防护棚架构时，应符合国家现行相关脚手架规范的规定。对不搭设脚手架和设置安全防护棚时的交叉作业，应设置安全防护网，多层、高层建筑外立面施工时，应在二层及每隔四层设一道固定的安全防护网，同时设一道随施工高度提升的安全防护网。

5. 安全防护棚、安全防护网的搭设应符合相关规范的规定。

（五）建筑施工安全网

建筑施工安全网的搭设、使用，应符合《建筑施工高处作业安全技术规范》JGJ 80的规定，特别应符合强制性条文的规定：**采用平网防护时，严禁使用密目式安全立网代替平网使用。**

（六）高处作业安全防护措施的验收

1. 安全防护设施验收应包括下列主要内容：

（1）防护栏杆的设置与搭设；

（2）攀登与悬空作业的用具与设施搭设；

（3）操作平台及平台防护设施的搭设；

（4）防护棚的搭设；

（5）安全网的设置；

（6）安全防护设施、设备的性能与质量、所用的材料、配件的规格；

（7）设施的节点构造，材料配件的规格、材质及其与建筑物的固定、连接状况。

2. 安全防护设施验收资料应包括下列主要内容：

（1）施工组织设计中的安全技术措施或施工方案；

（2）安全防护用品用具、材料和设备产品合格证明；

（3）安全防护设施验收记录；

（4）预埋件隐蔽验收记录；

（5）安全防护设施变更记录。

（七）高处作业的安全管理

1. 应明确规定凡涉及临边与洞口作业、攀登与悬空作业、操作平台、交叉作业及安全网搭设的，应制定高处作业安全技术措施。高处作业施工前，应对作业人员进行安全技术交底，并应作交底记录。对初次作业人员应进行培训。

2. 高处作业施工前，应按类别对安全防护设施进行检查、验收，验收合格后方可进行作业，并应作验收记录。

3. 应明确高处作业人员根据作业的实际情况配备相应的高处作业安全防护用品，并应按规定正确佩戴，须佩戴安全帽、安全带等个人防护设施。

4. 应明确要求将各类安全警示标志悬挂于施工现场各相应部位，夜间应设红灯警示。高处作业施工前，应检查高处作业的安全标志、工具、仪表、电气设施和设备，确认其完好后，方可进行施工。

5. 应明确要求高处作业平台或架体的周边、临边或洞口须有安全防护措施，以确保操作人员安全。须确保高处作业平台或架体平台、架体稳固、可靠，并与周边建筑物结构紧固连接。



## 第三节 高处作业施工安全巡视检查

项目监理机构应监督施工单位按照施工组织设计或施工方案中高处作业安全技术措施

组织施工，督促施工单位对高处作业进行安全检查，项目监理机构要对施工单位的安全自查情况进行抽查，对属于危大工程的高处作业要进行专项巡视检查，通过巡视检查加强对高处作业施工安全的监督，避免高处作业施工安全事故的发生。

## 一、高处作业的安全巡视检查的基本要求

（一）高处作业施工前，应检查施工单位是否在施工组织设计或施工方案中制定高处作业安全技术措施，施工单位技术负责人是否按规定审核签字。

（二）高处作业施工前，监督施工单位按类别对安全防护设施进行检查、验收，验收合格后方可进行作业，并做好验收记录。项目监理机构应检查施工单位的验收记录，并对高处作业施工进行巡视检查。

（三）高处作业施工前，督促施工单位对作业人员进行安全技术交底，并做好记录，对初次作业人员进行安全培训。项目监理机构应检查交底记录。

（四）督促施工单位在高处作业施工时，按现行国家标准《建设工程施工现场消防安全技术规范》GB 50720 的规定，采取防火措施。

（五）在雨、霜、雾、雪等天气进行高处作业时，督促施工单位采取防滑、防冻和防雷措施，并及时清除作业面上的水、冰、雪、霜。当遇到 6 级及以上强风、浓雾、沙尘等恶劣气候，监督施工单位停止露天攀登与悬空高处作业。雨雪天气后，督促施工单位对高处作业安全设施进行检查，当发现有松动、变形、损坏或脱落等现象时，应立即修理完善，维修合格后方可使用。

（六）对需要临时拆除或变动的安全防护设施，督促事故单位采取可靠措施，作业后应立即恢复。

（七）监督施工单位按照相关规定安排专人对各类安全防护设施进行检查和维修保养，发现隐患应要求施工单位及时采取整改措施。

（八）巡视检查时应注意检查安全防护是否采用定型化、工具化设施，防护栏是否按规定采用为黑黄或红白相间的条纹标示，盖件是否为黄或红色标示。

## 二、高处作业施工安全巡视检查要点

项目监理机构应督促施工单位按照现行国家标准《安全网》GB 5725、《头部防护 安全帽》GB 2811、《安全带》GB 6095 和现行行业标准《建筑施工高处作业安全技术规范》JGJ 80 的规定，依据《建筑施工安全检查标准》JGJ 59 规定的检查项目，对施工现场高处作业施工进行安全检查。

高处作业检查项目包括：安全帽、安全网、安全带、临边防护、洞口防护、通道口防护、攀登作业、悬空作业、移动式操作平台、悬挑式物料钢平台。

项目监理机构应督促施工单位按照《建筑施工安全检查标准》JGJ 59 规定的检查项目对高处作业施工进行巡视检查，项目监理机构的安全巡视检查项目也应符合安全检查标准的相关规定。

项目监理机构应对高处作业施工主要检查以下内容：

（一）高处作业安全技术措施

1. 高处作业施工前，项目监理机构应检查施工单位是否在施工组织设计或施工方案中制定高处作业安全技术措施，施工单位技术负责人是否按规定审核签字。

2. 督促施工单位按照施工组织设计或施工方案中的安全技术措施开展相关高处作业工作。

（二）安全帽的检查

1. 巡视检查进入施工现场的人员是否按规定正确佩戴安全帽，若施工现场入场门口有样板间，是否与样板标准进行比对。

2. 检查作业人员佩戴的安全帽的质量是否符合规范要求。安全帽应具有产品合格证，并应具有永久标识和制造商提供的信息材料，永久标识位于产品主体内侧，应包括产品名称制造厂名、生产日期、分类标记及强制报废期限等。

3. 督促施工单位依据现行国家标准《头部防护安全帽》GB 2811 的要求对安全帽进行抽样检验，检验合格方允许使用。项目监理机构应对安全帽进行见证取样试验。

（三）安全网

1. 巡视检查在建工程外脚手架的外侧及其他需要搭设安全网的部位是否采用密目式安全网进行封闭。

2. 督促施工单位检查施工现场使用的安全网的质量，安全网的材质、规格、物理性能、耐火性、阻燃性等应符合现行国家规范《安全网》GB 5725 的规定。密目式安全立网的网目密度应为 10cm×10cm 面积上大于或等于 2000 目。

3. 密目式安全立网使用前，督促施工单位检查产品分类标记、产品合格证、网目数及网体重量，确认合格方可使用。项目监理机构应见证取样试验合格。

（四）安全带

1. 高处作业施工中，巡视检查高处作业人员是否按规定系挂了安全带。

2. 检查作业人员佩戴的安全带及其零部件是否符合现行国家规范要求的合格产品，检查产品合格证。安全带及其零部件的材质、规格、技术性能等应符合现行国家标准《安全带》GB 6095 的规定。



3. 施工单位对安全带的抽样检验应合格。项目监理机构对安全带见证取样试验合格。

4. 督促施工单位检查作业人员安全带的系挂是否符合规范要求。

（五）临边防护

1. 巡视检查高处作业面边沿是否设置连续临边防护设施。临边防护设施的设置应符合规范要求。

（1）坠落高度基准面 2m 及以上进行临边作业时，应在临空一侧设置防护栏杆，防护栏杆必须自上而下应采用密目式安全立网或工具式栏板封闭，在栏杆下边设置严密、固定的高度不低于 180mm 的挡脚板。

（2）施工的楼梯口、楼梯平台和梯段边，应安装防护栏杆；外设楼梯口、楼梯平台和梯段边还应采用密目式安全立网封闭。

（3）建筑物外围边沿处，对没有设置外脚手架的工程，应设置防护栏杆；对有外脚手架的工程，应采用密目式安全立网封闭。密目式安全立网应设置在脚手架外侧立杆上，并与脚手杆件紧密连接。

（4）施工升降机、龙门架和井架物料提升机等在建筑物设置的停层平台两侧边，应设置防护栏杆、挡脚板，并应采用密目式安全立网或工具式栏板封闭。

2. 检查防护栏杆的规格及强度是否符合规范要求。

（1）临边作业防护栏杆由两道横杆、立杆及挡脚板组成，上杆距地面高度为1.2m，下杆应在上杆和挡脚板中间设置；当栏杆高度大于1.2m时，应增设横杆，横杆间距不应大于600mm；防护栏杆立杆间距不应大于2m；挡脚板高度不应小于180mm。

（2）栏杆的整体构造应使防护栏杆在上杆任何位置能经受住任何方向的1000N外力。

3. 检查防护栏杆杆件的规格及连接固定方式。

（1）当采用钢管作为防护栏杆杆件时，横杆及立杆应采用脚手钢管，并应采用扣件、焊接、定型套管等方式进行连接固定。

（2）当采用其他材料作为防护栏杆杆件时，应选用与钢管材质强度相当的材料，并应采用螺栓、销轴或焊接等方式进行连接固定。

（六）洞口防护

1. 检查在建工程的预留洞口、楼梯口、电梯井口等孔洞是否采取防护措施。

（1）洞口作业时，应采取防坠落措施。当竖向洞口短边边长小于500mm时，应采取封堵措施；当垂直洞口短边边长大于或等于500mm时，应在临空一侧设置高度不小于1.2m的防护栏杆，并应采用密目式安全立网或工具式栏板封闭，设置脚手板。

（2）当非竖向洞口短边边长为25mm～500mm时，应采用承载力满足使用要求的盖板覆盖，盖板四周搁置应均衡，且应防止盖板移位。

（3）当非竖向洞口短边边长为500mm～1500mm时，应采用板覆盖或防护栏杆等措施，并应固定牢固。

（4）当非竖向洞口短边边长大于或等于1500mm时，应在洞口作业侧设置高度不应小于1.2m的防护栏杆，洞口应采用安全平网封闭。

（5）电梯井口应设置防护门，其高度不应小于1.5m，防护门底端距地面高度不应大于50mm，并应设置挡脚板。

2. 防护措施及设施应符合规范、施工组织设计或专项施工方案的要求。

3. 检查电梯井内每隔2层且不大于10m是否设置一道安全平网。

（七）通道口防护

1. 巡视检查通道口防护。通道口防护应严密、牢固，通道口防护棚的搭设应符合规范、施工组织设计或施工方案中安全技术措施的要求。

2. 督促施工单位在防护棚两侧采取封闭措施，必要时可用密目网进行封闭。

3. 检查防护棚宽度是否按相关规定大于通道口宽度，长度应符合规范要求。

4. 当建筑高度超过24m时，检查通道口防护棚是否按规定采用双层防护。

5. 检查防护棚的材质是否符合规范要求。

（八）攀登作业

1. 巡视检查梯脚底部是否坚实，梯脚底部不得垫高使用。

2. 折梯使用时，检查折梯张开到工作位置的倾角是否符合现行国家标准规定，上部夹角宜为 35°～ 45°，并应有整体的金属撑杆或可靠的锁定装置。

3. 检查施工作业人员所使用的梯子的材质和制作质量是否符合规范要求。

（1）便携式梯子宜采用金属材料或木材制作，并应符合现行国家标准规定。

（2）固定式直梯应采用金属材料制成，并应符合现行国家标准的规定。梯子净宽应为 400mm～600mm，固定直梯的支撑应采用不小于∟79×6 的角钢，埋设与焊接应牢固。直梯顶端的踏步应与攀登顶面齐平，并加设 1.1m～1.5m 高的扶手。

（九）悬空作业

1. 巡视检查作业人员悬空操作处是否设置防护栏杆或采取其他可靠的安全设施，悬空作业安全防护设施是否符合现行规范和施工方案的要求。

作业人员悬空作业立足处的设置应牢靠，并应配置登高和防坠落装置和设施。严禁在未固定、无防护设施的构件及管道上进行作业或通行。

2. 检查悬空作业所使用的索具、吊具是否验收合格。

3. 巡视检查悬空作业人员是否正确系挂安全带、佩戴工具袋。

（十）移动式操作平台

1. 检查移动式操作平台是否按规定进行设计计算。

2. 检查操作平台是否按设计和规范要求进行组装，若为购买的定型化产品，是否有合格证。移动式操作平台面积不宜大于 $10m^2$，高度不宜大于 5m，高宽比不应大于 2∶1，施工荷载不应大于 $1.5kN/m^2$。移动式操作平台架体应保持垂直，不得弯曲变形，制动器除在移动情况外，均应保持制动状态。

3. 巡视检查移动式操作平台轮子与平台连接是否牢固、可靠。立柱底端距地面高度不得大于 80mm，行走轮和导向轮应配有制动器或刹车闸等制动措施。

4. 检查操作平台四周是否按规范要求设置防护栏杆，操作平台铺板是否严密，是否设置登高扶梯。

5. 检查操作平台的材质是否满足设计和规范要求。



（十一）悬挑式物料钢平台

1. 悬挑式物料钢平台制作、安装前，检查施工单位是否编制专项施工方案，专项施工方案应进行设计计算。

（1）悬挑式操作平台的悬挑长度不宜大于 5m，均布荷载不应大于 $5.5kN/m^2$，集中荷载不应大于 15kN，悬挑梁应锚固固定。

（2）采用悬臂梁式的操作平台，应采用型钢制作悬挑梁或悬挑桁架，不得使用钢管，其节点应采用螺栓或焊接的刚性节点。

（3）悬挑式操作平台安装时，检查钢丝绳是否采用专用的钢丝绳夹连接，钢丝绳夹数量是否与钢丝绳直径匹配，是否不少于 4 个。建筑物锐角、利口周围系钢丝绳处应加衬软垫物。

2. 巡视检查悬挑式物料钢平台的下部支撑系统或上部拉锁点是否设置在建筑结

构上。

3. 检查斜拉杆或钢丝绳的设置是否按规范要求在平台两侧各设置前后两道。

（1）采用斜拉方式的悬挑式操作平台，平台两侧的连接吊环应与前后两道斜拉钢丝绳连接，每一道钢丝绳应能承载该侧所有荷载。

（2）采用支承方式的悬挑式操作平台，应在钢平台下方设置不少于两道斜撑，斜撑的一端应支承在钢平台主结构钢梁下，另一端应支承在建筑物主体结构。

4. 巡视检查钢平台两侧是否安装固定的防护栏杆并应设置防护挡板全封闭；检查是否在钢平台明显处设置荷载限定标牌。

5. 检查钢平台台面，钢平台与建筑结构间的铺板是否严密、牢固。

## 第四节　悬挑式物料平台巡查工作示例

### 一、工程概况

某工程为高层住宅楼，建筑面积 1.8 万 $m^2$，楼高 33.3m，地面以上楼层 11 层，框架剪力墙结构，基础为桩基础。

为方便材料垂直运输，施工单位根据施工组织设计在多个点位布置了悬挑式物料平台，最低的相对±0.00 标高为 6m，最高的相对±0.00 标高为 27m，目前正在进行室内填充墙砌体施工。施工单位按照有关规定编制了《卸料平台专项施工方案》，且通过了项目监理机构的审查。

### 二、专项巡视中发现的问题

在悬挑平台搭设过程之前，总监理工程师组织专业监理工程师对悬挑平台专项施工方案进行了审查，悬挑平台悬挑梁的悬挑部分长度 3.5m，宽度 2.5m，荷载限重 1000kg，挑梁为[18 槽钢，悬挑支点为框架边梁，经设计复核，框架边梁能满足施工要求。悬挑梁支座部分 4.5m，用 Φ18 的钢筋锚环两道锚定，木楔侧向楔紧，平台满铺了 50 厚木板，并用螺栓与槽钢梁进行了固定，平台两边各设了两道钢丝绳，4 道卡扣卡紧，钢丝绳与上层框架梁可靠连接，平台周边设置 Φ48 钢管栏杆，栏杆高度 1.2m 高，用防护板全封闭并挂防尘网，平台外侧高于内侧 100mm。

悬挑平台搭设完成，总监理工程师张××安排专业监理工程师李××和专职负责安全的监理员朱××对悬挑平台进行了验收。

经检查、验收，悬挑平台主梁使用的是[16 的槽钢，平台两侧每侧只设了一道钢丝绳，且钢丝绳只有 3 道卡扣。

### 三、项目监理机构处置过程

专业监理工程师李××认为悬挑平台安全隐患较大，所以立即向总监理工程师张××进行了汇报，同时向施工单位签发了《监理通知单》。

（一）李××向施工单位签发的《监理通知单》如下：

**表 A. 0. 3 监理通知单**

工程名称：××××××工程 编号：A-021

| 致：××××××施工项目经理部<br>事由：悬挑平台不符合已审批通过的《悬挑平台专项施工方案》的要求。<br>内容：在三楼（+6.00m），③轴～④轴处悬挑平台存在如下问题：<br>1. 悬挑主梁方案设计为[18 槽钢，实际使用的是[16 槽钢；<br>2. 悬挑平台两侧的钢丝绳设计为每边两根，实际为每边一根，且钢丝绳卡扣设计为四扣，实际为三扣。<br>以上问题请施工单位在一周内按已审批通过的《悬挑平台专项施工方案》确定的内容进行整改，整改自检合格后再报我部进行验收。未进行复查验收合格前，卸料平台不得使用。同时要求施工单位对其他部位的卸料平台进行自查整改，全部自查合格后，一并报我部复查验收。<br><br>项目监理机构：（盖章）<br>总/专业监理工程师（签字）：李××<br>2020 年 5 月 18 日 |
|---|

（二）李××在当天的《监理日志》中记录了如下事项：

对三楼 6.00m 标高 ③轴～④轴处悬挑平台进行验收，发现施工单位搭设的卸料平台主挑梁使用的槽钢为［16，不符合专项施工方案中设计的槽钢为[18 的要求，同时，钢丝绳及其卡扣的数量也与专项施工方案不符，立即向施工单位签发《监理通知单》第 021 号，要求施工单位在一周内整改完成，并向总监理工程师张××进行了汇报。

（三）施工单位收到 A-021 号《监理通知单》后，按照专项施工方案对全部悬挑平台进行了全面检查及整改，并于 5 月 23 日向项目监理机构提交了《监理通知回复单》。

表 B.0.3 《监理通知回复单》

工程名称：××××××工程 编号：AF-021

<table>
<tr><td>致：××××××监理公司×××××工程项目监理部：（项目监理机构）<br>我方接到编号为A-021的《监理通知回复单》后，已按要求进行了整改，自检合格，请予复查验收。<br>整改情况如下：<br>1. 对已搭设完成的共计8个悬挑卸料平台进行了检查，其存在的问题与专项验收的三楼（+6.00m），③轴～④轴卸料平台存在的问题一样，一并进行了整改。<br>2. 钢丝绳已整改为每侧两根，卡扣已整改为四扣。<br>3. 主梁采用[16槽钢，经我方复核，也能满足使用要求，同时也能确保安全，目前施工工期较紧，我方建议不作更换。<br><br>施工项目经理部：（盖章）<br>项目经理（签字）：×××<br>2020年5月23日</td></tr>
<tr><td>复查意见：<br>经对8个悬挑卸料平台进行逐一检查验收，施工单位整改情况如下：<br>1. 钢丝绳数量、卡扣数量已按专项施工方案整改到位，每侧增加一根钢丝绳达到每侧两根钢丝绳，每绳4个卡扣。<br>2. 针对实际使用[16槽钢的情况，你方为口头陈述，请将复验计算书经你单位技术负责人审核签字后报我项目监理部审查。<br><br>项目监理机构：（盖章）<br>总/专业监理工程师（签字）：李××<br>2020年5月23日</td></tr>
</table>

表 B.0.3 《监理通知回复单》

工程名称：××××××工程 编号：AF-021补

<table>
<tr><td>致：×××××监理公司×××××工程项目监理部：（项目监理机构）<br>我公司对主梁采用[16槽钢进行了计算，能确保安全，满足使用要求。（后附计算书）。<br><br>施工项目经理部：（盖章）<br>项目经理（签字）：×××<br>2020年5月24日</td></tr>
<tr><td>复查意见：<br>经复核满足规范要求，同意使用。<br><br>项目监理机构：（盖章）<br>总/专业监理工程师（签字）：李××<br>2020年5月24日</td></tr>
</table>

# 第九章　施工现场临时用电

施工现场的作业活动离不开施工用电。工程设备、施工机具、现场照明、电气安装等都需要现场临时用电支持，施工现场“电通”成为工程开工的基本条件之一。同时，由于施工用电设备的大量使用，用电容量大，工作环境不固定，露天作业、临时使用等特点，施工单位在电气线路的敷设、电器元件、电缆的选配及电路的设置等可能存在短期行为。当用电负荷增加，现场操作人员用电安全知识缺乏，出现触电事故的可能性也大大增加，触电事故成为施工现场的“五大伤害”之一。因此，项目监理机构应高度重视施工现场临时用电安全管理的监理工作。

## 第一节　施工现场临时用电安全风险

施工现场临时用电主要存在以下的安全风险：

### 一、临时用电管理方面

1. 施工单位未按规定编制施工现场临时用电组织设计（或安全用电和电气防火措施）或未履行审核审批程序；施工现场没有临时用电的安全技术文件，或其内容不规范，或与现场实际情况不相符，给现场安全用电留下严重隐患。

2. 施工现场管理人员缺乏电气安全管理意识；由非持证电工从事安装、巡检、维修或拆除临时用电设备和线路的操作；用电人员违规操作，往往是触电事故发生的直接原因。

3. 未按规定建立和管理临时用电安全技术档案，未按规定对临时用电线路和用电器具进行检查，未能及时发现和处理临时用电安全隐患，导致临时用电安全事故发生。

### 二、外电线路及电气设备防护

在建工程周边（含脚手架）、施工现场机动车道路及施工起重机的任何部位或被吊物边缘与外电架空线路之间不具备足够的安全距离，或在外线架空线路正下方施工、搭设作业棚、建造生活设施或堆放构件、架具、材料及其他杂物等，都有可能导致触电事故发生。在外电架空线路附近开挖沟槽时，如未按规定采取加固措施，可能导致外电架空线路电杆倾斜、悬倒而造成事故。

电气设备现场周围存放易燃易爆物、污源和腐蚀介质，且未按规定采取防护处置，电气设备设置场所未按规定做避免物体打击和机械损伤的防护处置，均有可能导致触电、火灾或爆炸事故。

### 三、接地与防雷

施工现场采用专用变压器供电未采用 TN-S 接零保护系统；施工现场与外电线路共用同一供电系统时，电气设备的接地、接零保护设置错误；施工现场的电气设备未按规定做保护接零，或保护零线截面不符合要求，接地电阻超过规定值等，均可能导致触电事故发生。

施工现场内的起重机、井字架、龙门架等机械设备，以及钢脚手架和正在施工的在建工程的金属结构未按规定设防雷接地装置，或防雷装置的冲击接地电阻值超过规定值，均有可能致使在建建筑物或施工机械、设施遭受雷击从而发生生产安全事故。

### 四、配电室及配电线路

施工现场配电室位置不合理，环境不符合要求，配电室的建筑物和构筑物的耐火等级不符合要求；配电室不具备通风条件、防雨雪侵入和小动物进入的措施，均有可能导致火灾或火灾损失的扩大。

配电室内的布置不满足安全使用的要求，配电柜的配置和装设不符合规定，也是导致触电、火灾等事故的隐患。

配电线路所采用的导线、电缆质量不符合要求；导线截面面积不符合要求；导线、电缆架设敷设方式不符合要求；配电线路未按规定设置短路保护和过载保护等均可能导致触电、电气火灾的发生。

### 五、配电箱及开关箱

配电系统未按规定设置配电柜或总配电箱、分配电箱、开关箱，未实行三级配电，未做到每台用电设备有各自专用的开关箱。或配电箱、开关箱位置或箱内电器及配置不符合安全技术要求，可能导致触电、电气火灾事故或致使事故损失扩大。

忽视对于配电箱、开关箱的日常维护和使用管理，日常使用维修过程中违章作业，非电工对配电线路进行随意拆改，不严格执行安全用电管理规定，均有可能导致各类用电安全事故。

### 六、电动建筑机械和手持式电动工具

施工现场中使用的电动建筑机械、手持式电动工具及其用电安全装置不符合国家现行有关强制性标准的规定，不具有产品合格证和使用说明书，不具备符合要求的过载、短路、漏电保护装置，绝缘措施不符合安全技术要求等，均有可能导致触电或电气火灾事故。

### 七、照明电路及其他

现场照明应满足安全生产的要求。在潮湿、有大量粉尘、有火灾和爆炸风险、存在振动和存在酸碱腐蚀的各类特殊场所，需采用符合特殊要求的照明器具，否则不能保证施工现场照明的可靠性，甚至存在触电、火灾、爆炸等事故隐患。

隧道、人防工程、高温、有导电灰尘、潮湿环境，必须使用安全特低电压照明器。若易燃物和照明灯具的距离不满足安全要求，且未按规定采取安全技术措施，照明灯具产生的热量有可能导致火灾事故发生。

对夜间影响飞机或车辆通行的在建工程及机械设备，若未设置醒目的红色信号灯，或未能保证其正常工作，可能影响飞行安全和道路交通安全。

照明电路和照明器具的绝缘和短路、过载、漏电保护，同样是保证施工现场安全用电的重要方面。

## 第二节 施工现场临时用电组织设计审查

### 一、施工现场临时用电组织设计的编审规定

《施工现场临时用电安全技术规范》JGJ 46 明确规定：

施工现场临时用电设备在 5 台及以上或设备总容量在 50kW 及以上者，应编制用电组织设计，并应履行“编制、审核、批准”程序。

施工现场临时用电组织设计应包括下列内容：

1. 现场勘测。

2. 确定电源进线、变电所或配电室、配电装置、用电设备位置及线路走向。

3. 进行负荷计算。

4. 选择变压器。

5. 设计配电系统：

(1) 设计配电线路，选择导线或电缆；

(2) 设计配电装置，选择电器；

(3) 设计接地装置；

(4) 绘制临时用电工程图纸，主要包括用电工程总平面图、配电装置布置图、配电系统接线图、接地装置设计图。

6. 设计防雷装置。

7. 确定防护措施。

8. 制定安全用电措施和电气防火措施。

临时用电工程图纸应单独绘制，施工现场临时用电工程应按图施工。

临时用电组织设计及变更时，必须履行“编制、审核、批准”程序，由电气工程技术人员组织编制，经相关部门审核及具有法人资格企业的技术负责人批准后实施。变更用电组织设计时应补充有关图纸资料。

临时用电工程必须经编制、审核、批准部门和使用单位共同验收，合格后方可投入使用。

《建设工程施工现场供用电安全规范》GB 50194 对于施工现场供用电设施的设计、施工、验收都有明确的规定，亦应严格执行。



### 二、施工现场临时用电组织设计审查的准备工作

对施工单位报审的施工现场临时用电组织设计进行审查，项目监理机构应掌握与该工程施工现场临时用电有关情况及相关技术要求，包括：

（一）通过施工图、施工组织设计等文件及调查研究，掌握本工程施工现场临时用电的供电条件、用电机械设备的种类、数量及额定容量，掌握施工过程中的照明需求及其他用电需求，了解施工现场各类施工机械设备的位置和临时设施的布置方案。

（二）了解施工单位的有关情况，特别是电气工程技术人员和电工的配备、安全用电的管理情况及传统、施工合同的分包情况及相应的安全用电管理责任分工等信息。

（三）组织有关人员学习有关安全用电的工程建设标准，包括：

1.《施工现场临时用电安全技术规范》JGJ 46

2.《建设工程施工现场供用电安全规范》GB 50194

3.《低压配电设计规范》GB 50054

4.《通用用电设备配电设计规范》GB 50055

5.《供配电系统设计规范》GB 50052

6.《建设工程施工现场消防安全技术规范》GB 50720

7.《建筑施工安全检查标准》JGJ 59 等

## 三、施工现场临时用电组织设计的审查要点

项目监理机构对于施工单位报审的施工现场临时用电组织设计的审查，应按照本书第一章所述的审查基本要求完成对报审材料的真实性、针对性、时效性和临时用电组织设计内容的完整性以及编审程序的审查工作。施工现场临时用电组织设计应由电气工程技术人员组织编制，经相关部门审核及具有法人资格企业的技术负责人批准后送项目监理机构审查。对施工现场临时用电组织设计应重点审查以下内容：

（一）施工现场临时用电的条件和环境

项目监理机构应审查以"设计说明"或"工程概况"表述的施工现场临时用电的条件和环境。包括：拟建工程的建筑、结构设计基本情况，施工组织设计或施工方案的基本情况，现场主要用电施工设备的种类和数量，施工现场照明的特殊需求，施工现场防爆防火的特殊要求，拟建建筑物和施工设备及现场施工照明对航空飞行和场外交通可能造成的影响，施工场地及周边电力线路可能对现场施工安全的影响，以及施工现场的供电条件等。

项目监理机构一方面应审查施工现场临时用电组织设计文件中的上述表述是否准确、全面，另一方面也能通过审查，理解掌握本工程临时用电组织设计的条件。

（二）设计依据

本工程施工图设计文件，施工现场勘察资料，施工方案，有关施工现场临时用电设计和安全技术的国家标准、行业标准均应作为施工现场临时用电组织设计的设计依据。项目监理机构应审查施工现场临时用电组织设计文件中有关设计依据的表述，特别是所列出的国家标准、行业标准的有效性，杜绝以已经过期作废的标准作为设计依据的现象。

（三）负荷计算及变压器选择

施工现场临时用电负荷的正确计算，是配电线路和配电装置设计的基础，是临时用电安全的基础。项目监理机构应重点审查施工现场临时用电组织设计中负荷计算的以下内容：

1. 施工用电机械设备种类、规格型号、数量统计是否正确，特别是施工用电高峰期可能同时使用的主要用电设备是否有遗漏。要考虑到施工方案中原定不使用电力的设备是否可能在施工中改为电力驱动及其对临时用电供电安全的影响。

2. 各类用电设备的额定功率是否正确。

3. 各类用电设备的功率因数和需用系数是否正确、视在功率计算是否正确。

4. 是否考虑了施工照明用电，特别是特殊条件下的用电需求。

项目监理机构还应审查施工现场临时用电组织设计中变压器的选择是否满足需要。现场施工用电变压器容量应不小于施工用电总视在功率，其高压侧电压应同施工现场外的高压供电线路的电压级别一致。

（四）配电室

项目监理机构应审查施工现场临时用电组织设计中配电室的位置与配置。

配电室应靠近电源，并应设在灰尘少、潮气少、振动小、无腐蚀介质、无易燃易爆物及道路畅通的地方。

配电室和控制室应能自然通风，并应采取防止雨雪侵入和小动物进入的措施。

配电室布置及配电柜的装设应符合《施工现场临时用电安全技术规范》JGJ 46 第 6.1 节的各项要求，特别是其中强制性条文：

**6.1.6 配电柜应装设电源隔离开关及短路、过载、漏电保护电器。电源隔离开关分断时应有明显可见分断点。**

**6.1.8 配电柜或配电线路停电维修时，应挂接地线，并应悬挂“禁止合闸、有人工作”停电标志牌。停送电必须有专人负责。**

配电室装置的布设可参考图 9-1、图 9-2。

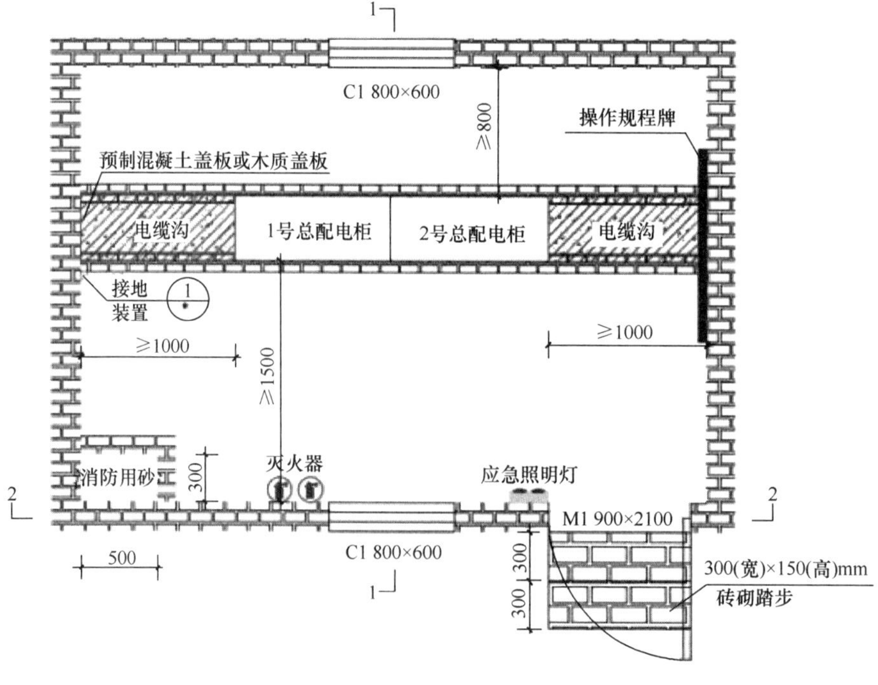


图 9-1 配电室平面图

（五）配电系统与线路

1. 审查施工现场临时用电配电系统是否采用了三级配电（设置总配电箱、分配电箱、开关箱），配电系统是否达到三相负荷平衡。

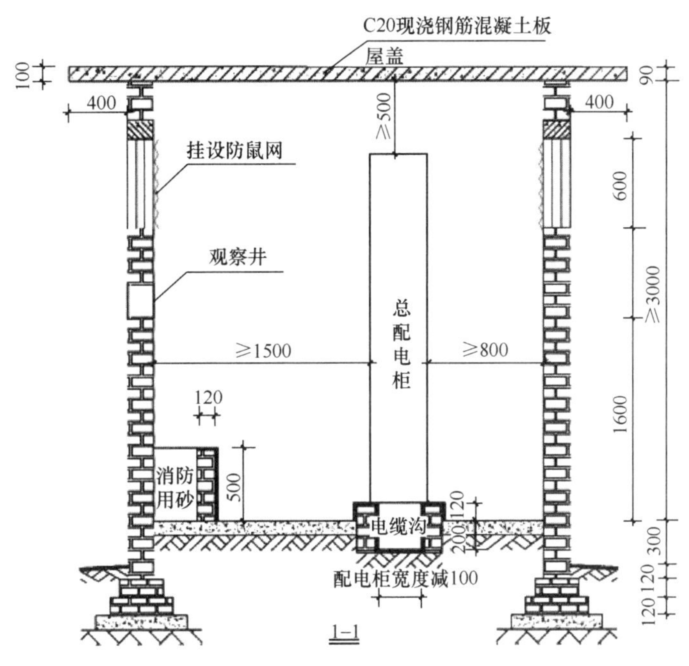


图 9-2　配电室剖面图

低压配电系统不宜采用链式配电。当部分用电设备距离供电点较远，而彼此相距很近、容量小的次要用电设备，可采用链式配电，但每一回路环链设备不宜超过 5 台，其总容量不宜超过 10kW。

消防等重要负荷应由总配电箱专用回路直接供电，并不得接入过负荷保护和剩余电流保护器。

消防泵、施工升降机、塔式起重机、混凝土输送泵等大型设备应设专用配电箱。

2. 审查配电线路截面是否满足下列要求：

(1) 导线中的计算负荷电流不大于其长期连续负荷允许载流量。

(2) 线路末端电压偏移不大于其额定电压的 5%。

(3) 三相四线制线路的 N 线和 PE 线截面不小于相线截面的 50%，单相线路的零线截面与相线截面相同。

配电线路截面的选择和保护尚应符合现行国家标准《低压配电设计规范》GB 50054 的有关规定。

3. 审查施工现场配电线路路径选择是否符合下列规定：

(1) 结合施工现场规划及布局，在满足安全要求的条件下，方便线路敷设、接引及维护；

(2) 避开过热、腐蚀以及储存易燃、易爆物的仓库等影响线路安全运行的区域；

(3) 避开易遭受机械性外力的交通、吊装、挖掘作业频繁场所，以及河道、低洼、易受雨水冲刷的地段；

(4) 未跨越在建工程、脚手架、临时建筑物。

4. 配电线路的敷设可采用架空、直埋和沿墙面敷设等方式。配电线路的敷设方案应满足《施工现场临时用电安全技术规范》JGJ 46 第 7 章配电线路中的各项要求，特别是要符合其中强制性条文的规定：

**7.2.1 电缆中必须包含全部工作芯线和用作保护零线或保护线的芯线。需要三相四线制配电的电缆线路必须采用五芯电缆。五芯电缆必须包含淡蓝、绿/黄两种颜色绝缘芯线。淡蓝色芯线必须用作 N 线；绿/黄双色芯线必须用作 PE 线，严禁混用。**

**7.2.3 电缆线路应采用埋地或架空敷设，严禁沿地面明设，并应避免机械损伤和介质腐蚀。埋地电缆路径应设方位标志。**

（六）接地与防雷

项目监理机构应对照《施工现场临时用电安全技术规范》JGJ 46 第 7 章接地与防雷中的条文，审查施工现场临时用电组织设计中配电系统及用电设备的接地与防雷设计，特别是其中的强制性条文：

**5.1.1 在施工现场专用变压器的供电的 TN-S 接零保护系统中，电气设备的金属外壳必须与保护零线连接。保护零线应由工作接地线、配电室（总配电箱）电源侧零线或总漏电保护器电源侧零线处引出（图 9-3）。**

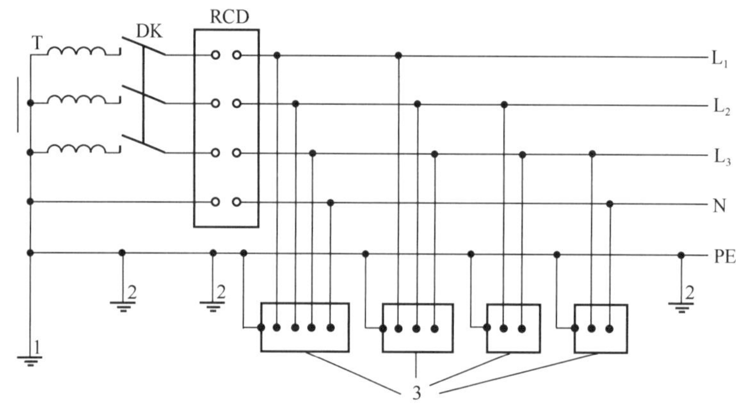


图 9-3 专用变压器供电时 TN-S 接零保护系统示意

1—工作接地；2—PE 线重复接地；3—电气设备金属外壳（正常不带电的外露可导电部分）；$L_1$、$L_2$、$L_3$—相线；N—工作零线；PE—保护零线；DK—总电源隔离开关；RCD—总漏电保护器（兼有短路、过载、漏电保护功能的漏电断路器）；T—变压器

**5.1.2 当施工现场与外电线路共用同一供电系统时，电气设备的接地、接零保护应与原系统保持一致。不得一部分设备做保护接零，另一部分设备做保护接地。**

**采用 TN 系统做保护接零时，工作零线（N 线）必须通过总漏电保护器，保护零线（PE 线）必须由电源进线零线重复接地处或总漏电保护器电源侧零线处，引出形成局部 TN-S 接零保护系统（图 9-4）。**

**5.1.10 PE 线上严禁装设开关或熔断器，严禁通过工作电流，且严禁断线。**

（七）配电箱及开关箱

项目监理机构应审查施工现场临时用电组织设计中配电箱及开关箱的设置、电器装置的选择和使用与维护制度。

1. 配电箱及开关箱的设置应符合《施工现场临时用电安全技术规范》JGJ 46 第 8.1 节的有关规定，特别是必须符合其中强制性条文的要求：

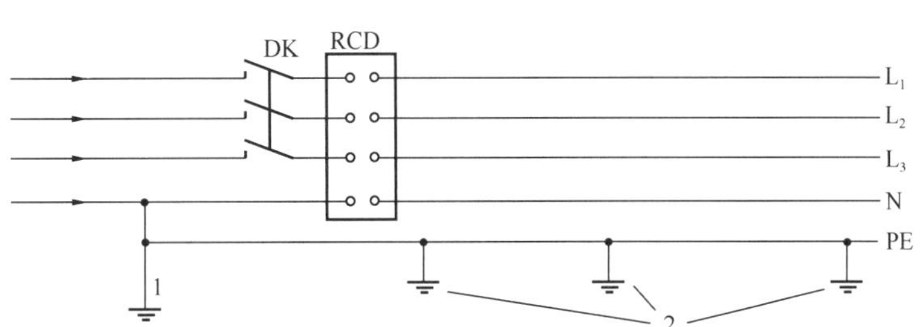


图 9-4　三相四线供电时局部 TN-S 接零保护系统保护零线引出示意

1—NPE 线重复接地；2—PE 线重复接地；$L_1$、$L_2$、$L_3$—相线；N—工作零线；PE—保护零线；DK—总电源隔离开关；RCD—总漏电保护器（兼有短路、过载、漏电保护功能的漏电断路器）

**8.1.3　每台用电设备必须有各自专用的开关箱，严禁用同一个开关箱直接控制 2 台及 2 台以上用电设备（含插座）。**

**8.1.11　配电箱的电器安装板上必须分设 N 线端子板和 PE 线端子板。N 线端子板必须与金属电器安装板绝缘；PE 线端子板必须与金属电器安装板做电气连接。**

**进出线中的 N 线必须通过 N 线端子板连接；PE 线必须通过 PE 线端子板连接。**

2. 配电箱、开关箱内的电器装置的选择和配置应符合《施工现场临时用电安全技术规范》JGJ 46 第 8.2 节的有关规定，特别是必须符合其中强制性条文的要求：

**8.2.10　开关箱中漏电保护器的额定漏电动作电流不应大于 30mA，额定漏电动作时间不应大于 0.1s。**

**使用于潮湿或有腐蚀介质场所的漏电保护器应采用防溅型产品，其额定漏电动作电流不应大于 15mA，额定漏电动作时间不应大于 0.1s。**

**8.2.11　总配电箱中漏电保护器的额定漏电动作电流应大于 30mA，额定漏电动作时间应大于 0.1s，但其额定漏电动作电流与额定漏电动作时间的乘积不应大于 30mA·s。**

**8.2.15　配电箱、开关箱的电源进线端严禁采用插头和插座做活动连接。**

3. 施工现场临时用电组织设计应具有配电箱、开关箱使用与维护制度，并应符合《施工现场临时用电安全技术规范》JGJ 46 第 8.2 节的有关规定，特别是必须符合其中强制性条文的要求：

**8.3.4　对配电箱、开关箱进行定期维修、检查时，必须将其前一级相应的电源隔离开关分闸断电，并悬挂“禁止合闸、有人工作”停电标志牌，严禁带电作业。**

（八）电动建筑机械和手持式电动工具的安全制度

施工现场临时用电组织设计中的安全用电措施，应包括电动建筑机械和手持式电动工具的安全制度。施工现场使用电力驱动的起重机械、桩工机械、夯土机械、电焊机械及其他电动建筑机械和手持式电动工具，必须遵守《施工现场临时用电安全技术规范》JGJ 46 第 9 章的有关规定，特别是必须符合其中强制性条文的要求：

**9.7.3　对混凝土搅拌机、钢筋加工机械、木工机械、盾构机械等设备进行清理、检查、维修时，必须首先将其开关箱分闸断电，呈现可见电源分断点，并关门上锁。**

（九）照明用电

施工现场临时用电组织设计中应包括现场照明系统的设计。施工现场照明方案、照明供电照明装置均应符合《施工现场临时用电安全技术规范》JGJ 46 第 10 章的有关规定，特别是必须符合其中强制性条文的要求：

**10.2.2 下列特殊场所应使用安全特低电压照明器：**

**1 隧道、人防工程、高温、有导电灰尘、比较潮湿或灯具离地面高度低于2.5m等场所的照明，电源电压不应大于36V；**

**2 潮湿和易触及带电体场所的照明，电源电压不得大于24V；**

**3 特别潮湿场所、导电良好的地面、锅炉或金属容器内的照明，电源电压不得大于12V。**

**10.2.5 照明变压器必须使用双绕组型安全隔离变压器，严禁使用自耦变压器。**

**10.3.11 对夜间影响飞机或车辆通行的在建工程及机械设备，必须设置醒目的红色信号灯，其电源应设在施工现场总电源开关的前侧，并应设置外电线路停止供电时的应急自备电源。**

（十）外电线路及电气设备防护

施工现场临时用电组织设计中的安全用电措施中必须包括外电线路及电气设备防护措施。外电线路及电气设备防护应符合《施工现场临时用电安全技术规范》JGJ 46第4章的有关规定。特别要满足在建工程、机动车道、起重机与架空线路之间的最小安全距离。

当上述最小安全距离无法满足时，施工现场临时用电组织设计必须明确采取绝缘隔离防护措施，并应悬挂醒目的警告标志。

应明确规定架设防护设施时，须经有关部门批准，采用线路暂时停电或其他可靠的安全技术措施时，应有电气工程技术人员和专职安全人员监护。

防护设施与外电线路之间的安全距离应满足规范的要求。

防护设施应坚固、稳定，且对外电线路的隔离防护应达到IP30级。

若上述防护措施无法实现，施工现场临时用电组织设计必须明确采取停电施工或采取迁移外电线路的措施。

（十一）安全用电措施和电气防火措施

除前述编制临时用电组织设计及在配电室及配电装置、配电线路、用电设备、接地与防雷及外电防护等方面的安全措施之外，尚应有关于电工及用电人员和临时用电定期检查的措施：

1. 电工必须经过按国家现行标准考核合格后，持证上岗工作；其他用电人员必须通过相关安全教育培训和技术交底，考核合格后方可上岗工作。

2. 安装、巡检、维修或拆除临时用电设备和线路，必须由电工完成，并应有人监护。电工等级应同工程的难易程度和技术复杂性相适应。

3. 各类用电人员应掌握安全用电基本知识和所用设备的性能，并应符合下列规定：

（1）使用电气设备前必须按规定穿戴和配备好相应的劳动防护用品，并应检查电气装置和保护设施，严禁设备带“缺陷”运转；

（2）保管和维护所用设备，发现问题及时报告解决；

（3）暂时停用设备的开关箱必须分断电源隔离开关，并应关门上锁；

（4）移动电气设备时，必须经电工切断电源并做妥善处理后进行。

4. 应制定按分部、分项工程对临时用电工程进行定期检查的计划，明确规定对安全隐患必须及时处理，并履行复查验收手续。

施工现场用电组织设计应制定电气防火措施，电气防火措施应符合《建设工程施工现场消防安全技术规范》GB 50720 中 6.3.2 条的各项规定。

（十二）施工用电工程图纸

施工用电工程图纸是施工现场施工用电组织设计的重要内容和主要成果，包括用电工程总平面图、配电装置布置图、配电系统接线图、接地装置设计图。项目监理机构应核查上述图纸内容的完整性，并与工程的施工图设计文件和施工现场平面布置图进行核对，检查其内容是否符合《施工现场临时用电安全技术规范》JGJ 46、《建设工程施工现场供用电安全规范》GB 50194 的规定，重点就是前述变压器选择、配电室、配电线路、配电箱和开关箱、接地与防雷、照明电路、外电防护等内容。因此，对临时用电工程图纸的审查，并不是一项独立的工作，而是审查施工现场临时用电组织设计的主要手段和主要工作。

### 四、无需编制临时用电组织设计的施工现场安全用电和电气防火措施的审查

对于临时用电设备在 5 台以下和设备总容量在 50kW 以下的施工项目，虽然可以不用编制施工现场临时用电组织设计，但按规定必须制定安全用电和电气防火措施。一般情况下，其安全用电和电气防火措施无需单独成文，而是编入施工组织设计中，并且随同施工组织设计一起履行“编制、审核、批准”程序。

项目监理机构应在审查施工组织设计时，注意对施工现场安全用电和电气防火措施的审查。在配电室及配电装置、配电线路、用电设备、接地与防雷及外电防护等方面的安全措施，以及有关于电工及用电人员和临时用电定期检查的措施和施工现场电气防火措施，除用电容量的差距外，在项目和要求方面与需要编制施工现场临时用电组织设计的施工项目没有本质的不同。项目监理机构依然应对照《施工现场临时用电安全技术规范》JGJ 46、《建设工程施工现场供用电安全规范》GB 50194 和《建设工程施工现场消防安全技术规范》GB 50720 等标准履行审查审核的责任。

## 第三节 施工用电安全巡视检查

项目监理机构应监督施工单位按照施工现场临时用电组织设计或施工现场安全用电和电气防火措施组织施工，督促施工单位对施工范围内的电路和用电设施进行安全检查。项目监理机构要对施工单位的安全自查情况进行抽查，对施工现场临时用电进行巡视检查，通过定期及不定期巡视检查加强对施工现场临时用电的监督和督促，避免施工现场临时用电安全事故的发生。

现场监理人员应掌握与施工临时用电相关的技术规范、规程的要求，熟悉施工单位编制的临时用电组织设计或安全用电和电气防火措施内容。

### 一、施工用电的巡视检查的基本要求

（一）项目监理机构应检查施工单位是否按照规定编制临时用电组织设计或安全用电和防火措施。并应监督施工单位按照临时用电组织设计组织施工。

（二）监督施工单位对临时用电工程必须经编制、审核、批准部门和使用单位共同验收，合格后方可投入使用。

（三）督促施工单位按国家现行标准对电工考核合格后才能持证上岗工作，其他用电人员必须通过相关安全教育培训和技术交底，考核合格后方可上岗工作。项目监理机构应检查电工及其他用电人员的特种作业人员操作证是否合法有效。

（四）监督施工单位必须由电工完成安装、巡检、维修或拆除临时用电设备和线路，并安排专人监护。

（五）督促施工单位对临时用电工程按照分部分项工程进行定期检查，对安全隐患及时处理。定期检查时，应复查接地电阻值和绝缘电阻值。项目监理机构应检查施工单位是否履行复查验收手续。

（六）检查施工单位是否按规范规定建立了现场临时用电安全技术档案。安全技术档案应由主管现场的电气技术人员负责建立与管理。

## 二、施工用电的安全巡视检查要点

项目监理机构应督促施工单位按照现行国家标准《建设工程施工现场供用电安全规范》GB 50194 和现行行业标准《施工现场临时用电安全技术规范》JGJ 46 的规定，依据《建筑施工安全检查标准》JGJ 59 规定的检查项目，对施工现场临时用电工程进行安全检查。

施工用电的安全检查保证项目应包括：外电防护；接地与接零保护系统；配电线路；配电箱与开关箱。一般项目应包括：配电室与配电装置；现场照明；用电档案。

项目监理机构应督促施工单位按照《建筑施工安全检查标准》JGJ 59 规定的检查项目、施工现场临时用电组织设计或安全用电和电气防火措施要求对施工用电进行巡视检查。项目监理机构的安全巡视检查也应符合安全检查标准的相关规定。

针对现场施工用电巡视检查，项目监理机构应检查以下内容：

（一）外电防护安全

1. 巡视检查外电线路与在建工程及脚手架、起重机械、场内机动车道的安全距离，安全距离应符合表 9-1～表 9-3 的要求。

**在建工程（含脚手架）的周边与架空线路的边线之间的最小安全操作距离　　表 9-1**

| 外电线路电压等级（kV） | <1 | 1～10 | 35～110 | 220 | 330～500 |
|---|---|---|---|---|---|
| 最小安全操作机具（m） | 4.0 | 6.0 | 8.0 | 10 | 15 |

注：上、下脚手架的斜道不宜设在有外电线路的一侧。

**施工现场的机动车道与架空线路交叉时的最小垂直距离　　表 9-2**

| 外电线路电压等级（kV） | <1 | 1～10 | 35 |
|---|---|---|---|
| 最小安全操作机具（m） | 6.0 | 7.0 | 7.0 |

2. 当安全距离不符合规范要求时，督促施工单位采取绝缘隔离防护措施，并悬挂明显的警示标志。架设防护设施时，必须经有关部门批准，采取线路暂时停电或其他可靠的

安全技术措施，并应有电气工程技术人员和专职安全人员监护。

3. 检查防护设施与外电线路的安全距离，安全距离应符合规范要求，并应坚固、稳定，对外电线路的隔离防护应达到 IP30 级。

**防护设施与外电线路之间的最小安全距离　　表 9-3**

| 外电线路电压等级（kV） | ＜10 | 35 | 110 | 220 | 330 | 500 |
|---|---|---|---|---|---|---|
| 最小安全操作机具（m） | 1.7 | 2.0 | 2.5 | 4.0 | 5.0 | 6.0 |

4. 起重机严禁越过无防护设施的外电架空线路作业。在外电架空线路附近吊装时，起重机的任何部位或被吊物边缘在最大偏斜时与架空线路边线的最小安全距离应符合表 9-4的规定。

**起重机与架空线路边线的最小安全距离　　表 9-4**

| 电压（kV）<br>安全距离（m） | ＜1 | 10 | 35 | 110 | 220 | 330 | 500 |
|---|---|---|---|---|---|---|---|
| 沿垂直方向 | 1.5 | 3.0 | 4.0 | 5.0 | 6.0 | 7.0 | 8.5 |
| 沿水平方向 | 1.5 | 2.0 | 3.5 | 4.0 | 6.0 | 7.0 | 8.5 |

5. 监督施工单位不在外电架空线路正下方施工、搭设作业棚、建造生活设施或堆放构件、架具、材料及其他杂物等。

6. 在外电架空线路附近开挖沟槽时，必须会同有关部门采取加固措施，防止外电架空线路电杆倾斜、悬倒。

（二）接地与接零保护系统

1. 巡视检查施工现场专用的电源中性点直接接地的低压配电系统，应采用 TN-S 接零保护系统，严禁采用 TN-C 接零保护系统。

2. 施工现场配电系统不得同时采用两种保护系统。当施工现场与外线电路共用同一供电系统时，电气设备的接地、接零保护应与原系统保持一致，不得一部分设备做保护接零，另一部分设备做保护接地。

3. 检查保护零线的连接。保护零线应由工作接地线、总配电箱电源侧零线或总漏电保护器电源侧零线处引出，电气设备的金属外壳必须与保护零线连接。保护零线应单独敷设，线路上严禁装设开关或熔断器，严禁通过工作电流。

4. TN 系统的保护零线应在总配电箱处、配电系统的中间处和末端处做重复接地。保护零线应采用绝缘导线，规格和颜色标记应符合规范要求。

5. 检查接地装置的接地线。接地装置的接地线应采用 2 根及以上导体，在不同点与接地体做电气连接。接地体应采用角钢、钢管或光面圆钢。

6. 工作接地电阻不得大于 4Ω，重复接地电阻不得大于 10Ω。

7. 巡视检查施工现场起重机、物料提升机、施工升降机、脚手架是否按规范要求采取防雷措施，防雷装置的冲击接地电阻值不得大于 30Ω，防雷接地体与供配电系统 PE 线的重复接地体必须分别设置。

8. 施工现场做防雷接地机械上的电气设备（塔吊、人货电梯等）的保护零线必须同时做重复接地。

（三）配电线路

1. 巡视检查配电线路及接头，线路及接头应保证机械强度和绝缘强度。线路应设短路、过载保护，导线截面应满足线路负荷电流。

2. 巡视检查线路设施、材料及相序排列、档距、与邻近线路或固定物的距离是否符合规范要求。

3. 巡视检查电缆的敷设。电缆应采用架空或埋地敷设并应符合规范要求。

4. 电缆中必须包含全部工作芯线和用作保护零线的芯线，并应按规定接用。

5. 室内非埋地明敷主干线距地面高度不得小于 2.5m。

（四）配电箱与开关箱

1. 督促施工单位对施工现场配电系统采用三级配电、二级漏电保护系统，用电设备必须有各自专用的开关箱。项目监理机构可对照下列相关规定进行抽查，对不符合要求的应要求施工单位及时整改。

（1）配电系统应采用三级配电，是指在总配电箱下设分配电箱，分配电箱以下设开关箱，开关箱以下是用电设备，形成三级配电，配电层次清楚，便于管理及查找故障。

（2）二级漏电保护是指除在末级开关箱内加装漏电保护器外，还要在上一级分配电箱或总配电箱中再加装一级漏电保护器，形成二级漏电保护系统。

2. 巡视检查施工现场配电箱箱体结构、箱内电器设置及使用，箱体结构、箱内电器设置是否符合《施工现场临时用电安全技术规范》JGJ 46 中关于配电箱及开关箱的规定。

3. 检查总配电箱与开关箱是否安装漏电保护器，漏电保护器参数应匹配并灵敏可靠。箱体应设置系统接线图和分路标记，并应有门、锁及防雨措施。箱体安装位置、高度及周边通道应符合规范要求。

4. 分配箱与开关箱间的距离不应超过 30m，开关箱与用电设备间的距离不应超过 3m。

（五）配电室与配电装置

1. 督促施工单位按照规范检查配电室的配置。项目监理机构应对现场配电室的配置进行巡视检查。

（1）配电室的建筑物和构筑物的耐火等级不应低于三级。

（2）配电室应配置足够数量的适用于电气火灾的灭火器材：配电室内应设置消防砂箱一个、二氧化碳灭火器 2 具、消防铲 2 把、消防桶 2 个、绝缘手套、绝缘鞋、分别设置正常照明和单独配电的应急照明、室内地面满铺绝缘胶垫。

2. 项目监理机构应按照《施工现场临时用电安全技术规范》JGJ 46 中第 6.1.4 条的规定检查配电室、配电装置的布设。配电室的顶棚与地面的距离不低于 3m，配电室装置的上端距顶棚不小于 0.5m。

3. 按照规范要求检查配电装置中的仪表、电器元件设置；检查配电柜内装设的电源隔离开关、过载、短路、漏电保护器等是否有效。电源隔离开关分断时应有明显可见分断点。

4. 检查备用发电机组是否按照规范规定与外电线路联锁，严禁并列运行。发电机组应采用电源中性点直接接地的三相四线制供电系统和独立设置 TN-S 接零保护系统。

5. 检查配电室是否设有自然通风的通风口和观察口，并应检查防止风雨和小动物侵入的措施是否完整。

6. 检查配电室是否设置警示标志、工地供电平面图和系统图。配电柜或配电线路停电维修时，应悬挂“禁止合闸、有人工作”停电标志牌。停送电必须有专人负责。

（六）现场照明

1. 巡视检查施工现场照明用电。施工现场照明用电应与动力用电分设，动力开关箱与照明开关箱必须分箱设置。

2. 检查特殊场所和手持照明灯的供电，特殊场所和手持照明灯应采用安全电压供电。

3. 检查照明变压器是否按规定采用双绕组安全隔离变压器。特殊场所的照明应安装双绕组型安全隔离变压器，提供 36V 及以下的电源电压，严禁使用自耦变压器。

4. 检查灯具金属外壳的接保护零线。灯具金属外壳必须做保护接零，220V 灯具室外不低于 3m，室内不低于 2.5m，其他金属卤化物灯应在 3m 以上。灯具与地面、易燃物间的距离应符合规范要求。

5. 巡视检查照明线路和安全电压线路的架设及配备的应急照明设备。线路的架设应符合规范要求。

（七）用电档案

1. 项目监理机构应检查总包单位与分包单位的是否签订临时用电管理协议，是否明确各方相关责任。

2. 项目监理机构应检查施工单位是否编制专项用电施工组织设计、外电防护专项方案，是否按照规定履行审批程序。督促施工单位实施后应由相关部门组织验收。项目监理机构应检查施工单位的验收记录。

3. 督促施工单位按规定填写用电各项记录，记录应真实有效。项目监理机构应对施工单位各项用电记录进行抽查。

4. 督促施工单位应设专人管理用电档案资料。

## 第四节　施工用电巡查工作示例

### 一、工程概况

本工程为某市××××展览馆。该建筑物地面六层、地下一层，建筑面积 2.5 万 $m^2$，采用钢筋混凝土框架结构，钢筋混凝土箱型基础。

### 二、专项巡视中发现的问题

总监理工程师吴××安排专业监理工程师张××负责对施工现场的临时用电线路及相关用电设备进行专项巡视检查。

8 月 2 日，专业监理工程师张××在巡视检查中发现进入地下室的坡道处有电缆没有固定好，电缆中部发生下坠，其最低点人手可摸到。

在一楼使用的室内切割机的电线放置在地面，未作安全防护。

随即，专业监理工程师张××开始处理此问题。

## 三、项目监理机构处置过程

（一）张××向施工单位签发《监理通知单》如下：

**表 A.0.3 监理通知单**

工程名称：××××××××× 工程项目　　　　编号：B-XX 11

| |
|---|
| 致：×××××施工项目经理部（施工项目经理部）<br>事由：施工现场用电安全<br>内容：在 2021 年 8 月 3 日的施工现场安全巡查中，发现项目现场的施工用电存在如下问题：<br>1. 进入地下室的坡道处电缆线架空弧垂电缆线低于 4.0m，违反 JGJ 46 中表 7.1.9；（见附图 1）<br>2. 一楼室内非埋地明敷主干线距地面高度不得小于 2.5m，且未穿管保护（违反《建筑施工安全检查标准》JGJ 59 第 3.14.3 条第 3 条配电线路）（见附图 2）。<br><br>请贵项目部在 48h 内整改完毕，并报送整改结果。在问题得到解决以前暂时停止以上部位的施工作业。<br><br>项目监理机构（盖章）<br>总/专业监理工程师（签字）张××<br>2021 年 08 月 03 日 |

填报说明：本表一式三份，项目监理机构、建设单位、施工单位各一份。

附图 1（图略）

附图 2（图略）

（二）专业监理工程师张××在当天《监理日志》内记录如下事项：

在 2021 年 8 月 2 日在巡视检查中发现进入地下室坡道处，有电缆没有固定好，电缆中部发生下坠，其最低点人手可摸到，不符合规范要求。在一楼使用的室内切割机的电线是放置在地面上，未作安全防护。

针对巡查中发现的施工临时用电存在的问题，已向施工单位发出 B-XX11 号《监理通知单》，要求施工单位采取措施，解决临时用电线路出现的问题。在问题得到解决以前暂时停止地下室坡道及一楼地面处的施工作业。

（三）施工项目经理部收到 B-XX11 号《监理通知单》后，采取了整改措施，并于 8 月 4 日向项目监理机构提交《监理通知回复单》如下：

**表 B.0.9　监理通知回复单**

工程名称：________________　　　　　　　　　　编号：B-YY11

<table>
<tr><td>致：________________（项目监理机构）<br>我方接到编号为 B-XX11________的监理通知后，已按要求完成相关整改工作，请予以复查。<br>附：需要说明的情况<br>1. 室外电缆线，架空弧垂电缆线低于 4.0m 处，已按规范固定，现净空高度大于相关规范数值，满足安全使用要求。详附件照片 1。<br>2. 室内电缆线出现问题部位，已经按规定架空电缆线高于 2.5m，且必要处重新进行了穿管保护。详附件照片 2。<br><br>施工单位（盖章）________<br>项目经理（签字）王××<br>2021 年 08 月 04 日</td></tr>
<tr><td>复查意见：<br>经我监理部工作人员现场复查，B-XX11 号监理通知单所要求处置的问题已经整改，符合相关规范要求。同意恢复正常作业。<br>请施工单位项目部在后续施工中，加强检查，切实保障施工安全。<br><br>项目监理机构（盖章）________<br>总/专业监理工程师（签字）张××<br>2021 年 08 月 05 日</td></tr>
</table>

注：本表一式三份，项目监理机构、建设单位、施工单位各一份。

附图 1（图略）

附图 2（图略）

项目监理机构收到 B-YY11 号《监理通知回复单》后，专业监理工程师张××到现场进行了复查，施工单位已采取措施对问题进行整改，整改符合规范要求。专业监理工程师张××在 B-YY11 号《监理通知回复单》签署了复查意见，同意施工单位恢复这两个部位的正常作业。

施工单位项目经理部签收了专业监理工程师已签署“复查意见”的 B-YY11 号《监理通知回复单》。

张××在当天《监理日志》内记录复查及签署复查意见的情况。

## 四、整理归档

项目监理机构按本书第一章第六节的要求将上述处理过程的所有资料整理归档。

# 第十章　施工现场消防安全

在施工过程中，由于工程项目处于施工状态，其永久性消防设施诸如消火栓系统、自动喷水灭火系统、火灾自动报警系统等还未投入使用，且施工现场内存有大量易燃、可燃施工材料，现场临时用电容量较大，施工中可能有电焊、气焊等高温作业和用火作业，客观上存在火灾隐患。现场施工人员众多，安全意识存在不足，在一定程度上增加了施工现场的火灾和火灾损失扩大的风险。为此，项目监理机构应督促施工单位采取防范措施，降低火灾发生和蔓延的风险；通过现场巡视检查，发现火灾隐患并指令施工单位及时整改，避免火灾事故的发生。

## 第一节　施工现场消防安全风险

### 一、易燃、可燃材料多

施工现场使用的可燃材料如木材、油毡纸、沥青、汽油、松香水等存放在条件较差的临建库房内或露天堆放，现场可能还会遗留如废刨花、锯末、油毡纸头等易燃、可燃的施工尾料。这些物质的存在，使施工现场具备了燃烧产生的必备条件—可燃物，可能导致火灾危险性的发生。

### 二、临建设施多，防火标准低

施工现场临时搭设的作业棚、仓库、宿舍、办公室、厨房等临时用房，这些临时用房采用耐火性能较差的金属夹芯板房（俗称彩钢板房），甚至还会采用可燃材料搭设临时用房。同时，因为施工现场场地相对狭小，临时用房往往相互连接，不能满足防火间距要求，一旦起火很容易蔓延扩大。

### 三、动火作业多

施工现场存在大量电气焊、防水、切割等动火作业，这些动火作业，使施工现场具备了燃烧产生的另一个必备条件—火源，一旦动火作业不慎，火星引燃施工现场的可燃物，极易引发火灾。另外，施工现场缺乏统筹管理或失管漏管，形成立体交叉动火作业，甚至出现违章动火作业，所带来的后果及造成的损失便会难以计量。

### 四、临时电气线路多

随着现代化建筑技术的不断发展，采用以墙体、楼板为中心的构件生产工厂化和施工现场机械化作业，现场的电焊、对焊机以及大型机械设备增多，施工人员吃、住在现场，使施工场地的用电量增大，常常会造成过负荷用电。另外，一些施工现场用电系统未经过正规设计，甚至违反规定任意敷设电气线路，导致电气线路因接触不良、短路、超负荷、漏电、打火等引发火灾。

### 五、施工临时员工多，流动性强，素质参差不齐

由于建筑施工的工艺特点，施工作业人员的分散、流动性，各工序之间往往相互交叉、流水作业，容易遗留火灾隐患。另外，施工人员的素质参差不齐，外来人员未经过岗前培训出入工地，乱动机械、乱丢烟头等现象时有发生，给施工现场安全管理带来不便，会因遗留的火种未被及时发现而酿成火灾。

### 六、既有建筑进行扩建、改建火灾危险性大

既有建筑进行扩建、改建施工，因场地狭小，操作不便，有的建筑物隐蔽部位多，墙体、顶棚构造往往因缺乏图纸资料而存在先天隐患，如果用焊、用火、用电等管理不严，极易因火种落入房顶、夹壁、洞孔或通风管道的可燃保温材料中埋下火灾隐患。

### 七、隔声、保温材料用量大

大型工程中保温、隔声及空调系统等工程使用保温材料的种类繁多，在隔声保温效果较好的聚氨酯泡沫材料成为影响较大的火灾事故元凶后，工程上转而采用耐火替代产品，如橡塑板、玻璃棉、岩棉、复合硅酸盐等材料。目前市场上最常用的橡塑保温材料，以丁腈橡胶、聚氯乙烯为主要原料，虽然具有一定耐火性，但是“难燃”终究难以避免在一定条件下的“可燃”。

### 八、现场管理及施工过程受外部环境影响大

施工现场经常会因为抢工期、抢进度而进行冒险施工、违章施工，给施工现场的消防安全管理带来较大安全隐患；建设单位指定的分包单位不服从总承包单位管理，分包单位再层层分包，也给施工现场消防安全带来隐患。

## 第二节 消防安全管理制度及防火技术方案审查

### 一、施工现场消防安全技术文件及其编审规定

《建设工程施工现场消防安全技术规范》GB 50720 规定：“施工现场的消防安全管理应由施工单位负责”“监理单位应对施工现场的消防安全管理实施监理”。《关于落实建设工程安全生产监理责任的若干意见》（建市［2006］248 号）也明确规定，监理单位应审查施工单位编制的施工组织设计中的安全技术措施的主要内容中，包括“施工平面布置图是否符合安全生产的要求，办公、宿舍、食堂、道路等临时设施设置以及排水、防火措施是否符合强制性标准要求。”

项目监理机构履行对施工现场的消防安全管理实施监理职责，其重要和基础工作就是审查施工现场消防安全技术文件，包括以下内容：

施工现场总平面布置图、施工现场防火技术方案、消防安全管理制度和施工现场灭火及应急疏散预案。项目监理机构对施工现场消防安全技术文件的审查，是施工组织设计审查工作中的一项内容。

## 二、施工现场消防安全技术文件审查的准备工作

项目监理机构为审查现场消防安全技术文件，应做好以下准备工作：

（一）熟悉该建设项目的基本情况

通过阅读施工图设计文件和现场调查研究，熟悉该项目的建筑设计、结构设计和水、暖、电等设备安装工程设计的基本情况；了解施工现场的场地及周边环境，特别是周边消防通道、消防设施、紧急疏散通道的情况；了解当地气候气象基本情况，特别是当地常年主导风向和风力情况。

通过重大危险源清单和现场调查，掌握该建设项目施工过程中的主要火灾风险及火灾导致的重大损失风险。了解施工单位防火管理能力、应急救援和组织应急疏散的能力。如有分包工程，应了解总包单位对分包单位的安全管理制度及其执行情况。

（二）组织监理人员学习有关现场消防安全的法律法规和工程建设标准包括：

《中华人民共和国消防法》

《机关、团体、企业、事业单位消防安全管理规定》（公安部令第 61 号）

《建设工程施工现场消防安全技术规范》GB 50720

《施工现场临时建筑物技术规范》JGJ/T 188

《施工现场临时用电安全技术规范》JGJ 46 等

## 三、施工现场消防安全技术文件的审查要点

（一）施工现场总平面布置图的审查要点

施工组织设计中施工现场总平面布置图主要反映拟建建筑、临时用房和临时设施布局位置，是施工组织设计的重要组成部分。

临时用房是指在施工现场建造的，为建设工程施工服务的各种非永久性建筑物，包括办公用房、宿舍、厨房操作间、食堂、锅炉房、发电机房、变配电房、库房等。临时设施是指在施工现场建造的，为建设工程施工服务的各种非永久性设施，包括围墙、大门、临时道路、材料堆场及其加工场、固定动火作业场、作业棚、机具棚、贮水池及临时给水排水、供电、供热管线等。

项目监理机构应审查施工现场总平面布置图能否满足下列要求：

1. 临时用房、临时设施的布置应满足现场防火、灭火及人员安全疏散的要求。

2. 下列临时用房和临时设施应纳入施工现场总平面布局：

（1）施工现场的出入口、围墙、围挡。

（2）场内临时道路。

（3）给水管网或管路和配电线路敷设或架设的走向、高度。

（4）施工现场办公用房、宿舍、发电机房、变配电房、可燃材料库房、易燃易爆危险品库房、可燃材料堆场及其加工场、固定动火作业场等。

（5）临时消防车道、消防救援场地和消防水源。

3. 审查施工现场出入口的设置。施工现场出入口宜布置在不同方向，其数量不宜少于 2 个，当确有困难只能设置 1 个出入口时，应在施工现场内设置满足消防车通行的环形道路。

4. 施工现场临时办公、生活、生产、物料存贮等功能区宜相对独立布置，防火间距应符合《建设工程施工现场消防安全技术规范》GB 50720 的规定。其中第 3.2.1 条是强制性条文，必须满足。

**3.2.1　易燃易爆危险品库房与在建工程的防火间距不应小于 15m，可燃材料堆场及其加工场、固定动火作业场与在建工程的防火间距不应小于 10m，其他临时用房、临时设施与在建工程的防火间距不应小于 6m。**

5. 固定动火作业场应布置在可燃材料堆场及其加工场、易燃易爆危险品库房等全年最小频率风向的上风侧，并宜布置在临时办公用房、宿舍、可燃材料库房、在建工程等全年最小频率风向的上风侧。

6. 易燃易爆危险品库房应远离明火作业区、人员密集区和建筑物相对集中区。

7. 可燃材料堆场及其加工场、易燃易爆危险品库房不应布置在架空电力线下。

8. 施工现场内应设置临时消防车道。临时消防车道与在建工程、临时用房、可燃材料堆场及其加工场的距离、临时消防车道的设置，应符合《建设工程施工现场消防安全技术规范》GB 50720 的规定。

9. 施工现场内应设置临时消防救援场地。临时消防救援场地的设置应符合《建设工程施工现场消防安全技术规范》GB 50720 的规定。

（二）施工现场防火技术方案的审查要点

防火技术方案重点是从技术方面实现施工现场的“火灾预防”，即通过技术措施实现防火目的。施工现场防火技术方案是施工单位依据《建设工程施工现场消防安全技术规范》GB 50720 的规定，结合施工现场和各分部分项工程施工的实际情况编制的，用以具体安排并指导施工人员消除或控制火灾危险源、扑灭初起火灾，避免或减少火灾发生和危害的技术文件。

施工现场防火技术方案应作为施工组织设计的一部分，也可单独编制。

1. 施工现场防火技术方案应包括下列主要内容：

（1）施工现场重大火灾危险源辨识。

（2）施工现场防火技术措施。

（3）临时消防设施、临时疏散设施配备。

（4）临时消防设施和消防警示标识布置图。

2. 施工现场重大火灾危险源应是施工单位在建设单位提供的危险源清单基础上，根据本身所采取的施工工艺等具体情况补充形成。项目监理机构审查时，除查阅建设单位、施工单位提供的资料之外，需结合自己的调研结果进行判断。

3. 审查施工现场防火技术措施。临时用房和在建工程应采取可靠的防火分隔和安全疏散等防火技术措施。

（1）临时用房的防火技术措施，须满足《建设工程施工现场消防安全技术规范》GB 50720 第 4.2 节的要求，特别是其中两款强制性条文：

宿舍、办公用房的**“建筑构件的燃烧性能等级应为 A 级。当采用金属夹芯板材时，其芯材的燃烧性能等级应为 A 级。”**

发电机房、变配电房、厨房操作间、锅炉房、可燃材料库房及易燃易爆危险品库房的**“建筑构件的燃烧性能等级应为 A 级。”**

第十章

（2）在建工程的防火技术措施，须满足《建设工程施工现场消防安全技术规范》GB 50720 第 4.3 节的要求。既有建筑进行扩建、改建施工时应遵守强制性条文 4.3.3 条的规定：

**4.3.3 既有建筑进行扩建、改建施工时，必须明确划分施工区和非施工区。施工区不得营业、使用和居住；非施工区继续营业、使用和居住时，应符合下列规定：**

**1 施工区和非施工区之间应采用不开设门、窗、洞口的耐火极限不低于 3.0h 的不燃烧体隔墙进行防火分隔。**

**2 非施工区内的消防设施应完好和有效，疏散通道应保持畅通，并应落实日常值班及消防安全管理制度。**

**3 施工区的消防安全应配有专人值守，发生火情应能立即处置。**

**4 施工单位应向居住和使用者进行消防宣传教育，告知建筑消防设施、疏散通道的位置及使用方法，同时应组织疏散演练。**

**5 外脚手架搭设不应影响安全疏散、消防车正常通行及灭火救援操作，外脚手架搭设长度不应超过该建筑物外立面周长的 1/2。**

4. 审查临时消防设施、临时疏散设施配备是否具体明确以下相关内容：

（1）明确配置灭火器的场所、选配灭火器的类型和数量及最小灭火级别。

（2）确定消防水源，临时消防给水管网的管径、敷设线路、给水工作压力及消防水池、水泵、消火栓等设施的位置、规格、数量等。

（3）明确设置应急照明的场所，应急照明灯具的类型、数量、安装位置等。

（4）在建工程永久性消防设施临时投入使用的安排及说明。

（5）明确安全疏散的线路（位置）、疏散设施搭设的方法及要求等。

（6）临时消防设施的配备，应满足《建设工程施工现场消防安全技术规范》GB 50720 第 5 章的要求，特别是其中的强制性条文：

**5.1.4 施工现场的消火栓泵应采用专用消防配电线路。专用消防配电线路应自施工现场总配电箱的总断路器上端接入，且应保持不间断供电。**

**5.3.5 临时用房的临时室外消防用水量不应小于表 5.3.5 的规定。**

**表 5.3.5 临时用房的临时室外消防用水量**

| 临时用房的建筑面积之和 | 火灾延续时间（h） | 消火栓用水量（L/s） | 每支水枪最小流量（L/s） |
| --- | --- | --- | --- |
| $1000m^2$＜面积≤$5000m^2$ | 1 | 10 | 5 |
| 面积＞$5000m^2$ | | 15 | 5 |

**5.3.6 在建工程的临时室外消防用水量不应小于表 5.3.6 的规定。**

**表 5.3.6 在建工程的临时室外消防用水量**

| 在建工程（单体）体积 | 火灾延续时间（h） | 消火栓用水量（L/s） | 每支水枪最小流量（L/s） |
| --- | --- | --- | --- |
| $10000m^3$＜体积≤$30000m^3$ | 1 | 15 | 5 |
| 体积＞$30000m^3$ | 2 | 20 | 5 |

**5.3.9 在建工程的临时室内消防用水量不应小于表 5.3.9 的规定。**

**表 5.3.9　在建工程的临时室内消防用水量**

| 建筑高度、在建工程体积（单体） | 火灾延续时间（h） | 消火栓用水量（L/s） | 每支水枪最小流量（L/s） |
|---|---|---|---|
| 24m＜建筑高度≤50m 或 30000$m^3$＜体积≤50000$m^3$ | 1 | 10 | 5 |
| 建筑高度＞50m 或体积＞50000$m^3$ | 1 | 15 | 5 |

（7）临时疏散设施的配备，应满足《建设工程施工现场消防安全技术规范》GB 50720 的要求。

5. 审查临时消防设施和消防警示标识布置，应体现在施工现场总平面布置图中，如不能完整反映，亦可单独绘制临时消防设施和消防警示标识布置图。

作业层的醒目位置应设置安全疏散示意图。

（三）消防安全管理制度的审查要点

1. 施工单位应针对施工现场可能导致火灾发生的施工作业及其他活动，制订消防安全管理制度。审查施工单位消防安全管理制度是否包括下列主要内容：

（1）消防安全教育与培训制度。

（2）可燃及易燃易爆危险品管理制度。

（3）用火、用电、用气管理制度。

（4）消防安全检查制度。

（5）应急预案演练制度。

2. 审查消防安全教育与培训制度，应明确消防安全教育与培训的责任人、培训时机、培训对象和培训内容。

培训责任人是施工现场的消防安全管理人员，须明确到具体人员。

培训对象是全体施工人员。

培训时机是施工人员进场时。

培训的主要内容为：

（1）应急灭火处置机构及各级人员应急处置职责。

（2）报警、接警处置的程序和通信联络的方式。

（3）扑救初起火灾的程序和措施。

（4）应急疏散及救援的程序和措施。

3. 审查可燃及易燃易爆危险品管理制度，应针对施工现场使用的可燃物品及易燃易爆危险品的具体种类，考虑用量及使用的时间，有针对性地制定管理制度。

针对可燃物品管理制度，主要应规定储存库或堆放场地的防火要求、物品的储存堆放方式、物品的出入库管理和可燃物品使用过程中的防火要求。

针对易燃易爆危险品管理制度，主要应规定储存库位置及储存库建造材料的燃烧性能、防火要求，易燃易爆危险品运输安全措施，仓储管理措施，现场使用的领取、使用及使用过程中的防火、防爆和监控、余料的退回管理措施。要明确易燃易爆危险品的运输、储存、使用各环节的责任人。如属于易燃易爆危险化学品，其运输、储存、使用尚应符合国务院《危险化学品安全管理条例》的规定。

如属于民用爆炸物品，其运输、储存、使用尚应符合国务院《民用爆炸物品安全管理条例》的规定。

4. 用火、用电、用气管理制度应符合《建设工程施工现场消防安全技术规范》GB 50720 第 6.3 节的各项规定，特别是其中的强制性条文：

**6.3.1** 施工现场用火应符合下列规定：

……

**3 焊接、切割、烘烤或加热等动火作业前，应对作业现场的可燃物进行清理；作业现场及其附近无法移走的可燃物应采用不燃材料对其覆盖或隔离。**

……

**5 裸露的可燃材料上严禁直接进行动火作业。**

……

**9 具有火灾、爆炸危险的场所严禁明火。**

**6.3.3** 施工现场用气应符合下列规定：

**1 储装气体的罐瓶及其附件应合格、完好和有效；严禁使用减压器及其他附件缺损的氧气瓶，严禁使用乙炔专用减压器、回火防止器及其他附件缺损的乙炔瓶。**

……

5. 应急预案演练制度应根据应急预案规定演练的目的、内容、组织者、次数与时间和参加演练的人员。

（四）施工现场灭火及应急疏散预案的审查要点

1. 审查灭火及应急疏散预案是否包括下列主要内容：

（1）应急灭火处置机构及各级人员应急处置职责。

（2）报警、接警处置的程序和通信联络的方式。

（3）扑救初起火灾的程序和措施。

（4）应急疏散及救援的程序和措施。

2. 审查时应关注以下内容：

（1）内容是否完整、充实。

（2）应急处置机构人员是否明确、落实；各级人员应急处置职责是否明确到人，施工项目经理是否承担了应该承担的责任。

（3）报警、接警处置的程序是否合理，特别是是否明确了向 119 报警的条件和责任；用于报警、接警的通信方式是否可靠，有关电话号码是否正确无误。

（4）扑救初起火灾的程序是否合理，扑救措施是否可行，是否与现场临时消防设施配备相适应。

（5）应急疏散的触发条件是否明确、合理；应急疏散的组织是否明确了负责人；应急救援的组织是否明确了责任人，是否明确了请求社会力量支援的条件和负责人；应急疏散及救援的措施与现场实际条件是否相适应。



## 第三节 施工现场消防安全巡视检查

项目监理机构应监督施工单位按照施工现场消防安全技术文件要求，组织安全生产管理人员对施工现场范围内的火灾危险源和消防设施进行安全检查。项目监理机构要对施工单位的安全自查情况进行抽查，对施工现场消防安全进行巡视检查，加强对施工单位施工行为的监督和督促，避免施工现场消防安全事故的发生。

## 一、施工现场消防安全巡查的基本要求

（一）监督施工单位根据建设项目规模、现场消防安全管理的重点，在施工现场建立消防安全管理组织机构及义务消防组织，并确定消防安全负责人和消防安全管理人员，同时落实相关人员的管理责任。

（二）项目监理机构应检查施工单位是否针对施工现场可能导致火灾发生的施工作业及其他活动，制定了消防安全管理制度。

（三）检查施工单位是否按照规范规定的内容编制施工现场防火技术方案，当现场情况发生变化时，施工单位是否对防火技术方案进行了修改、完善。

（四）检查施工单位是否按照规范规定编制了施工现场灭火及应急疏散预案。督促施工单位依据灭火及应急疏散预案定期开展灭火及应急疏散预案的演练。

（五）施工人员进场时，督促施工单位现场的消防安全管理人员按照规范规定的培训内容向施工作业人员进行消防安全教育和培训。

（六）施工作业前，监督施工现场的施工管理人员按规范规定的交底内容向作业人员进行消防安全技术交底。项目监理机构应检查施工单位的消防安全技术交底记录是否符合规定。

（七）施工过程中，督促施工现场的消防安全负责人按照《建设工程施工现场消防安全技术规范》GB 50720 中 6.1.9 条的规定，定期组织消防安全管理人员对施工现场的消防安全进行检查。项目监理机构也应对施工现场的消防安全进行巡视检查。

## 二、施工现场消防安全巡视检查要点

在现行行业标准《建筑施工安全检查标准》JGJ 59 中，未对施工现场消防安全检查项目作专门规定，但“3.2 文明施工”中，针对施工现场的施工场地、材料管理、现场办公与住宿、现场防火、社区服务等的检查内容中，对施工现场的消防安全提出了明确要求。因此，项目监理机构应监督施工单位按照现行国家及行业标准《建设工程施工现场消防安全技术规范》GB 50720 、《施工现场临时建筑物技术规范》JGJ/T 188 及安全检查标准的规定，对施工现场消防安全进行检查。项目监理机构的巡视检查也应符合安全检查标准的规定。

项目监理机构对施工现场的消防安全主要检查下列内容：

（一）现场消防安全总平面布局

1. 巡视检查施工现场总平面布局是否与施工组织设计中的施工总平面布置图相符。

2. 检查临时用房、临时设施的布置是否满足现场防火、灭火及人员安全疏散的要求。

3. 检查施工现场出入口的设置。施工现场出入口的设置应满足消防车通行的要求。

4. 督促施工单位按照施工组织设计中的总平面布置图对施工现场临时办公、生活、生产、物料存贮等功能区相对独立布置。

5. 检查施工现场的固定动火作业场是否布置在可燃材料堆场及其加工场、易燃易爆

危险品库房等全年最小频率风向的上风侧，是否布置在临时办公用房、宿舍、可燃材料库房、在建工程等全年最小频率风向的上风侧。

6. 监督施工单位将易燃易爆危险品库房布置在远离明火作业区、人员密集区和建筑物相对集中区。

7. 巡视检查现场可燃材料堆场及其加工场、易燃易爆危险品库房是否布置在架空电力线下。

（二）防火间距

1. 检查临时用房、临时设施的防火间距是否符合规范规定。其中，易燃易爆危险品库房与在建工程的防火间距不应小于15m；可燃材料堆场及其加工场、固定动火作业场与在建工程的防火间距不应小于10m；其他临时用房、临时设施与在建工程的防火间距不应小于6m。

2. 检查施工现场主要临时用房、临时设施的防火间距。当办公用房、宿舍成组布置时，其防火间距可适当减小，但应符合下列规定：

（1）每组临时用房的栋数不应超过10栋，组与组之间的防火间距不应小于8m。

（2）组内临时用房之间的防火间距不应小于3.5m，当建筑构件燃烧性能等级为A级时，其防火间距可减少到3m。

（三）消防车道

1. 巡查施工现场内临时消防车道的设置。临时消防车道与在建工程、临时用房、可燃材料堆场及其加工场的距离不宜小于5m，且不宜大于40m；施工现场周边道路满足消防车同行及灭火救援要求时，施工现场内可不设置临时消防车道。

2. 督促施工单位对临时消防车道的设置符合下列规定：

（1）临时消防车道宜为环形，设置环形车道确有困难时，应在消防车道尽端设置尺寸不小于12m×12m的回车场。

（2）临时消防车道的净宽度和净空高度均不应小于4m。

（3）临时消防车道的右侧应设置消防车行进路线指示标识。

（4）临时消防车道路基、路面及其下部设施应能承受消防车通行压力及工作荷载。

3. 下列建筑应设置环形临时消防车道，设置环形临时消防车道确有困难时，除应按规范规定设置回车场外，尚应按规范的规定设置临时消防救援场地。

（1）建筑高度大于24m的在建工程。

（2）建筑工程单体占地面积大于3000m$^2$的在建工程。

（3）超过10栋，且成组布置的临时用房。

4. 检查现场临时消防救援场地的设置是否符合下列规定：

（1）临时消防救援场地应在在建工程装饰装修阶段设置。

（2）临时消防救援场地应设置在成组布置的临时用房场地的长边一侧及在建工程的长边一侧。

（3）临时救援场地宽度应满足消防车正常操作要求，且不应小于6m，与在建工程外脚手架的净距不宜小于2m，且不宜超过6m。

（四）施工现场防火

1. 检查施工单位是否建立施工现场消防安全管理制度。工程开工前，应检查施工单位是否按照相关规定，并结合工程具体情况编制了施工现场消防安全技术方案，并应根据现场情况变化及时对其修改、完善。

2. 巡视检查施工现场临时用房和作业场所的设置是否符合防火设计要求。

（1）宿舍、办公用房应符合下列规定：

① 建筑构件的燃烧性能等级应为 A 级。当采用金属夹芯板材时，其芯材的燃烧性能等级应为 A 级。建筑层数不应超过 3 层，每层建筑面积不应大于 300m$^2$。

② 层数为 3 层或每层建筑面积大于 200m$^2$ 时，应设置至少 2 部疏散楼梯，房间疏散门至疏散楼梯的最大距离不应大于 25m。疏散楼梯的净宽度不应小于疏散走道的净宽度。

③ 单面布置用房时，疏散走道的净宽度不应小于 1.0m；双面布置用房时，疏散走道的净宽度不应小于 1.5m。

④ 宿舍房间的建筑面积不应大于 30m$^2$，其他房间的建筑面积不宜大于 100m$^2$。房间内任一点至最近疏散门的距离不应大于 15m，房门的净宽度不应小于 0.8m；房间建筑面积超过 50m$^2$ 时，房门的净宽度不应小于 1.2m。隔墙应从楼地面基层隔断至顶板基层底面。

⑤ 会议室、文化娱乐室等人员密集的房间应设置在临时用房的第一层，其疏散门应向疏散方向开启。宿舍、办公用房不应与厨房操作间、锅炉房、变配电房等组合建造。

（2）发电机房、变配电房、厨房操作间、锅炉房、可燃材料库房及易燃易爆危险品库房的防火设计应符合下列规定：

① 建筑构件的燃烧性能等级应为 A 级。层数应为 1 层，建筑面积不应大于 200m$^2$。

② 可燃材料库房单个房间的建筑面积不应超过 30m$^2$，易燃易爆危险品库房单个房间的建筑面积不应超过 20m$^2$。

③ 房间内任一点至最近疏散门的距离不应大于 10m，房门的净宽度不应小于 0.8m。

3. 巡视检查在建工程作业场所的临时疏散通道和消防水源的设置。临时疏散通道应采用不燃、难燃材料建造，并应与在建工程结构施工同步设置，也可利用在建工程施工完毕的水平结构、楼梯。

在建工程作业场所临时疏散通道的设置应符合下列规定：

（1）设置在地面上的临时疏散通道，其净宽度不应小于 1.5m；利用在建工程施工完毕的水平结构、楼梯作临时疏散通道时，其净宽度不宜小于 1.0m；用于疏散的爬梯及设置在脚手架上的临时疏散通道，其净宽度不应小于 0.6m。耐火极限不应低于 0.5h。

（2）临时疏散通道为坡道，且坡度大于 25°时，应修建楼梯或台阶踏步或设置防滑条。疏散通道侧面为临空面时，应沿临空面设置高度不小于 1.2m 的防护栏杆。

（3）临时疏散通道不宜采用爬梯，确需采用时，应采取可靠固定措施。设置在脚手架上时，脚手架应采用不燃材料搭设。

（4）临时疏散通道应设置明显的疏散指示标识及照明设施。

4. 检查施工现场是否设置消防水源，是否符合规范要求。临时消防给水系统的贮水池、消火栓泵、室内消防竖管及水泵接合器等应设置醒目标识。

5. 高层建筑外脚手架的安全防护网、既有建筑外墙改造时，其外脚手架的安全防护网、临时疏散通道的安全防护网应采用阻燃型安全防护网。

6. 检查作业场所是否设置明显的疏散指示标志，作业层的醒目位置应设置安全疏散示意图，其指示方向应指向最近的临时疏散通道入口。

7. 检查施工现场灭火器材，灭火器材应保证可靠有效，布局配置应符合规范要求。

(1) 施工现场灭火器的类型应与配备场所可能发生的火灾类型相匹配。

(2) 灭火器的最低配置标准应符合规范的规定。

(3) 应在在建工程及临时用房的易燃易爆危险品存放及使用场所、动火作业场所、可燃材料存放、加工及使用场所以及厨房操作间、锅炉房、发电机房、变配电房、设备用房、办公用房、宿舍等临时用房及场所配置灭火器。

8. 施工现场明火作业前，项目监理机构应督促施工单位履行动火审批手续，配备动火监护人员。施工现场用火应符合下列规定：

(1) 动火作业应办理动火许可证；动火许可证的签发人收到动火申请后，应前往现场查验并确认动火作业的防火措施落实后，再签发动火许可证。

(2) 焊接、切割、烘烤或加热等动火作业前，应对作业现场的可燃物进行清理；作业现场及其附近无法移走的可燃物应采用不燃材料对其覆盖或隔离。

(3) 施工作业安排时，宜将动火作业安排在使用可燃建筑材料的施工作业前进行。确需在使用可燃建筑材料的施工作业之后进行动火作业时，应采取可靠的防火措施。裸露的可燃材料上严禁直接进行动火作业。

(4) 焊接、切割、烘烤或加热等动火作业应配备灭火器材，并应设置动火监护人进行现场监护，每个动火作业点均应设置 1 个监护人。五级（含五级）以上风力时，应停止焊接、切割等室外动火作业；确需动火作业时，应采取可靠的挡风措施。

(5) 动火作业后，应对现场进行检查，并应在确认无火灾危险后，动火操作人员再离开。动火操作人员应具有相应资格。项目监理机构应检查动火操作人员的资格证。

*（五）施工现场其他防火管理*

1. 巡视检查施工现场的重点防火部位或区域设置的防火警示标识。

2. 督促施工单位做好施工现场临时消防设施的日常维护工作，对已失效、损坏或丢失的消防设施应及时更换、修复或补充。

3. 巡视检查临时消防车道、临时疏散通道、安全出口是否保持畅通，不得遮挡、挪动疏散指示标识，不得挪用消防设施。

4. 监督施工单位在施工期间不拆除临时消防设施及临时疏散设施。

5. 监督施工单位在施工现场不采用明火取暖，严禁吸烟。具有火灾、爆炸危险的场所严禁明火。



## 第四节　施工现场平面布置图消防审查示例

某工程项目监理机构在审查施工组织设计时，总监理工程师要求负责安全生产管理的监理工作的专业监理工程师胡××，从消防安全角度审查施工单位报审的施工组织设计中的施工现场平面布置图（图 10-1）并提出书面审查意见，以便与其他方面的审查意见汇总。

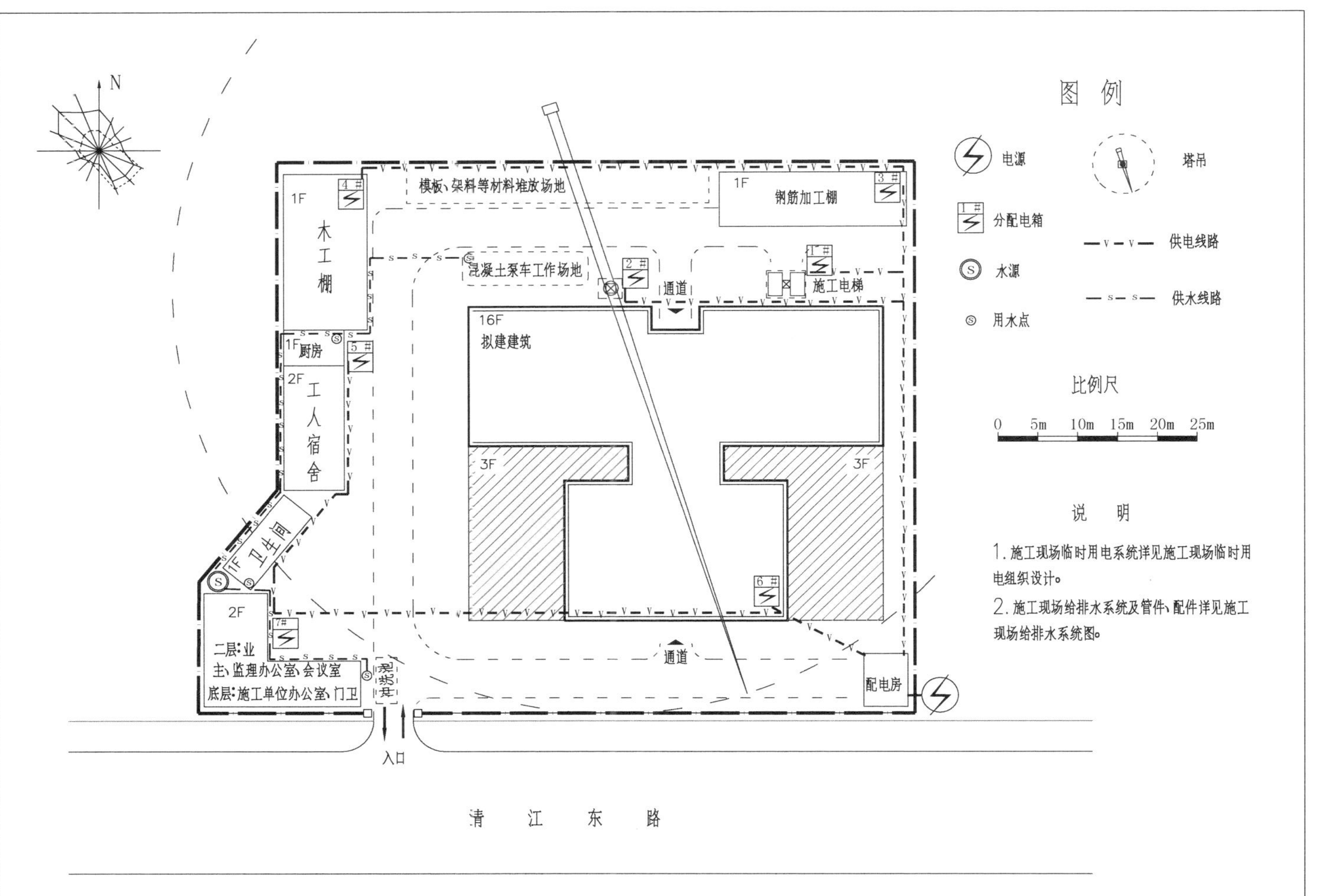


图 10-1　某工程施工现场平面布置图

胡××工程师仔细审阅该施工现场平面布置图以后，认为该施工平面布置图存在许多问题，提出了以下审查意见。

关于××××工程施工现场平面布置图消防安全的审查意见

经审查，我认为该施工现场平面布置图在消防安全方面存在以下问题：

一、未考虑消防隐患较大的屋面防水工程施工和装饰装修阶段施工的平面布置。

二、该拟建建筑高度超过 24m，未设置环形消防车道或回车场，亦未设置临时消防救援场地，违反《建设工程施工现场消防安全技术规范》GB 50720（以下简称 GB 50720）中第 3.1.3、3.3.2、3.3.3、3.3.4 条的规定。

三、施工现场临时办公、生活、生产等功能区未能相对独立设置，工人宿舍与厨房、木工棚之间的间距不满足 GB 50720 中第 3.1.4 条的要求。

四、未设置临时室内消防给水系统，违反 GB 50720 中第 5.3.8 条规定。

五、施工现场临时室外消防给水系统不符合 GB 50720 中第 5.3.7 条的要求。

六、木工棚属于可燃材料加工场，设置位置不符合 GB 50720 中第 5.1.5 条的要求。

七、配电线路未标注架设高度，不符合 GB 50720 中第 3.1.2 条的要求。

八、未注明灭火器具位置。

九、未标明临时建筑所用材料的燃烧性能等级。

十、会议室设置在二层不利于消防疏散。

上述问题应要求施工单位进行整改、完善。

专业监理工程师：胡××

××××年××月××日

# 第十一章　安全事故隐患及安全事故处理

《建设工程安全生产管理条例》规定，“工程监理单位在实施监理过程中，发现存在安全事故隐患的，应当要求施工单位整改；情况严重的，应当要求施工单位暂时停止施工，并及时报告建设单位；施工单位拒不整改或者不停止施工的，工程监理单位应当及时向有关主管部门报告。”项目监理机构在进行巡视检查过程中，要及时发现施工现场的安全隐患，并及时督促施工单位进行整改，尽力避免生产安全事故的发生，减小事故的损失和影响。

## 第一节　建设工程施工安全生产形势分析

### 一、近年来建设工程生产安全事故统计分析

根据住房和城乡建设部通报，在全国房屋和市政工程领域，2015 年发生生产安全事故 442 起，死亡 554 人；2016 年发生生产安全事故 634 起，死亡 735 人；2017 年发生生产安全事故 692 起，死亡 807 人；2018 年发生生产安全事故 734 起，死亡 840 人；2019 年发生生产安全事故 773 起，死亡 904 人（图 11-1）。

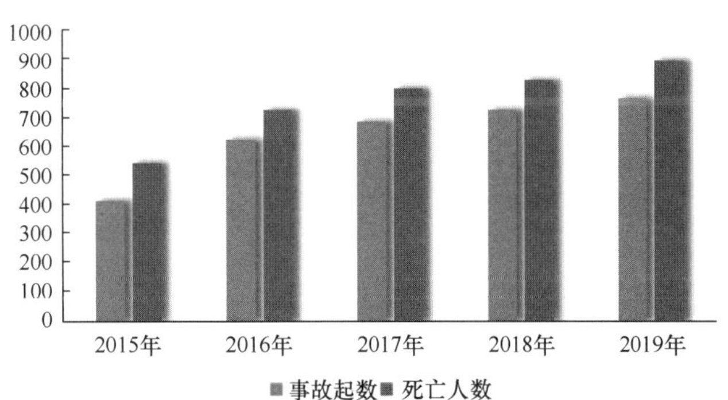


图 11-1　2015～2019 年房屋和市政工程领域生产安全事故统计

从 2015 至 2019 年的统计数据来看，建设工程生产安全事故的事故起数和死亡人数均在逐年上升。

从事故分类来看，按发生事故的起数统计，2015～2019 年间，发生高空坠落事故 1697 起，占事故总数的 52%；物体打击事故 498 起，占事故总数的 15%；起重伤害事故 257 起，占事故总数的 8%；坍塌事故 330 起，占事故总数的 10%；机械伤害事故 99 起，占事故总数的 3%；触电、中毒、窒息、火灾、溺水等其他事故 412 起，占事故总数的 12%（图 11-2）。

上述统计说明，高处坠落、物体打击、坍塌、起重伤害和机械伤害是房屋建筑工程和市政基础设施工程生产安全事故的主要类型，其中高处坠落事故起数是最多的，超过了生产安全事故总数的 50%以上，且呈逐年上升趋势。

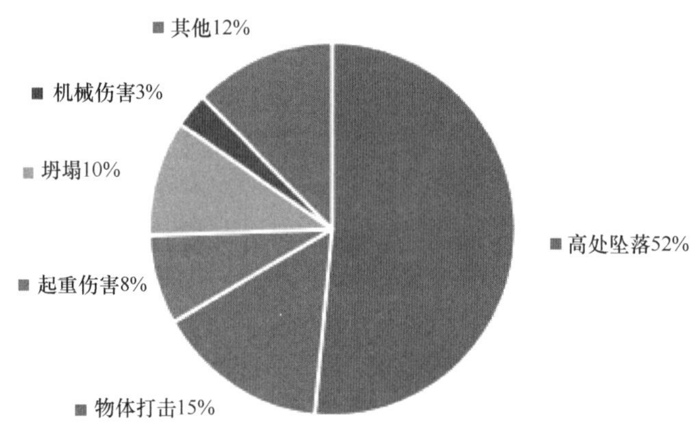


图 11-2　2015～2019 年房屋市政工程领域安全生产事故分类统计

## 二、房屋市政工程领域较大及以上安全生产事故统计

较大及以上生产安全事故，会造成一次死亡多人或严重经济损失，因此是政府主管部门监管的重点，也是施工单位防范的重点和工程监理单位监督的重点。根据住房和城乡建设部通报，在房屋市政工程领域，2015 年发生较大及以上事故 22 起，造成 85 人死亡；2016 年发生较大及以上事故 27 起，造成 94 人死亡；2017 年发生较大及以上事故 23 起，造成 90 人死亡；2018 年发生较大及以上事故 22 起，共造成 87 人死亡；2019 年发生较大及以上事故 23 起，共造成 107 人死亡（图 11-3～图 11-5）。

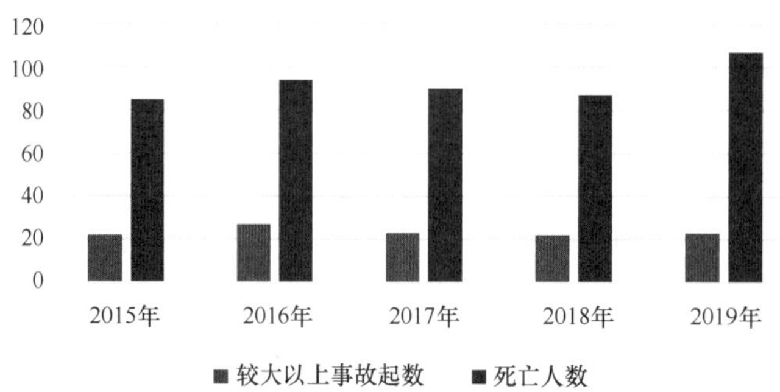


图 11-3　2015～2019 年房屋市政工程发生较大安全生产事故及死亡人数的统计

图 11-4 和图 11-5 是 2015—2019 年各类较大及以上事故发生起数占比和事故死亡人数占比（未包括 2018 年数据，因当年住建部的通报没有分类统计）。

2019 年，全国房屋市政工程发生较大及以上事故 23 起，共造成 107 人死亡，其中，重大事故 2 起，死亡 23 人。其中，土方、基坑坍塌事故 9 起，占事故总数的 39.13%；起重机械伤害事故 7 起，占总数的 30.43%；建筑改建、维修、拆除坍塌事故 3 起，占总数的 13.04%；模板支撑体系坍塌、附着升降脚手架坠落、高处坠落以及其他类型事故各 1 起、各占总数的 4.35%（图 11-6）。

上述数据说明，在发生一次死亡多人的较大及以上事故中，土方、基坑坍塌和脚手架、模板支撑体系坍塌无论从事故起数和死亡人数方面都占了大多数，起重伤害和机械伤害事故占比也相当大。

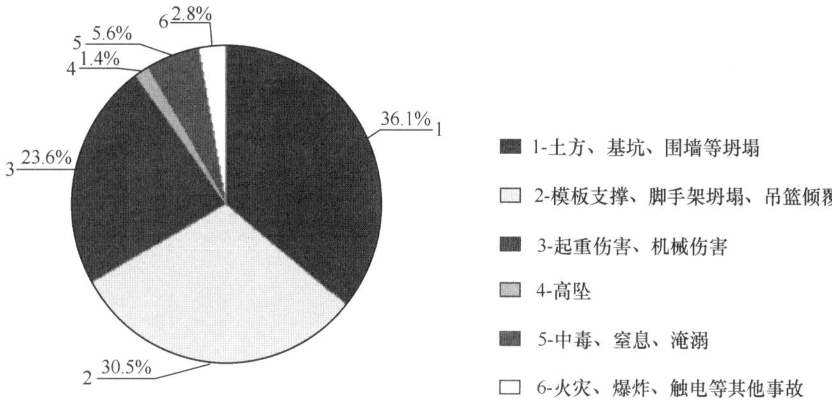


图 11-4　2015～2017 年各类较大及以上事故发生起数占比

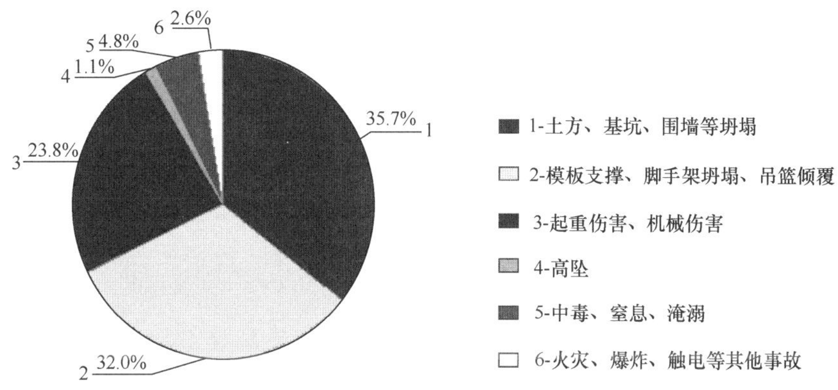


图 11-5　2015～2017 年各类较大及以上事故死亡人数占比

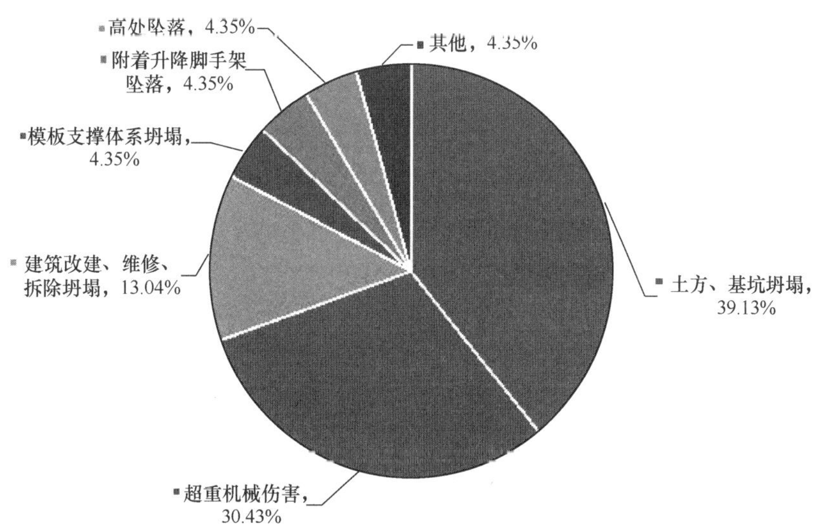


图 11-6　2019 年较大及以上事故类型占比

### 三、统计数据反映出的问题

（一）房屋市政工程领域，安全生产形势依然严峻

虽然各级建设行政主管部门高度重视安全生产，采取了一系列措施，取得了一定的成效，但房屋市政工程领域安全生产形势依然严峻，比如房屋市政工程领域近年来未发生特别重大事故，重大事故也很少（仅 2018 年发生过 1 起），但较大事故发生起数和死亡人数均出现明显的增长势头。事故发生起数和死亡人数仍然很大，而且有逐年增加的趋势。

2019 年，全国房屋市政工程生产安全事故起数和死亡人数与 2018 年相比均有所上升，安全生产形势严峻复杂，部分地区事故总量较大；部分地区死亡人数同比上升较多；群死群伤事故未得到有效遏制。

在较大及以上生产安全事故方面，以土方和基坑开挖、模板支撑体系、建筑起重机械为代表的危险性较大的分部分项工程事故占总数的 82.61%，依然是风险防控的重点和难点；现场管理粗放、安全防护不到位、人员麻痹大意是重要原因；既有房屋建筑改造、维修、拆除施工作业坍塌事故占总数的 13.04%，相关领域风险隐患问题日益凸显。市场主体违法违规问题突出，存在违章指挥、违章作业问题的事故约占总数的 80%，存在违反法定建设程序问题的事故约占总数的 60%，存在关键岗位人员不到岗履职问题的事故约占总数 40%。

（二）安全生产教育不足，工人安全生产意识薄弱

在所有的事故类型中，高处坠落事故超过了 50%，固然说明当前房屋市政工程高处作业多，同样也说明了一线操作的作业人员安全意识薄弱，因为在所有类型的生产安全事故中，高处坠落的发生与事故受害者的安全意识、个人防护意识薄弱的关联度最紧密。

（三）施工现场安全防护措施不到位

高处坠落事故多发，同样说明施工现场安全防护措施不到位，安全“三宝”未能发挥作用，“四口”“五临边”防护出现缺陷。施工现场的安全生产标准化管理任重道远。

（四）危险性较大的分部分项工程安全生产管理存在不足

发生频率较高的较大及以上施工生产安全事故，如土方和基坑坍塌、模板支撑体系和脚手架坍塌、起重机械事故等，多发生在危险性较大的分部分项工程中。很多事故的发生原因是未严格执行《危险性较大的分部分项工程安全管理规定》，未按规定编制和审查专项施工方案或未按审定的专项施工方案执行。甚至有许多危险性较大的分部分项工程专项施工方案是在工程施工完毕后“补编”的。施工管理上的不足，给现场施工安全留下了严重隐患。

根据近年来施工生产安全事故统计资料反映出的问题，项目监理机构的安全生产管理的监理工作重点，应放在监督施工单位预防施工坍塌、高处坠落、物体打击、机具（起重）伤害和触电五大类事故上。其中，监督施工单位在施工过程中预防高处坠落和施工坍塌更是监理工作的重中之重。预防此五类安全事故的发生，是项目监理机构在施工阶段安全生产管理的监理工作的重要目标。



## 第二节　施工安全事故隐患的处理

导致施工安全事故隐患的原因有客观原因和主观原因。客观原因是施工现场客观存在

的危险源，主观原因是指各方责任主体在施工安全生产管理上存在的疏失。项目监理机构要加强施工现场安全风险分析，及早制定对策和控制措施，要重视对安全事故隐患的处理和对安全事故的预防工作，避免安全事故的发生。

## 一、施工现场危险源辨识

施工现场的危险源，是指可能意外释放某种造成伤害和损失的能量的物品和场所，以及可能造成某种伤害和损失的其他客观因素。施工现场的危险源是客观存在的，客观上是无法消除的。项目监理机构只有充分认识各类具体危险源并对其风险进行客观的评价，才能采取有效的应对措施防范安全隐患的发生。

项目监理机构进场后，应督促施工单位对建设单位所提供的危险性较大分部分项工程清单补充完善，并根据危大工程清单、项目特点及施工条件，对施工项目危险源进行识别和评价后，提交项目监理机构进行审查。

项目监理机构无需强制要求施工单位采用何种分类分析辨识方式，只需要审查施工单位所辨识的危险源有无遗漏，特别是项目监理机构认为风险程度较高的危险源是否遗漏，如发现遗漏，应要求施工单位及时补充完善。

## 二、安全事故隐患的常见原因

安全事故隐患是指未被事先识别或未采取必要防护措施的，可能导致安全事故的危险源或不利因素。项目监理机构应充分了解安全事故隐患产生的原因，在安全管理责任风险分析的基础上，制定和采取相应措施，履行安全生产管理的监理职责，督促施工单位加强安全生产管理。

施工生产安全事故隐患往往是多种原因引起的，尽管发生安全事故隐患的类型各不相同，通过大量安全事故隐患的调查，发现安全事故隐患发生的原因主要有以下几个方面。

### （一）施工单位的违章作业、违章指挥和安全管理不到位

施工单位安全生产责任不落实，安全生产管理不到位，未制定安全生产管理制度及安全技术措施，施工前未逐级进行安全技术交底，未对管理人员及操作人员进行安全教育培训，现场管理人员和操作人员缺乏安全技术知识，违章指挥、违章作业、违反劳动纪律等是导致生产安全隐患、安全事故的主要原因。

### （二）设计不合理或有缺陷，勘察设计文件失真

有的安全事故的发生是设计不合理或设计存在缺陷造成。设计方面的原因主要有：未按照法律、法规和工程建设强制性标准进行设计，导致设计不合理；未考虑施工安全操作和防护的需要，在设计文件中未注明涉及施工安全的重点部位和环节，未对施工中防范生产安全事故提出指导意见；采用新结构、新材料、新工艺和特殊结构的工程，未在设计中提出保障施工作业人员安全和预防生产安全事故的措施建议等。

勘察单位未认真进行地质勘察，或勘探时钻孔布置、深度、范围等不符合规定要求，勘察文件或报告不详细、不准确，不能真实全面反映实际的地下情况等，导致基础、主体结构设计失误，可能引发重大安全事故。

（三）使用不合格的安全防护用具、安全材料、机械设备、施工机具及配件

施工现场使用不合格的劣质安全防护用具、安全材料、机械设备、施工机具及配件等，也是造成施工安全事故隐患的重要原因。

（四）安全生产资金投入不足

建设单位、施工单位为了追求经济效益，置施工现场安全生产于不顾，压缩安全生产措施费用，在施工过程中投入安全生产的资金过少，不能保证正常安全生产的需要，也是导致安全事故隐患的常见原因。

（五）忽视施工安全盲目抢工期

建设单位片面追求经济效益，违背客观规律，强行压缩工期，要求施工单位盲目赶工、抢工，也是造成安全生产事故的重要诱因。近年来，全国范围内发生了多起由于建设单位强行压缩工期而引发的较大、重大和特别重大安全事故。

（六）未制定生产安全事故应急救援预案，应急救援制度不健全

施工单位未按有关规定制定生产安全事故应急救援预案，未落实应急救援人员、设备、器材等，一旦发生生产安全事故将不能进行及时救助和处理，导致事故损害扩大，这也是严重的隐患。

（七）违法违规行为

包括无证设计、无证施工；越级设计、越级施工；边设计、边施工；违法分包、转包；擅自修改设计等，都曾经引发了大量的安全事故。

（八）其他因素

其他因素包括工程自然环境因素，如恶劣气候诱发安全事故；工程管理环境因素，如安全生产监督不到位；安全生产责任不够明确，特别是建设单位的首要责任不落实等。

## 三、安全事故隐患的处理方式

安全事故隐患分为一般事故隐患和重大事故隐患，根据安全隐患可能产生的后果不同，项目监理机构应采取不同的处理方式。

一般安全事故隐患是指危害和整改难度较小，发现后能立即整改排除的隐患。如施工作业人员未正确使用劳保用品、临边防护有一定缺陷等。项目监理机构在施工现场发现一般安全事故隐患，如工人未能正确使用劳保用品、临边防护有一定缺陷等，应及时签发监理通知单，要求施工单位进行整改，在整改通知中应明确整改完成的期限。施工单位安全事故隐患处理完成后，项目监理机构要进行复查，确认整改结果是否符合要求。

根据住建部 2022 年 4 月 19 日发布的《房屋市政工程生产安全重大事故隐患判定标准（2022 版）》（建质规〔2022〕2 号）（以下简称《判定标准》）规定，生产安全重大事故隐患是指在新建、扩建、改建、拆除房屋市政工程施工过程中存在的危害程度较大、可能导致群死群伤或造成重大经济损失的生产安全事故隐患。

《判定标准》中，房屋市政工程生产安全重大事故隐患分为两大类：

一类是针对施工安全管理情况。《判定标准》明确了生产安全重大事故隐患包括施工单位未取得安全生产许可证；施工管理人员未取得安全生产考核合格证书；特种作业人员

未取得特种作业人员操作资格证书；“危大工程”专项施工方案未编制未审查未论证等四类情况。

另一类是针对具体的危大工程。《判定标准》明确了重大事故隐患的判定标准，该《判定标准》明确属于危大工程的有基坑工程、模板工程、脚手架工程、起重机械及吊装工程、高处作业、施工临时用电、有限空间作业、拆除工程、暗挖工程。

此外，其他严重违反房屋市政工程安全生产法律法规、部门规章及强制性标准，且存在危害程度较大、可能导致群死群伤或造成重大经济损失的现实危险，应判定为重大事故隐患。

住建部要求各级住房和城乡建设主管部门，要把重大风险隐患当成事故来对待，将《判定标准》作为监管执法的重要依据，督促工程建设各方依法落实重大事故隐患排查治理主体责任，准确判定、及时消除各类重大事故隐患。要严格落实重大事故隐患排查治理挂牌督办等制度，着力从根本上消除事故隐患，牢牢守住安全生产底线。

## 四、安全事故隐患的处理程序

项目监理机构在巡视检查过程中发现存在安全事故隐患时，应按照以下程序进行处理。

（一）监理人员发现存在安全事故隐患时，首先应判断其严重程度。当存在一般安全事故隐患时，应签发《监理通知单》，要求施工单位进行整改。整改工作完成后，项目监理机构应要求施工单位填写《监理通知回复单》报项目监理机构复查整改结果，并做好复查记录。

（二）当发现情况严重时，监理人员应立即报告总监理工程师，由项目总监理工程师签发工程暂停令，要求施工单位停工整改，并应及时报告建设单位。施工单位拒不整改或不停止施工时，项目监理机构应立即制止，并及时向有关主管部门报送监理报告。监理报告应按照《建设工程监理规范》附表 A.0.4 的要求填写。以电话形式报告的应做好通话记录，并及时补充书面报告。

（三）签发《监理通知单》或《工程暂停令》后，项目监理机构应立即督促施工单位对安全事故隐患进行调查，分析原因，制定整改措施或处理方案后（危及结构安全的整改方案应经原设计单位及总监理工程师审核确认），监督施工单位按整改措施或处理方案实施，项目监理机构应跟踪检查整改结果。

（四）安全事故隐患处理完成后，项目监理机构应督促施工单位组织人员检查验收，自检合格后填报《监理通知回复单》或《工程复工报审表》报项目监理机构进行核验。

（五）项目监理机构组织有关人员对整改结果进行检查、验收，经复查确认安全隐患消除后，方可签署复查意见或复工令。

（六）项目监理机构应将安全巡视检查、督促整改、跟踪复查、监理报告等履职情况如实进行记录。

（七）督促施工单位写出安全隐患处理报告，报监理单位存档。

安全事故隐患处理流程，如图 11-7 所示。

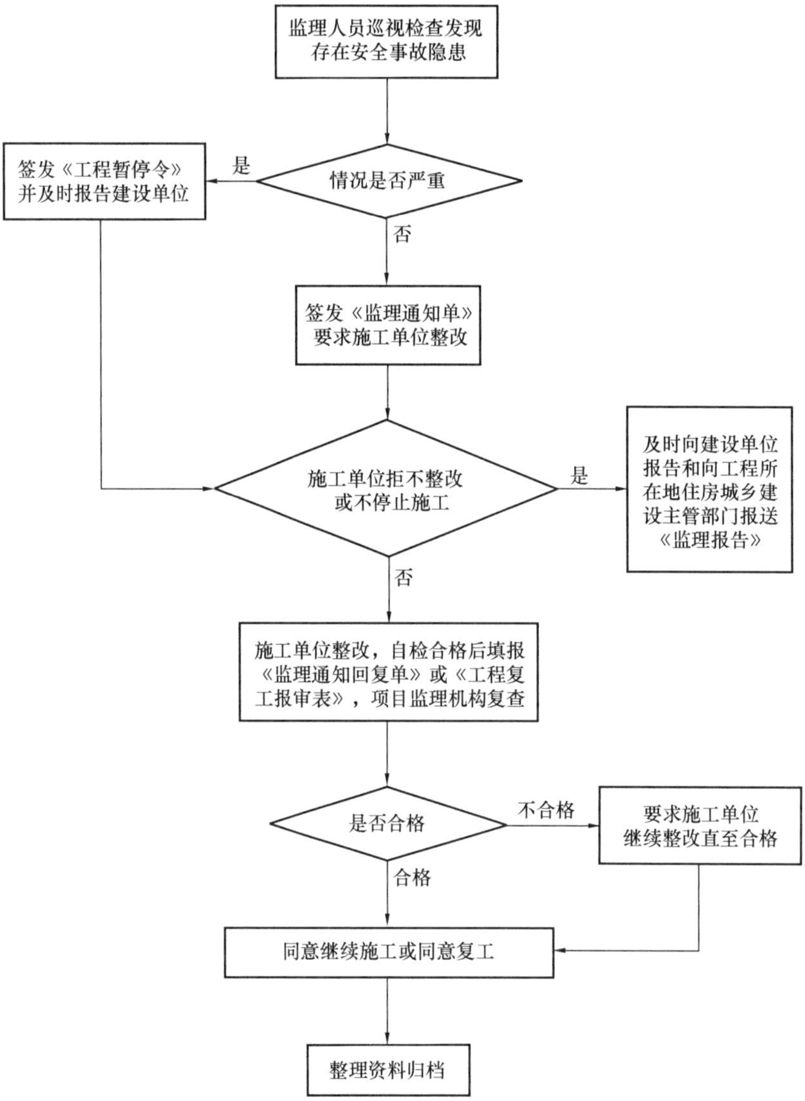

监理人员巡视检查发现存在安全事故隐患

情况是否严重

是

签发《工程暂停令》并及时报告建设单位

否

签发《监理通知单》要求施工单位整改

施工单位拒不整改或不停止施工

是

及时向建设单位报告和向工程所在地住房城乡建设主管部门报送《监理报告》

否

施工单位整改，自检合格后填报《监理通知回复单》或《工程复工报审表》，项目监理机构复查

是否合格

不合格

要求施工单位继续整改直至合格

合格

同意继续施工或同意复工

整理资料归档

图 11-7 安全事故隐患处理流程图

## 第三节 生产安全事故的特点及处理

建设工程生产安全事故具有比较鲜明的建筑施工的特点，只有掌握了安全事故的特点，对安全事故进行原因分析，掌握了一般规律，才能采取有效的预防和应对措施。

### 一、建设工程生产安全事故的特点



建设工程生产安全事故指在建设工程施工现场发生的安全事故，通常会造成人身伤亡或伤害，或造成财产、设备设施等经济损失，导致施工活动中止或永久终止的事件。

建设工程生产安全事故具有严重性、复杂性、可变性、多发性等特点。

（一）严重性

建设工程发生安全事故，其影响往往较大，会直接导致人员伤亡或财产损失，重大安全事故往往会导致群死群伤或巨大财产损失。近年来，建设工程安全事故死亡人数和事故起数仅次于道路交通，成为人民关注的热点问题之一。因此，项目监理机构对建设工程生产安全事故隐患决不能掉以轻心，一旦发生安全事故，其造成的损失将无法挽回。

（二）复杂性

建设工程施工生产的特点，决定了影响建设工程安全生产的因素很多，造成建设工程生产安全事故的原因错综复杂，即使是同一类安全事故，其发生原因也可能多种多样。因此，在对建设工程生产安全事故进行分析时，增加了对判断其性质、原因（直接原因、间接原因、主要原因）等的复杂性。

（三）可变性

许多建设工程施工中出现的安全事故隐患并不是静止的，而是有可能随着时间不断地发展、恶化，若不及时整改和处理，往往可能导致人员伤亡和财产损失。因此，在分析与处理建设工程安全事故时，项目监理机构要重视安全事故隐患的可变性，应及时采取有效措施，杜绝事故伤害的扩大。

（四）多发性

建设工程生产安全事故往往发生于建设工程多个部位或多道工序或多种作业活动，例如，高处坠落事故、坍塌事故、物体打击事故、触电事故、起重机械事故、中毒事故等。对多发性安全事故，项目监理机构应督促施工单位注意吸取教训、总结经验，采用有效预防措施，加强事前预控、事中控制。

## 二、安全生产事故的等级划分

依据2007年6月1日施行的《生产安全事故报告和调查处理条例》（国务院令第493号）第三条规定，生产安全事故（以下简称事故）根据造成的人员伤亡或者直接经济损失，一般分为以下等级：

（一）特别重大事故，是指造成30人以上死亡，或者100人以上重伤（包括急性工业中毒，下同），或者1亿元以上直接经济损失的事故；

（二）重大事故，是指造成10人以上30人以下死亡，或者50人以上100人以下重伤，或者5000万元以上1亿元以下直接经济损失的事故；

（三）较大事故，是指造成3人以上10人以下死亡，或者10人以上50人以下重伤，或者1000万元以上5000万元以下直接经济损失的事故；

（四）一般事故，是指造成3人以下死亡，或者10人以下重伤，或者1000万元以下直接经济损失的事故。

国务院安全生产监督管理部门可以会同国务院有关部门，制定事故等级划分的补充性规定。该条款所称的“以上”包括本数，所称的“以下”不包括本数。

## 三、生产安全事故应急救援与调查处理

《安全生产法》（2021年修订）明确了生产经营单位应当制定本单位生产安全事故应急救援预案以及发生生产安全事故后的调查处理规定。项目监理机构应严格按照相关规定履行安全生产管理的监理工作责任并在事故发生后配合调查处理。

1. 项目监理机构应督促施工单位根据建设工程施工的特点、范围、对施工现场易发生重大事故的部位、环节进行监控，制定施工现场生产安全事故应急救援预案，建立应急救援组织或配备应急救援人员，配备必要的应急救援器材、设备，并定期组织演练。

实行施工总承包的，由总承包单位统一组织编制建设工程生产安全事故应急救援预案，工程总承包单位和分包单位按照应急救援预案，各自建立应急救援组织或者配备应急救援人员，配备救援器材、设备，并定期组织演练。

2. 施工现场发生生产安全事故后，项目监理机构应当按照国家有关伤亡事故报告和调查处理的规定，及时、如实地向负责安全生产监督管理的部门、建设行政管理部门或其他有关部门报告并配合调查处理。

3. 施工现场发生生产安全事故后，事故现场监理人员应当立即向监理单位负责人报告。

4. 发生生产安全事故后，项目监理机构应督促施工单位按照生产安全事故应急救援预案要求，迅速采取有效措施防止事故扩大，保护事故现场，组织抢救，减少人员伤亡和财产损失。需要移动现场物品时，应当做出标记和书面记录，妥善保管有关证物。

5. 项目监理机构应积极配合事故调查处理，依法依规、实事求是配合事故调查组查清事故原因，查明事故性质和责任，提出整改措施和处理建议，积极协助应急处置工作，总结事故教训。

## 四、安全事故报告程序及内容

（一）安全事故报告程序

安全事故发生后，事故现场监理人员应当立即向监理单位负责人报告；监理单位负责人接到报告后，应当于1小时内向事故发生地县级以上人民政府安全生产监督管理部门和负有安全生产监督管理职责的有关部门报告。

情况紧急时，事故现场监理人员可以直接向事故发生地县级以上人民政府安全生产监督管理部门和负有安全生产监督管理职责的有关部门报告。

（二）安全事故报告应包括以下主要内容：

1. 事故发生单位概况；
2. 事故发生的时间、地点以及施工现场情况；
3. 事故发生的简要经过；
4. 事故已经造成或者可能造成的伤亡人数（包括失联人员的人数）和初步估计的直接经济损失；
5. 事故的初步原因；

6. 事故发生后采取的措施及事故控制情况；

7. 其他应当报告的事项。

事故报告后出现新情况的，应及时补报。自事故发生之日起 30 日内，事故造成的伤亡人数发生变化的，应当及时补报。

（三）安全事故报告后的处置

监理单位负责人接到事故报告后，应当立即要求项目总监理工程师到现场督促施工单位启动事故响应应急预案，采取有效措施，组织抢救，防止事故扩大，减少人员伤亡和财产损失。

事故发生后，项目监理机构应按规定督促有关单位和人员妥善保护事故现场及相关证据，任何单位和个人不得破坏事故现场、毁灭相关证据。

因抢救人员、防止事故扩大以及疏通交通等原因，需要移动事故现场物件的，应当做出标志，绘制现场简图并做出书面记录，妥善保存现场重要痕迹、物证。

## 五、项目监理机构对安全事故的处理程序

生产安全事故发生后，项目监理机构应按以下程序进行处理：

（一）施工现场生产安全事故发生后，现场监理人员应立即报告项目总监理工程师，总监理工程师应及时签发《工程暂停令》，要求施工单位立即停止施工，并向建设单位和监理单位报告。

（二）项目监理机构应监督施工单位立即启动安全生产应急救援预案，采取有效措施抢救伤员，排除险情，采取必要措施保护施工现场，并做好标识，防止事故扩大。同时，应监督发生安全事故的施工总承包单位迅速按安全事故等级和报告程序及时向有关主管部门报告，并于 24h 内写出书面报告。

（三）事故调查组开展工作后，项目监理机构应积极配合并协助有关主管部门或事故调查组进行事故调查，如实收集、整理与安全事故有关的监理工作资料，客观地提供相应证据。

（四）项目监理机构接到事故调查组提出的处理意见涉及技术处理时，应要求事故责任单位完成技术处理方案，并应经原设计单位认可。必要时，应要求事故责任单位组织专家进行论证，以保证技术处理方案可靠、可行，保证施工安全。

（五）督促施工单位按照事故处理方案或意见制定详细的实施方案，项目监理机构应对安全事故技术处理的过程进行监督检查。

（六）事故处理完成，施工单位完成自检后，项目监理机构应组织相关各方进行检查验收，必要时进行处理结果鉴定。

（七）具备复工条件时，施工单位向项目监理机构报送工程复工报审表并附有关资料，项目监理机构进行审查，符合要求后，总监理工程师签署审核意见，并报建设单位批准后签发工程复工令。

（八）安全事故处理的相关技术资料归档保存。

安全事故处理程序详见图 11-8。

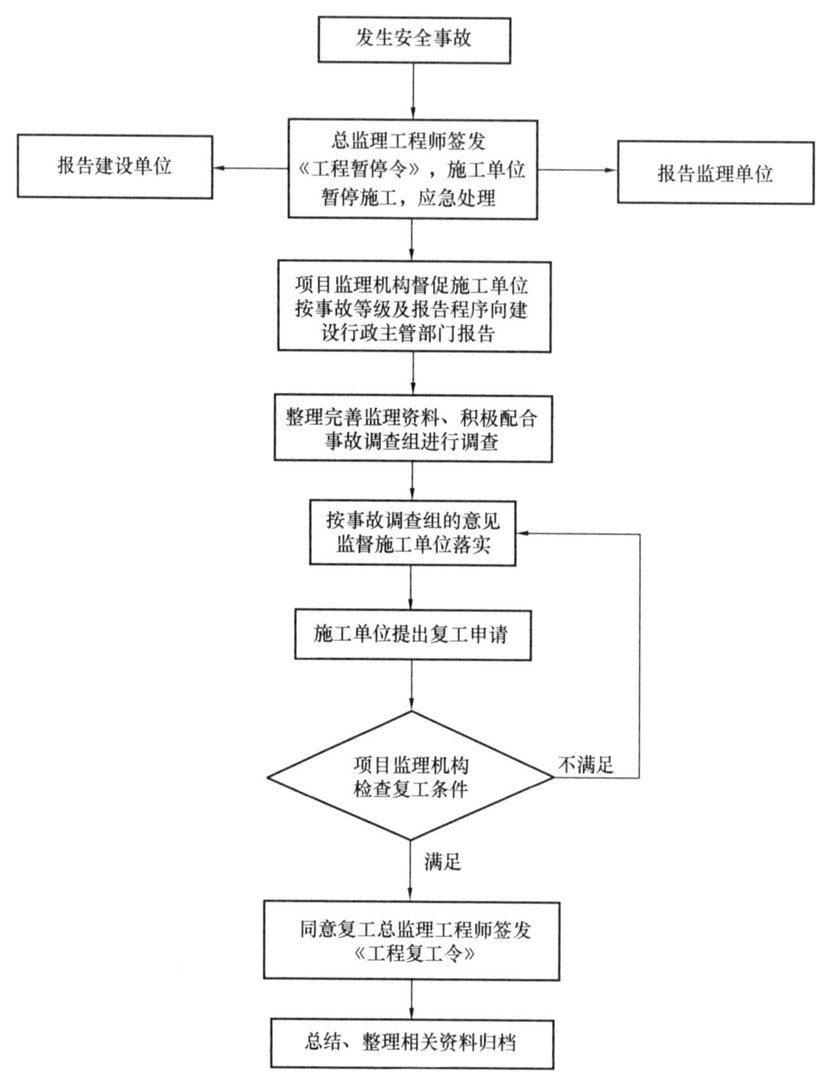


图 11-8 安全事故处理程序

## 第四节 施工现场生产安全事故典型案例

近年来，随着我国国民经济和社会的不断发展，工程建设的规模和水平有了极大的提升，各种先进的施工工艺不断涌现，施工难度也随之增大，施工过程中的安全事故时有发生，工程建设领域安全生产形势依然严峻。施工现场的安全生产事故多发，严重危害了人们的生命和财产安全，引起社会各界的广泛关注和强烈反响。安全生产事关人民福祉，事关经济社会发展大局。安全生产，人人有责！工程建设的参建人员应提高安全意识，筑牢防线，坚持以人为本，千方百计提高建设工程的安全生产管理水平。

《建设工程安全生产管理条例》的实施，明确了工程监理肩负的安全生产管理的法定责任，监理工作对加强现场安全生产管理十分重要，对保证建设工程生产安全不可或缺。

然而，从近几年发生的几起较大及以上的生产安全事故典型案例中，反映出工程监理单位依然存在忽视安全生产管理的法定责任、监理履职不到位等若干问题。按照相关规定，对监理单位应履行审查职责而未进行审查的；发现安全事故隐患应下达监理指令而未下达的；应报告建设单位及主管部门而未及时报告的；未按照法律法规、强制性标准履行监理责任的行为都要承担相应的法律责任。工程监理单位及监理人员应从事故案例中汲取深刻教训，严格按照相关规定履行建设工程安全生产管理的监理责任。

## 案例一：江西某发电厂冷却塔施工平台坍塌事故

2016 年 11 月 24 日，江西某发电厂三期扩建工程发生冷却塔施工平台坍塌特别重大事故，造成 73 人死亡、2 人受伤，直接经济损失 10197.2 万元。

事发 7 号冷却塔属于江西某发电厂三期扩建工程 D 标段，是一座逆流式双曲线自然通风冷却塔，采用钢筋混凝土结构。7 号冷却塔设计塔高 165m，塔底直径 132.5m，喉部高度 132m，喉部直径 75.19m，筒壁厚度 0.23～1.1m。该冷却塔筒壁工程施工采用悬挂式脚手架翻模工艺，以三层模架（模板和悬挂式脚手架）为一个循环单元向上循翻转施工，即第 1、第 2、第 3 节自下而上筒壁施工完成后，第 4 节筒壁施工使用第 1 节模架，第 5 节筒壁施工使用第 2 节模架，以此类推循环向上施工。脚手架悬挂在模板上，铺板后形成施工平台，筒壁模板安拆、钢筋绑扎，混凝土浇筑均在施工平台和下挂的吊篮上进行。模架自身及施工荷载由浇筑好的混凝土筒壁承担，详见图 11-9。冷却塔内布置有一台液压顶升平桥，距离塔中心 30.98m，事故发生时已浇筑完成第 52 节塔身混凝土，高度为 76.7m，详见图 11-10。

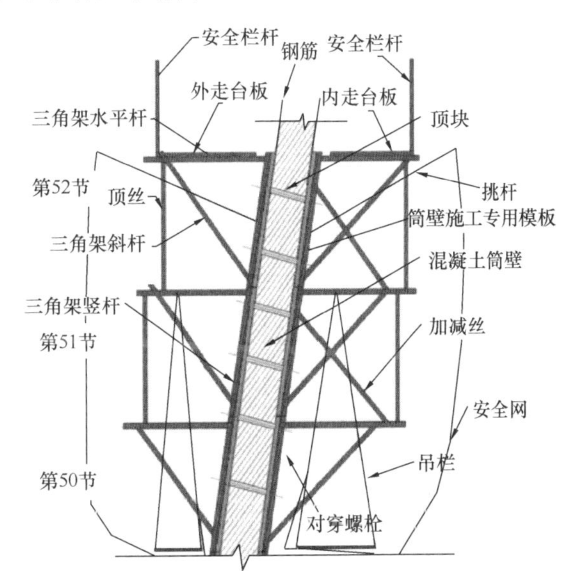


图 11-9　三层悬挂式模架布置示意

2016 年 11 月 24 日 6 时许，混凝土班组、钢筋班组先后完成第 52 节混凝土浇筑和第 53 节钢筋绑扎作业后离开作业面。5 个木工班组共 70 人先后上施工平台，分布在筒壁四周施工平台上拆除第 50 节模板并安装第 53 节模板。此外，有 2 名平桥操作人员和 1 名施工升降机操作人员，在 7 号冷却塔底部中央竖井、水池底板处有 19 名工人正在作业。

7 时 33 分，7 号冷却塔第 50～52 节筒壁混凝土从后期浇筑完成部位（距平桥前桥端部偏南弧线距离约 28m 处）开始坍塌，沿圆周方向向两侧连续倾塌坠落，施工平台及平桥上的作业人员随同筒壁混凝土及模架体系一起坠落，在筒壁坍塌过程中，平桥晃动、倾斜后整体向东倒塌，事故持续时间 24 秒。事故导致 70 名在施工平台的筒壁作业人员和 3 名在平桥施工的设备操作人员死亡，2 名在冷却塔底部作业的工人受伤，冷却塔部分已完工工程受损，事故造成直接经济损失为 10197.2 万元。

图 11-10　事故发生前现场示意图

经事故调查认定，事故的直接原因是7号冷却塔的施工单位现场管理混乱，编制的筒壁工程施工方案存在严重缺陷，未按要求制定针对性的拆模作业管理控制措施，对试块送检、拆模的管理失控，在实际施工过程中，劳务作业队伍自行决定拆模，对拆模工序管理失控。

除上述原因外，建设单位在2016年9月13日召开了“协力奋战一百天”动员大会，工程负责人在会上要求监理、施工单位增加人员、设备投入，抢抓晴好天气，加快施工进度。建设单位要求将冷却塔施工工期由2016年10月1日至2017年4月30日调整为2016年10月1日至2017年1月18日，即将工期212天调整为110天，压缩了102天。7号冷却塔工期调整后，建设单位、监理单位、总承包单位项目部均没有对缩短后的工期进行论证、评估，也未提出相应的施工组织措施和安全保障措施。

施工单位为完成工期目标，施工进度不断加快，导致拆模前混凝土养护时间减少，混凝土强度发展不足；在事故发生前几天当地气温骤降的情况下，施工单位没有采取相应的技术措施加快混凝土强度发展速度，在冷却塔第50节筒壁混凝土强度不足的情况下，违规拆除第50节模板，致使第50节筒壁混凝土失去模板支护，不足以承受上部荷载，从底部最薄弱处开始坍塌，造成第50节及以上筒壁混凝土和模架体系连续倾塌坠落。坠落物冲击与筒壁内侧连接的平桥附着拉索，导致平桥也整体倒塌。

针对此次重大安全生产事故，事故调查报告认定：

1. 监理单位对项目监理机构监督管理不力。项目监理机构的人员配置不满足监理合同要求，土建监理工程师数量不满足日常监理工作需要，部分新入职人员未进行监理工作业务岗前培训。监理公司在对项目监理机构的检查工作中，未发现和纠正现场监理工作严重失职等问题。

2. 对拆模工序等风险控制点失管失控。项目监理机构未按照规定细化相应监理措施，未提出监理人员要对拆模工序现场见证等要求。项目监理机构对施工单位制定的冷却塔施工方案审查不严格，未发现施工方案中缺少拆模工序管理措施的问题，未纠正施工单位不按施工技术标准施工、在拆模前未进行混凝土试块强度检测的违规行为。

3. 现场监理工作严重失职。项目监理机构未针对施工进度调整以加强现场监理工作，未督促施工单位采取有效措施强化现场安全管理。现场巡检不力，对垂直交叉作业问题未进行有效监督并督促整改，未按要求在浇筑混凝土时旁站，对施工单位项目经理长期不在岗的问题监理不到位。项目监理机构对土建监理工程师管理不严格，安排未经过监理业务培训人员独立开展旁站及见证等监理工作。

在此次事故中，工程监理单位存在的主要问题在于：

一是项目监理机构没有针对建设单位压缩工期的决定提出科学合理的技术咨询意见。

二是项目监理机构未按照工程建设强制性标准的规定实施监理，未监督施工单位在拆模前进行混凝土试块强度检测。国家标准《双曲线冷却塔施工与质量验收规范》GB 50573 中 6.3.15 条（强制性条文）规定：**“采用悬挂式脚手架施工筒壁，拆模时，其上节混凝土强度应达到 6MPa 以上。”**12.0.4 条（强制性条文）规定：**“采用翻模或者爬模工艺时，混凝土未达到规定的强度不得提升或翻模。”**经事故调查组委托检测单位进行同条件混凝土性能模拟试验的试验结果表明，第 50 节模板拆除时，第 50 节筒壁混凝土抗压强度为 0.89～2.35MPa；第 51 节筒壁混凝土抗压强度小于 0.29MPa；第 52 节筒壁混凝土无抗压强度。

三是项目监理机构对施工单位施工方案的审查流于形式。审查中未发现施工单位送审的筒壁工程施工方案中的重大缺陷，未发现安全技术措施存在严重漏洞；未将筒壁工程作为危险性较大分部分项工程进行管理；未发现筒壁工程施工方案中未制定针对性的拆模作业管理控制措施，未辨识出拆模作业中存在的重大风险。

四是未监督施工单位执行项目部报送的“冷却塔工程施工质量验收范围划分表”中，筒壁工程的模板安装和拆除需要施工单位、总承包单位、监理单位见证和验收拆模作业的规定。对施工单位试块送检、拆模的管理以及在实际施工过程中由劳务作业队伍自行决定拆模监督管理不力。

五是项目监理机构现场安全巡视检查不力。巡检中未发现和制止施工单位违规拆模和浇筑混凝土；对施工现场垂直交叉作业问题未进行有效监督并督促整改，未按要求在浇筑混凝土时旁站，对施工单位项目经理长期不在岗及现场施工人员无证上岗监理不到位。

上述安全生产管理的监理工作项目监理机构若认真按照相关规定履行完成其中任何一项，此次灾难都有可能避免。

1978 年，美国西弗吉尼亚州柳树岛（Willow Island）的一个在建电厂发生了操作平台坍塌事故，造成 51 人死亡，成为美国建筑史上最严重的事故之一（图 11-11）。事故原因与江西某电厂这次事故如出一辙。令人痛心的是，我们没有吸取教训，38 年后相似的事故竟然再次上演！

Workers plunged about 170 feet to their deaths inside this cooling tower under construction in St. Mary's, W. Va. A completed tower is at rear.

51 Killed in Collapse of Scaffold At Power Plant in West Virginia

图 11-11　事故报道的报纸截图

2017 年 9 月 15 日，经国务院调查组调查认定，该起事故为生产安全责任事故。2020 年 4 月 24 日，江西省宜春市中级人民法院和丰城市人民法院、奉新县人民法院、靖安县人民法院对江西某发电厂“11・24”冷却塔施工平台坍塌特大事故所涉 9 件刑事案件进行了公开宣判，对监理公司项目总监理工程师等 28 名被告人和 1 个被告单位依法判处刑罚。

### 案例二：北京清华附中体育馆基础底板钢筋网坍塌事故案例

2014 年 12 月 29 日 8 时 20 分许，在北京市海淀区清华大学附属中学体育馆及宿舍楼工程工地，作业人员在基坑内绑扎钢筋过程中，筏板基础钢筋体系发生坍塌，造成 10 人死亡、4 人受伤。

图 11-12 清华附中 12.29 事故现场

事发部位位于基坑 3 段，深约 13m、宽约 42.2m、长约 58.3m。底板为平板式筏板基础，上下两层双排双向钢筋网，上层钢筋网用马凳支承。事发前，已经完成基坑南侧 1、2 两段筏板基础浇筑，以及 3 段下层钢筋的绑扎、马凳安放、上层钢筋的铺设等工作；马凳采用直径 25mm 或 28mm 的带肋钢筋焊制，安放间距为 0.9～2.1m；马凳横梁与基础底板上层钢筋网大多数未固定；马凳脚筋与基础底板下层钢筋网少数未固定；上层钢筋网上多处存有堆放钢筋物料的现象。事发时，上层钢筋整体向东侧位移并坍塌，坍塌面积 2000 余 m$^2$。

图 11-13 清华附中工地底板钢筋网倒塌示意图

图 11-14 底板钢筋网倒塌后的事故现场

事故的直接原因是施工单位未按照方案要求堆放物料、制作和布置马凳，马凳与钢筋未形成完整的结构体系，致使基础底板钢筋整体坍塌。而在施工单位编制的施工方案中，明确规定使用32mm直径的钢筋制作马凳筋，马凳筋间距1m；并在安全技术措施中规定“板面上层筋施工时，每捆筋要先放在架子上，再逐根散开，施工中不得将整捆钢筋直接放置在支撑筋上，防止荷载过大而导致支撑筋失稳”。该钢筋施工方案已经总监理工程师签认并保存于项目监理机构。

但在基坑3段钢筋工程施工前，施工单位并未按照规定向作业人员进行技术交底，作业人员在未接受交底情况下组织筏板基础钢筋体系施工作业，钢筋班组使用25mm或28mm直径的钢筋制作马凳筋，马凳筋间距不等，最大间距达到2.1m。施工单位在基坑1、2段底板浇筑完成后，组织作业人员绑扎3段底板钢筋。事故发生前，上层钢筋网片上直接堆放了24捆钢筋。

事故调查报告认为，施工单位未按照方案要求堆放物料、制作和布置马凳，马凳与钢筋未形成完整的结构体系，致使基础底板钢筋整体坍塌，是导致事故发生的直接原因。施工现场管理缺失、备案项目经理长期不在岗、专职安全员配备不足、经营管理混乱、项目监理不到位是导致事故发生的间接原因。

国家建筑工程质量监督检验中心对照《施工组织设计》和《钢筋施工方案》的要求，对现场筏板基础钢筋体系的施工情况开展了全面分析，确定该起事故的技术原因为：

1. 未按照方案要求堆放物料。施工时违反《钢筋施工方案》第7.7条规定，将整捆钢筋物料直接堆放在上层钢筋网上，施工现场堆料过多，且局部过于集中，导致马凳立筋失稳，产生过大的水平位移，进而引起立筋上、下焊接处断裂，致使基础底板钢筋整体坍塌。

2. 未按照方案要求制作和布置马凳，导致马凳承载力下降。现场制作的马凳所用钢筋直径从《钢筋施工方案》要求的32mm减小至25mm或28mm；现场马凳布置间距为0.9～2.1m，与《钢筋施工方案》要求的1m严重不符，且布置不均、平均间距过大；马凳立筋上、下端焊接欠饱满。

3. 马凳及马凳间无有效的支撑，马凳与基础底板上、下层钢筋网未形成完整的结构体系，抗侧移能力很差，不能承担过多的堆料载荷。

事故调查报告认定监理单位对该项目的监理工作履职不到位。项目监理机构对总包单位备案项目经理长期未到岗履职的情况，未及时下达监理指令，且事故发生后，伪造了针对此问题下发的《监理通知》；对钢筋施工作业现场监理不到位，未及时发现并纠正作业人员未按照钢筋施工方案要求施工作业的违规行为；对施工项目部安全技术交底和安全培训教育工作监理不到位，致使施工单位使用未经培训的人员实施钢筋作业。

针对该次事故，若项目监理人员认真按照规定履行监理职责，在钢筋工程施工前，监督施工单位对钢筋工班进行施工方案的技术交底；在施工过程中进行巡视检查，督促施工单位按照施工方案实施，在巡检过程中对马凳钢筋直径及间距进行抽查；发现施工单位将整捆钢筋物料直接堆放在上层钢筋网上及时予以制止，则本次事故也可能不会发生。

对于本次安全事故，调查组认定监理单位的行为违反了《建设工程安全生产管理条例》第十四条的规定，对事故发生负有重要责任。

依据《安全生产法》第109条第3项的规定，由安全生产监督管理部门处予监理单位

200万元的罚款。同时，由市住房城乡建设委提请住房城乡建设部吊销其房屋建筑工程监理甲级资质。

## 案例三：江苏省扬州市某海洋工程电缆项目“3·21”附着式升降脚手架坠落事故

2019年3月21日13时10分左右，江苏省扬州市经济技术开发区的某海洋电缆工程项目101a号交联立塔东北角16.5～19层处，附着式升降脚手架下降作业时发生坠落，坠落过程中与交联立塔底部的落地式脚手架相撞，造成7人死亡、4人受伤。

事故直接原因是施工单位违规采用钢丝绳替代爬架提升支座，人为拆除爬架所有防坠器防倾覆装置，并拔掉同步控制装置信号线，在架体邻近吊点荷载增大，引起局部损坏时，架体失去超载保护和停机功能产生连锁反应，造成架体整体坠落，是事故发生的直接原因。作业人员违规在下降的架体上作业和在落地架上交叉作业是导致事故后果扩大的直接原因。

间接原因是现场安全管理混乱；项目安全员删除爬架下降作业前检查验收表中监理单位签字栏；备案项目经理长期不在岗，由安全员冒充项目经理签字，相关方未采取有效措施予以制止；工程部经理、安全员违章指挥作业人员在爬架和落地架上同时作业；工程项目存在挂靠、违法分包和架子工持假证等问题。

(一)

(二)

图11-15 杨州3.12事故现场照片

施工过程中，施工单位向监理公司提交了“爬架进行下降操作告知书”，在未得到监理公司同意下降爬架的情况下，组织爬架进行了分片下降作业。监理公司在进行日常安全巡查时发现101a号交联立塔西北侧爬架已下降到位，要求施工单位对已下行后的爬架系统进行检查验收，但未对爬架的下降行为进行制止。

3月21日上午，施工单位架子工在班组长的带领下，继续对爬架实施下降。监理人员发现后，未向施工单位下发工程暂停令及其他紧急措施。10时12分，监理员李××在总监理工程师张××的安排下用微信向市安监站徐×报告，称“爬架系统正在下行安装

（外粉），危险性大于上行安装，存在安全隐患，监理备忘录已报给业主方，未果，特此报备”。同时用微信转发了2018年6月26日《监理备忘》，内容为“鉴于爬架专业分包单位项目经理不到岗履职，相关爬架验收资料该项目经理签字非本人所为，违反危险性较大的分部分项安全管理规定，存在安全隐患；要求总包单位加强专业分包的管理，区分监理安全管理责任，特此备忘”。监理公司未安排监理人员在施工现场进行安全巡查。

13时10分左右，101a号交联立塔东北角爬架（架体高22.5m×长19m，重20余吨）发生坠落，架体底部距地面高度约92m。爬架坠落过程中与底部的落地架相撞（落地架顶端离地面约44m），导致部分落地架架体损坏。事故发生时，共有5名架子工在爬架上作业，有1名员工在爬架上从事补洞作业，有7名员工在落地架上从事外墙抹灰作业（5名涉险）。造成7人死亡、4人受伤。

纵观现场监理人员在附着式升降脚手架下降作业过程的监理情况，如果监理人员尤其是项目总监理工程师在发现存在严重的安全隐患后，不是仅仅考虑如何规避自己的责任，而是及时下达工程暂停令制止施工单位的一系列的违规行为，这次生产安全事故应该是可以避免的。

事故调查报告认定工程监理不到位。

一是监理公司发现爬架在下降作业存在隐患的情况下，未采取有效措施予以制止；二是监理公司未按照住建部有关危大工程检查的相关要求检查爬架项目；三是监理公司明知分包单位项目经理长期不在岗和相关人员冒充项目经理签字的情况下，未跟踪督促落实到位。

在以上惨痛的生产安全事故典型案例中，都存在施工现场监理履职不到位的现象，项目监理机构和监理人员应从几个事故典型案例进行反思，深刻汲取事故教训，预防和避免类似事故再次发生。